Verena Reinke

Professionelle Handlungskompetenzen von BNE-Akteurinnen und –Akteuren

Diese Arbeit wurde als Dissertationsschrift zur Erlangung des Doktorgrades der Naturwissenschaften (Dr. rer. nat.) an der Mathematisch-Geographischen Fakultät der Katholischen Universität Eichstätt-Ingolstadt angenommen unter dem Titel:

Professionelle Handlungskompetenz von BNE-Akteurinnen und -Akteuren

Erstgutachterin: Prof. Dr. Ingrid Hemmer
                  (Katholische Universität Eichstätt-Ingolstadt)
Zweitgutachter: Prof. Dr. Dr. Péter Bagoly-Simó
                  (Humboldt-Universität zu Berlin)

Geographiedidaktische Forschungen
Herausgegeben im Auftrag des Hochschulverbandes für Geographiedidaktik e.V. von M. Hemmer, Y. Krautter und J. C. Schubert
Schriftleitung: S. Höhnle

Verena Reinke:
Professionelle Handlungskompetenzen von BNE-Akteurinnen und -Akteuren - Eine vergleichende Studie zwischen Geographielehrkräften und außerschulischen Bildungsakteurinnen und -akteuren am Thema Klimawandel

Geographiedidaktische Forschungen
Herausgegeben im Auftrag des
Hochschulverbandes für Geographiedidaktik e.V.
von
Michael Hemmer
Yvonne Krautter
Jan C. Schubert
Frühere Herausgeber waren Jürgen Nebel (bis 2017),
Hartwig Haubrich (bis 2013), Helmut Schrettenbrunner (bis 2013)
und Arnold Schultze (bis 2003).

77

Verena Reinke

Professionelle Handlungskompetenzen von BNE-Akteurinnen und -Akteuren

Eine vergleichende Studie zwischen Geographielehrkräften und außerschulischen Bildungsakteurinnen und -akteuren am Beispiel Klimawandel

Hochschulverband
für Geographiedidaktik hgd

Bibliografische Information der Deutschen Nationalbibliothek:
Die Deutsche Nationalbibliothek verzeichnet diese Publikation in der
Deutschen Nationalbibliografie; detaillierte bibliografische Daten
sind im Internet über dnb.dnb.de abrufbar.

Herstellung und Verlag: BoD- Books on Demand, Norderstedt

ISBN 978-3-75575-953-9

Vorwort

Zum Gelingen dieser Arbeit haben durch ihre Unterstützung und Begleitung mehrere Menschen beigetragen, denen ich an dieser Stelle ganz herzlich danken möchte, denn ohne sie wäre das Vorhaben nicht umsetzbar gewesen.

Zuerst gilt mein herzlicher Dank der Betreuerin meiner Arbeit, Frau Prof. Dr. Ingrid Hemmer, für die konstruktive Begleitung und Unterstützung. Der fachliche Austausch sowie die themengebundenen Diskussionen hierzu, aber auch die Einbindung in wertvolle Netzwerke in der BNE waren eine große Unterstützung und Bereicherung, von der ich auch über die Fertigstellung der Arbeit hinaus profitiere.

Ebenso gilt mein herzlicher Dank dem Zweitgutachter, Herrn Prof. Dr. Péter Bagoly-Simó, für sein Feedback und die Unterstützung sowie die anregenden Fachgespräche, in denen insbesondere auch sein Blick auf die internationale Forschung zur BNE sehr wertvolle Impulse gegeben hat.

Sowohl Frau Prof. Ingrid Hemmer als auch Herrn Prof. Péter Bagoly-Simó bin ich darüber hinaus sehr dankbar dafür, dass Sie mein Vorhaben, die Dissertation neben dem Schuldienst zu schreiben, unterstützt haben. Auch dem Jade-Gymnasium danke ich für die wertschätzende Unterstützung.

Ein ganz herzlicher Dank gilt dem Graduiertenkolleg „Nachhaltigkeit in Umwelt, Wirtschaft und Gesellschaft" der Katholischen Universität Eichstätt, welches das Dissertationsprojekt in der Anfangszeit finanziell unterstützt hat, bevor ich an der Humboldt-Universität zu Berlin beschäftigt war.

Herrn Dr. Mark Ullrich von der Goethe-Universität Frankfurt aus dem Fachgebiet der Pädagogischen Psychologie danke ich sehr herzlich für die Kooperation und Unterstützung im Rahmen der empirischen Datenaufbereitung.

Ohne die große Zahl an hilfsbereiten und interessierten Geographielehrkräften sowie außerschulischen BNE-Multiplikatorinnen und Multiplikatoren wäre die Erhebung für die Arbeit nicht möglich gewesen, so danke ich ganz herzlich allen Probandinnen und Probanden aus der Hauptstudie sowie auch den Interviewpartnerinnen und -partnern der Vorstudie, über welche sich zudem zahlreiche Kontakte für die Hauptstudie ergeben haben.

Den Kolleginnen und Kollegen aus dem Kolloquium der bayrischen Geographiedidaktik danke ich herzlich für das stets konstruktive Feedback auf den Nachwuchstreffen, welche mich insbesondere in der Angangszeit der Arbeit inspiriert und weitergebracht haben. Dies gilt ebenso für den Austausch mit den Berliner Kolleginnen und Kollegen sowie Doktorandinnen und Doktoranden aus Nachwuchsarbeitsgruppen.

Neben dem fachlichen Austausch und der Unterstützung waren während der Arbeit der Rückhalt und die Unterstützung durch Familie und Freunde sehr wichtig. Insbesondere meinen Eltern danke ich daher sehr herzlich für den Zuspruch und die Unterstützung.

Schließlich gilt mein Dank der Herausgeberschaft der „Geographiedidaktischen Forschungen" für die Aufnahme der Arbeit in die Reihe.

Inhaltsverzeichnis

1   Einleitung

Die *United Nations* (UN)-Konferenz von Rio de Janeiro 1992 war mit der Verabschiedung der sogenannten Agenda 21 der Startschuss für das Leitbild einer nachhaltigen Entwicklung. Seitdem soll uns Bildung für nachhaltige Entwicklung (BNE) in der Bildungslandschaft begleiten und ein präsenter Bestandteil im alltäglichen Lehr- und Lernverlauf sein. Die UN-Dekade für BNE von 2005 bis 2014 (UNESCO 2015a; 2015c) und das sich anschließende Weltaktionsprogramm (WAP) (UNESCO 2015-2019; verlängert 2020-2030) haben das Ziel, BNE in allen Bildungsbereichen zu implementieren. Ihr Ziel ist es unter anderem, alle Bürgerinnen und Bürger zu befähigen, eine nachhaltige Entwicklung mitzugestalten. Die Dringlichkeit, eine solche Transformation zu einer nachhaltigeren Gesellschaft zu erreichen, zeigt sich aktuell sehr deutlich in der Klimakrise, die nicht nur die Wissenschaft, sondern zunehmend auch große Teile der Gesellschaft beunruhigt. Dass Nachhaltigkeit sowie der Wunsch nach einem nachhaltigen Lebensstil wichtige Themen sind, welche auch die Schülerschaft bewegen, zeigen nicht zuletzt aktuelle Prozesse, wie z.B. die Aktivitäten von *Fridays for Future*, die sich konkret auf den Klimawandel und seine Folgen konzentrieren. Dabei ist individuell sehr unterschiedlich, wie solide die Kenntnisse der Teilnehmerinnen und Teilnehmer über den Klimawandel und die damit verbundenen Ursachen, Folgen und Maßnahmen sind. Zentrale Quellen für das Wissen der Jugendlichen und der Gesamtbevölkerung zur nachhaltigen Entwicklung allgemein und zum Klimawandel speziell sind nach wie vor der schulische Unterricht und außerschulische Lernorte. Dies setzt wiederum in beiden Bildungsbereichen kompetente Multiplikatorinnen und Multiplikatoren voraus, damit diese zu wirklichen *Change Agents* werden können.

Die Kenntnisse zur Nachhaltigkeit in der Gesellschaft scheinen nach wie vor diffus. In einer Erhebung zum Umweltbewusstsein in Deutschland 2004 waren die Ergebnisse zur Kenntnis des Nachhaltigkeitskonzeptes enttäuschend (vgl. BMU 2004). Ein Ergebnis der Studie war, dass nur 22 % der Deutschen von dem Begriff der nachhaltigen Entwicklung (NE) gehört hatten. Laut der Studie sei sogar der Bekanntheitsgrad seit der Vorgänger-Studie aus dem Jahr 2002 gesunken, da es zu dem Zeitpunkt noch 28 % waren. Auch 2015 gaben nur 38 % der befragten Bürgerinnen und Bürger in Deutschland an, den Begriff „Nachhaltigkeit" zu kennen (vgl. GfK 2015). Ferner wurde in Studien deutlich, dass die Kenntnis eindeutig mit der Schulbildung korreliert (vgl. Kuckartz & Rheingans-Heintze 2006, 17).

Lehrerinnen und Lehrer spielen eine Schlüsselrolle in der Multiplikation von (B)NE. Rieß, Mischo, Reinbolz, Richter und Dobler (2007) erhoben bereits in einer empirischen Untersuchung 2007 Daten zum Kenntnisstand über (B)NE in der baden-württembergischen Lehrerschaft und kamen zu dem Ergebnis, dass von befragten Lehrpersonen nur ungefähr ein Drittel ein klares Konzeptverständnis von (B)NE habe und Ziele des Konzeptes nennen könne, ca. 71 % hatten zum Zeitpunkt der Erhebung noch nicht von (B)NE gehört. Eine wesentliche Empfehlung, welche die Autoren aus ihrer Studie ableiten, bezieht sich schon 2007 auf mehr Fortbildungen zu BNE für die Lehrkräfte (vgl. RIEß ET AL. 2007, 79). Es bedarf weiter dringend konkreter empirischer Befunde zu den Kenntnissen und Kompetenzen der Lehrkräfte für (B)NE. Im außerschulischen Bildungsbereich gibt es diesbezüglich einen noch deutlich geringeren Datenbestand, obwohl auch die außerschulischen Bildungsakteurinnen und -akteure ebenso wichtige Schlüsselpersonen für die Multiplikation von BNE sind. Beide Personengruppen können maßgeblich dazu beitragen, dass sich der Kenntnisstand über nachhaltige Entwicklung auch bei den Schülerinnen und Schülern weiter bessert. MICHELSEN, GRUNENBERG, MADER und BARTH (2015) stellen im Greenpeace-Nachhaltigkeitsbarometer zwar heraus, dass Nachhaltige Entwicklung (NE) die Jugendlichen unserer Gesellschaft stärker tangiert, als es in den vorherigen Jahren der Fall war. Die grundlegenden Werte einer NE würden von einer Mehrheit der Jugendlichen geteilt (2015, 2). Dennoch stellen die Autoren auch fest, dass ein „nachhaltigkeitsbezogener Unterricht" (2015, 4) noch nicht den BNE-Leitlinien entspreche. Auch diese Ergebnisse machen deutlich, dass es einer empirischen Bestandsaufnahme zu den Kompetenzen von BNE-Multiplikatorinnen und Multiplikatoren bedarf, sowohl im schulischen als auch im außerschulischen Bereich.

In den letzten Jahren hat sich hinsichtlich der Bildung für nachhaltige Entwicklung sowie der Nachhaltigen Entwicklung weiterhin viel bewegt: Mit den 17 *Sustainable Development Goals* (SDGs s. UN 2020) im Rahmen der Agenda 2030 sind greifbare Ziele formuliert worden, welche bis 2030 erreicht werden sollen. Hochwertige Bildung ist eines davon. Das Weltaktionsprogramm (WAP, s. UNESCO 2015b) definiert für BNE insgesamt nur fünf Handlungsfelder. Als drittes Handlungsfeld greift es die Herausforderung heraus, BNE-Multiplikatorinnen und Multiplikatoren[1] gut zu qualifizieren, und unterstreicht damit die große Notwendigkeit, in diesem Bereich aktiv zu werden. An diesem Punkt setzt die vorliegende Arbeit an. Sie soll einen Beitrag zum Handlungsfeld 3 des WAP leisten, welches die Aus- und Weiterbildung von Multiplikatorinnen und Multiplikatoren in der BNE umfasst.

Über die Kenntnisse und Kompetenzen der Multiplikatorinnen und Multiplikatoren ist sowohl auf nationaler als auch internationaler Ebene bisher wenig bekannt. Eine Herausforderung, welche sich bereits zu Beginn dieser Arbeit stellt, ist die hohe Diversität innerhalb des Pools der BNE-Akteurinnen und -Akteure, da diese in allen Bildungsbereichen von der frühkindlichen Bildung bis zur Hochschule sowohl im schulischen als auch im außerschulischen Kontext tätig sind. Die vorliegende Arbeit fokussiert den schulischen und außerschulischen Bildungsbereich.

---

[1] Die Bezeichnungen Multiplikatorinnen/Multiplikatoren sowie Akteurinnen und Akteure werden in dieser Arbeit äquivalent verwendet.

Sie möchte empirisch ermitteln, wie umfangreich die Kenntnisse und Kompetenzen der BNE-Akteurinnen und -Akteure in diesen beiden Bereichen sind und ob bzw. wie sie sich unterscheiden.

Dafür bedarf es einer Messung der professionellen Handlungskompetenz dieser beiden Akteursgruppen. Der Aufbau der vorliegenden Arbeit orientiert sich an dieser Problemstellung. In Kapitel 2 werden die beiden Theoriestränge der Arbeit – (B)NE und professionelle Handlungskompetenz – sowie der Stand der empirischen Forschung erläutert.

Die Ausführungen münden in der zentralen Fragestellung sowie den zu prüfenden Hypothesen. Das sich anschließende Kapitel 3 beschreibt das methodische Vorgehen der Untersuchung und das entwickelte Messinstrument. Die Kapitel 4 und 5 werden durch die Darstellung der Ergebnisse Antworten auf die zentrale Fragestellung geben sowie die Ergebnisse vor dem Hintergrund der Hypothesenprüfung interpretieren und diskutieren. Mit der sich anschließenden Reflexion in Kapitel 6 wird nochmals Bezug auf die Theorie und das methodische Vorgehen genommen, bevor in Kapitel 7 die möglichen Konsequenzen sowie ein Ausblick auf die zukünftige Ausbildung von Multiplikatorinnen und Multiplikatoren gegeben wird. Die Zusammenfassung in Kapitel 8 fasst schließlich die Erkenntnisse nochmals knapp zusammen.

(B)NE ist im doppelten Sinne mit Verantwortung verbunden. Natürlich tragen Lehrkräfte und außerschulisches Bildungspersonal eine Verantwortung gegenüber den Schülerinnen und Schülern, denen sie ihr Wissen vermitteln. Doch auch die Verantwortlichen für die Ausbildung von Multiplikatorinnen und Multiplikatoren tragen Verantwortung dafür, dass die Multiplikation gelingt und Wissen über (B)NE gefestigt wird. Auf allen Ebenen bedarf es daher einer professionellen Handlungskompetenz von BNE-Akteurinnen und -Akteuren, sowohl im schulischen als auch im außerschulischen Bildungsbereich. Die Geographie als Fach im schulischen Kontext hat hier eine tragende Rolle. Die Chancen in der Messung der professionellen Handlungskompetenz liegen in der Verfügbarkeit der empirischen Daten für künftige Konsequenzen in der geographiedidaktischen Ausbildung und Aus- und Weiterbildung von Lehrkräften und außerschulischen BNE-Akteurinnen und -Akteuren.

2 Theoretischer Hintergrund und Forschungsstand

Seit wann sprechen wir von Nachhaltiger Entwicklung (NE) und beziehen uns damit auf konkrete Konzeptualisierungen? Allgemein bekannt ist die Herkunft aus der Forstwirtschaft, die intensive Beschäftigung mit den Termini setzte jedoch später an. Die „Geburtsstunde" von *„sustainable development"* (TREMMEL 2014, 15) sei der Brundtlandt-Bericht von 1987, mit welchem sich die NE in eine konzeptionelle Richtung bewegte und eine Definition konkretisierte: „Nachhaltige Entwicklung ist Entwicklung, die die Bedürfnisse der Gegenwart befriedigt, ohne zu riskieren, dass künftige Generationen ihre eigenen Bedürfnisse nicht befriedigen können"[2] (WCED 1987, 41).

Diese Definition bindet konkret die Folgegenerationen ein. Als ein weiterer Meilenstein, welcher die Popularität der NE auch durch das offizielle Dokument der Agenda 21 (UN 1992) steigerte, kann die Konferenz der Vereinten Nationen in Rio 1992 genannt werden, wurde doch in der Rio-Deklaration, unter anderen Zielen, erstmalig global das Recht auf Nachhaltige Entwicklung sowie die Nachhaltige Entwicklung als Leitkonzept der Vereinten Nationen verankert (UN 1992).

Mit der UN-Dekade für BNE von 2005 bis 2014 wurde dieser Rahmen weiterhin konkretisiert und (B)NE abermals mehr in die öffentlichen Diskurse integriert, da NE und die diesbezügliche Bildung nun in allen öffentlichen Bildungsbereichen verankert sein sollte. Der breiten Bevölkerung blieben und bleiben jedoch, trotz der offiziellen Rahmungen und Werbungen für die NE, der theoretische Hintergrund und die Unterschiede im konzeptionellen Verständnis von Nachhaltigkeit und Nachhaltiger Entwicklung möglicherweise häufig noch verborgen, was u.a. an wenig konkreten Zielvorstellungen der öffentlichen Papiere liegt. Die Bekanntheit des Begriffs und das Bewusstsein scheint jedoch in der Gesellschaft und unter Studentinnen und Studenten zu wachsen, was auch Gegenstand verschiedener empirischer Arbeiten ist (z.B. GfK 2015; KUCKARTZ & RHEINGANS-HEINTZE 2006; BIRDSALL 2014; MSENGI ET AL. 2019).

An dieser Stelle soll nur auf wenige grundlegende Definitionen verwiesen werden. Eine Erwähnung aller Varianten ist für diese Arbeit nicht zielführend, da dies viel zu weit führen würde. So sind laut DOBSON (1996) mehr als 300 Begriffsauslegungen aufzufinden (vgl. BAGOLY-SIMÓ 2013, 5).

Eine klare Konzeptualisierung beginnt jedoch häufig bereits bei der eindeutigen Verwendung der Termini schwierig zu werden, womit eine Herausforderung im Kontext dieser Arbeit evident ist: Sowohl der bewusste Gebrauch der Begriffe Nachhaltigkeit (N) und NE als auch die Vielzahl der unterschiedlichen Verwendungen zeigen zwar die vielfältige (internationale) Beschäftigung mit der Thematik auf,

---

[2] Übersetzung der Autorin, Originalzitat: *„Sustainable development is development that meets the needs of the present without compromising the ability of future generations to meet their own needs."*

tragen aber gleichermaßen zu einer gewissen Unübersichtlichkeit in diesem Bereich bei, welche wiederum die eindeutige Konzeptualisierung einer BNE ebenso erschwert. Nachhaltigkeit und NE werden als Begriffe häufig synonym verwendet, sie haben jedoch keineswegs die gleiche Bedeutung (Tremmel, 2004, 27). Allein der Entwicklungsbegriff ist so vielfältig, dass dieser nicht außer Acht gelassen werden kann, eine intensivere Auseinandersetzung an dieser Stelle aber auch nicht möglich ist. Allerdings gibt es laut Tremmel einen Diskurs um die Begriffe und Konzepte Nachhaltigkeit und NE überwiegend nur im deutschsprachigen Raum (TREMMEL 2004, 27).

Ausgehend von diesen Gedanken kann konstatiert werden: Es gibt keine allgemeingültige und einzig richtige Konzeptualisierung oder Definition der Termini, sondern es gilt, mit der Vielzahl der Entwürfe und der Dynamik in diesem Forschungsfeld so umzugehen, dass eine Arbeitsdefinition als Grundlage für die weitere Arbeit zugrunde gelegt werden kann.

Dies ist ein Ziel dieses Kapitels zur ersten Säule der theoretischen Grundlagen, wobei eine klare Fokussierung auf für die Arbeit relevante Modelle erfolgt und anderweitig mit Verweisen gearbeitet wird. So werden im Unterkapitel 2.1 Konzepte einer NE unter Einbezug zentraler Definitionen und Modelle vorgestellt, bevor im weiteren Verlauf die Grundlage für die Konzeptualisierung einer BNE (s. Kapitel 2.2) dargelegt und damit die erste zentrale Säule des theoretischen Fundaments abgerundet wird. Es wird deutlich gemacht, wie das Verständnis von NE und BNE für diese Forschungsarbeit konzeptualisiert ist.

Die zweite essenzielle Säule liegt in der Theorie zum Professionswissen von Lehrkräften und außerschulischen Bildungsakteuren in eben genau diesem Themenbereich der NE und BNE. Das Kapitel 2.5 stellt komprimiert die wesentlichen Punkte der Professionsforschung dar, wobei an dieser Stelle auf die Trennung in formale und non-formale Akteurinnen und Akteure zu achten ist. Auch hier besteht die Herausforderung unterschiedlicher Konzepte. Die theoretischen Grundlagen in diesem zweiten Kapitel sollen der Leserschaft die notwendigen Kenntnisse zum Themenfeld darlegen und auf die Herleitung des Erhebungsinstruments vorbereiten. Daher ist es zielführend, die NE sowie die BNE zu beleuchten, gleichermaßen aber auch die Theorie zur professionellen Handlungskompetenz.

2.1 Konzepte einer Nachhaltigen Entwicklung (NE)

Wie einleitend bereits festgestellt: Es ist schwierig, die Konzepte knapp zu umreißen und diesen Abriss als allgemeingültig zu betrachten. Die Vielzahl der Konzeptualisierungen von NE zeigt die Auseinandersetzung zahlreicher Wissenschaftler verschiedenster Disziplinen, sowohl auf internationaler als auch nationaler Ebene. Dies belegt abermals die fortlaufende Dynamik in diesem Feld.

Im Folgenden wird ein für diese Arbeit relevantes theoretisches Grundgerüst beschrieben, welches den Ausgangspunkt für die Perspektive auf BNE bildet und für die spätere Herleitung des Erhebungsinstruments wichtig ist.

Gerade die oben benannte intensive Beschäftigung verschiedener Disziplinen und Forschungsrichtungen mit NE sorgt für unterschiedliche Darstellungen in modellhaftem Charakter, welche in der Literatur zu finden sind. Die Ausführungen von JÖRG TREMMEL (2004) bilden für die vorliegende Arbeit die wesentliche Grundlage, da Tremmel die relevanten Modelle und Konzeptualisierungen durchleuchtet hat und auf der Basis dieser Untersuchungen das Analytische Modell der Nachhaltigkeit entwickelt hat, welches wie folgt abgebildet werden kann (vgl. Abb. 1).

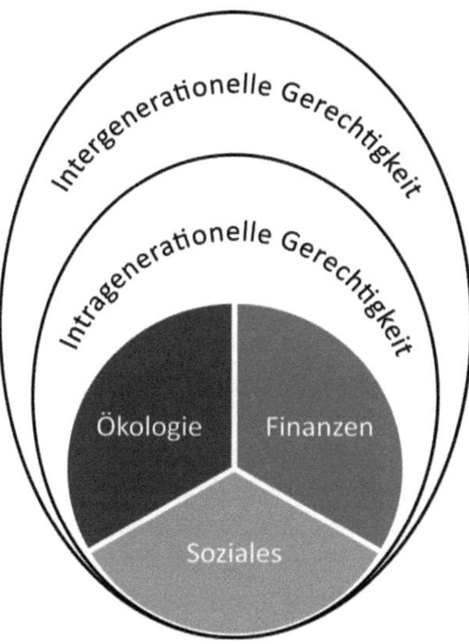

Abb. 1 | Das Analytische Modell der Nachhaltigkeit (eigene Darstellung in Anlehnung an TREMMEL 2003)

Die Abbildung zeigt das Analytische Modell der Nachhaltigkeit, welches JÖRG TREMMEL (2004) auf der Grundlage seiner Arbeiten mit allen relevanten Modellen und Konzeptualisierungen entwickelt hat. Die Analyse dieser verschiedenen Ansätze zur Nachhaltigkeit und NE (s. hierzu ausführlicher TREMMEL 2003; 2004) führt zu diesem Modell, in welchem sich einerseits die durchaus verschiedenen Ansätze sehr gut wiederfinden, andererseits aber auch eine klare Struktur erkennbar ist. Das Modell zeichnet sich insbesondere auch dadurch aus, dass es die Gerechtigkeitsfrage umfasst und mit den drei Dimensionen – Ökologie, Finanzen, Soziales – im Kontext darstellt. Als „Ergebnis der analytischen Definition" (TREMMEL 2004, 31) bilden sich diese drei Dimensionen heraus, welche Tremmel auch als Aktivitätsfelder bezeichnet. Anders als in diversen Modellen nutzt TREMMEL (2004) den Begriff „Finanzen" bzw. „finanzielle Nachhaltigkeit" und nicht „Wirtschaft" oder „Ökonomie". Im Rahmen seiner Analyse der Konzeptdefinitionen stellte TREMMEL (2003) heraus, dass die Definition „ökonomischer Nachhaltigkeit" aus der Perspektive von Wirtschaftsverbänden zum Beispiel konstantes Wirtschaftswachstum und Wettbewerbsfähigkeit meint (2003, 127). Die Finanzwissenschaftler hingegen sehen im Kontext der Nachhaltigkeit einen ausgeglichenen Haushalt (2003, 131). Um eine Abgrenzung von dem Wachstumsgedanken deutlich zu machen, ist im Analytischen Modell nach TREMMEL folglich die „finanzielle" Nachhaltigkeit einbezogen (s. ausführlicher in TREMMEL 2003). Ökologie und Finanzen beispielsweise sind insbesondere ein Resultat aus der Forderung der intergenerationellen Gerechtigkeit – jene Generationengerechtigkeit, welche eine Gerechtigkeit zwischen Generationen meint. Diese ist charakterisiert durch einen räumlichen Fokus mit Maßstabsebenen, auf welchen die Gerechtigkeit im Durchschnitt zusammengefasst wird. Die intragenerationelle Gerechtigkeit hingegen meint jene innerhalb einer Generation und umfasst sowohl die soziale und internationale Gerechtigkeit als auch die Geschlechtergerechtigkeit und weitere Formen (s. hierzu TREMMEL 2004, 29; ausführlich in TREMMEL 2014). Hier ist das Aktivitätsfeld „Soziales" enger vernetzt. Im Analytischen Modell der Nachhaltigkeit werden folglich zuvor eher getrennt gesehene Dimensionen und/oder unterschiedlich gewichtete Aspekte integrativer und gleichberechtigter gesehen.

Das Modell eignet sich sehr gut als Grundlage für diese Arbeit, da das kriteriengebundene Verfahren von Tremmel die deutschsprachige Debatte zum Nachhaltigkeitsbegriff und den unterschiedlichen Konzepten durchleuchtet und das Modell auf der Basis dieser Analyse entwickelt ist. Es verbindet sowohl den Ansatz der drei Säulen als auch die Generationen- und Gerechtigkeitsfrage. Die Spiegelung verschiedener zentraler Ansätze in diesem Modell wird im Folgenden knapp umrissen. Zunächst sei der Fokus auf die Gliederung in drei Säulen gelegt. Ein gemeinhin akzeptiertes und wohl bekannteres traditionelles Konzept unterscheidet zwischen den drei Säulen bzw. Dimensionen, Ökologie, Ökonomie und Soziales bzw. Soziales-Kultur (GROBER 2013). Eine Nachhaltige Entwicklung kann nur erfolgen, wenn die drei Dimensionen sich im Gleichgewicht befinden und die Komponenten gleichrangig beachtet werden.

Der dreidimensionale Ansatz ist mittlerweile jedoch allgemein bekannt und auch bereits in einer anderen Form als „Nachhaltigkeitsdreieck oder -viereck" abgebildet, welches die Komponenten Ökologie, Ökonomie, Soziales sowie Politik oder Kultur einbeziehen, aber keine Priorisierung angeben. Das Dreieck bzw. Viereck hat wiederum der Säulen-Konstruktion gegenüber den Vorteil, dass es Nachhaltige Entwicklung integrativer betrachtet. Weniger durchgesetzt hat sich das von Tremmel entworfene Würfel-Modell. „Während bei Säulenmodellen keine Konflikte offenbart werden, ist z.B. der Nachhaltigkeitswürfel in der Lage, Zielkonflikte und Wechselwirkungen zwischen den Sachbereichen, die als relevant für N/NE eingestuft werden, darzustellen" (TREMMEL 2014, 18). Bei den oben beschriebenen Konzeptualisierungen handelt es sich um traditionellere Ansätze, welche insgesamt aber alle in sich nicht vollständig sind.

Schon früh stellten einige Autoren (Bateson 1972; Meadows 1982; Wilber 1997)
auch diesen traditionellen Ansatz infrage, zwischen den Dimensionen zu trennen,
welcher dem Gedanken des ganzheitlichen Blicks auf Nachhaltige Entwicklung widerspricht. Sterling (2010) zufolge handelt es sich bei den traditionellen Bereichen
Ökonomie, Ökologie, Soziales um konstruierte Grenzen, um mentale Konstrukte,
welche völlig subjektiv sind. Damit ergibt sich ein verzerrter Blick auf die eigentliche systemische Verbundenheit zwischen den Bereichen (Bagoly-Simó 2013, 7).

Die Rolle der Kultur rückt als weiterer Kritikpunkt in den Fokus. Basierend auf den
Arbeiten von Bowers (2002) argumentiert Jickling (2010), dass im Konzept der drei
Säulen unklar bleibt, in welchen Kontext das Individuum eingebettet ist, sowohl in
kultureller als auch in naturräumlicher Hinsicht. Pigozzi (2007) legt ebenfalls die
Betonung auf die Rolle der Kultur, welche eine immanente Dimension sei, die immer hinter den anderen, sich bewegenden Dimensionen stehe. Mit dem Entwicklungsbegriff schwingen gleichzeitig auch ein Ändern und ein dynamischer Prozess
mit. Bei den Dimensionen handelt es sich auch um konkurrierende Aspekte, welche das Individuum beim Ausbalancieren machtlos erscheinen lassen.

Fest steht: Kultur, welche in Modellen teilweise als Teil der sozialen Dimension und
teilweise als vierte Dimension gesehen wird, sollte ein grundlegender Bestandteil
in einer ganzheitlichen Betrachtungsweise von nachhaltiger Entwicklung sein. Die
Rolle der Kulturen muss zudem differenzierter betrachtet werden, sowohl politische und soziale Aspekte sowie rein kulturelle und die Kombination dieser Elemente sind maßgeblich.

Die Komponente „Ökologie" wird zum Teil als die anderen Dimensionen limitierend wahrgenommen. Zu dieser Erkenntnis kamen Hellberg-Rode, Schrüfer und
Hemmer (2014) in ihrer Studie. „Die Natur gibt uns die Rahmenbedingungen vor,
innerhalb derer menschliches Leben sein kann" (Hellberg-Rode et al. 2014, 265).
Dieses „Primat der Ökologie" (Hellberg-Rode et al. 2014, 265) wird jedoch nicht von
allen als solches angesehen, andere Experten befürworten die Gleichberechtigung
der Dimensionen. In diesem Kontext ist auch die Differenzierung in starke und
schwache Nachhaltigkeit einzuordnen, welche bei verschiedenen Autoren und seit
den 1990er Jahren diskutiert wird (z.B. Tremmel 2012; Ott 2009). Auch Neumayer
(2003) differenziert Nachhaltigkeit in starke und schwache Nachhaltigkeit. Knapp
gesagt: Im Konzept der starken Nachhaltigkeit hat die Ökologie die prioritäre Bedeutung gegenüber den anderen Komponenten und wird über diese gestellt
(Neumayer 2003).

Ursprünglich finden sich die drei Dimensionen in einer Säulen-Darstellung wieder,
welche aufgrund der separat stehenden Säulen jedoch kritisiert wurde, da der intendierte Einklang der Dimensionen nicht abgebildet ist. Das mehrdimensionale
Verständnis von Nachhaltiger Entwicklung war in der ursprünglichen Bedeutung
von Nachhaltigkeit, welche auf die Forstwirtschaft zurückgeht, nicht enthalten und
ist ebenfalls erst mit dem Bekanntwerden des Brundtland-Berichts und der
Agenda 21 zu einem Charakteristikum von Nachhaltiger Entwicklung geworden.

Ausgehend von „einer Säule" und somit einer Dimension (Ökologie) entwickelte sich eine mehrperspektivische Betrachtungsweise.

Neben den nun häufig genannten Säulen spielen weitere zentrale Komponenten eine große Rolle im Leitbild der nachhaltigen Entwicklung. Die zeitliche Dimension der Zukunftsorientierung ist hier als bedeutendes Element zu nennen, ebenso die Generationengerechtigkeit. Neben diesen genannten Aspekten kommen andere hinzu, die bereits aktives nachhaltiges Verhalten mehr in den Fokus rücken, so zum Beispiel bei der Partizipation und Werteorientierung. In diesem Zusammenhang ist auch schon auf die Gestaltungskompetenz (s. Kapitel 2.2) zu verweisen, die als wesentliches handlungsleitendes Prinzip für die Lernenden angesehen werden kann und an späterer Stelle nochmals Erwähnung findet. In diese spielen auch Mehrperspektivität, Interdisziplinarität und die Berücksichtigung verschiedener Maßstabsebenen mit rein. Diese Punkte sind von den befragten Experten im Kontext der Frage nach dem Konzept und einer Definition von Nachhaltigkeit mit unterschiedlichen Bewertungen genannt worden (vgl. HELLBERG-RODE ET AL. 2014, 265).

All diese Darstellungen von NE sind aus verschiedenen Gründen nicht unumstritten. Die Grenzen zwischen den Bereichen sind permeabel, zudem handelt es sich um geistige Konstrukte und die Vereinbarkeit von Wirtschaft und Ökologie sei im Zeitalter der Konsumgesellschaft im Westen kaum haltbar. EKHARDT (2014) formuliert vier zentrale Kritikpunkte.

Erstens gibt er zu bedenken, dass eine klare Trennung in soziale, ökologische und ökonomische Aspekte kaum möglich sei. Zweitens erwecke das Modell die Annahme, Wohlstand sei nur durch Wirtschaftswachstum zu erreichen und gleicht das Dreieck mit den Grundsätzen der Rio-Erklärung ab, wobei er erneut zu dem Schluss kommt, dass diese „Dreisäuligkeit" nicht adäquat sei für die Umsetzung der Ziele. Drittens könne auch der derzeitige Konsum in westlichen Ländern nicht mit einem nachhaltigen Lebensstil verbunden werden. An vierter Stelle sei angeführt, dass das Drei-Säulen-Modell vom Paradigmenwechsel ablenke und eher eine Botschaft vermittle, die es einfach erscheinen lässt, alle Komponenten der nachhaltigen Entwicklung in Einklang zu bringen.

Eckhardts Kritik wird auch von anderen Autoren geteilt. SELBY und KAGAWA (2010) etwa betonten, dass es gar nicht möglich sei, eine nachhaltige Wirtschaft zu führen, welche gleichzeitig wächst und die Tragfähigkeit der Erde berücksichtigt. Die Werte seien inkompatibel und in sich nicht konsistent (auch BAGOLY-SIMÓ 2013, 6). Eine grundsätzliche Kritik am Leitbild der nachhaltigen Entwicklung ist also darin zu sehen, dass ihm eine geringe Verbindlichkeit zugrunde liegt und die Idee einer ökonomischen Weiterentwicklung im Kontrast zu generell nachhaltigen Prozessen stehe.

Darüber hinaus bezieht sich eine zentrale Kritik auf die Trennung der Dimensionen, welche so strikt nicht möglich sei. Es handle sich dabei um mentale Konstrukte, welche so nicht zu trennen seien (STERLING 2010). Die Grenzen befinden sich in den

Köpfen der Menschen und seien so nicht klar zu ziehen. Es ergebe sich ein verzerrter Blick auf eine eigentlich systemische Verbundenheit (BAGOLY-SIMÓ 2013, 7).

Neben den oben genannten Kritikpunkten an den drei- bis vierdimensionalen Modellen ist darauf zu verweisen, dass die eingangs bereits erwähnte Generationen- bzw. Gerechtigkeitsfrage in den Darstellungen nicht einbezogen ist. Rückblickend auf das zu Beginn des Kapitels beschriebene Modell von TREMMEL (2003), sollen nun knapp einige Kernaussagen zu dieser Frage getätigt werden.

Die Debatte um Generationengerechtigkeit existiert nicht erst seit wenigen Jahren, sondern hat bereits seit einigen Jahrzehnten zu normativen Diskursen geführt. Grundfrage dabei ist, ob überhaupt Verantwortung übernommen werden kann für die unvorhersehbaren Bedürfnisse künftiger Generationen, die mit dem technologischen Fortschritt mitwachsen. Dabei zu berücksichtigen sind in jedem Fall die unterschiedlichen Maßstäbe, sodass es schwierig ist, diesen Gedanken global zu denken, ja vielleicht ist es sogar anmaßend, entscheiden zu wollen, welche Bedürfnisse in einigen Teilen der Erde entstehen. Verantwortung wird aber auch hier explizit gemacht (BAGOLY-SIMÓ 2014, 223). TREMMEL (2014) beschäftigt sich sehr intensiv mit der Gerechtigkeit (z.B. TREMMEL 2014), an dieser Stelle wird jedoch nur kurz auf die für das Analytische Modell wichtigen Aspekte Bezug genommen.

Genau wie bei den Säulen wird die Frage aufgeworfen, ob eine der beiden Gerechtigkeiten prioritär sei. Ohne einen intakten Planeten ist eine Generationenfrage im Prinzip gar nicht denkbar, da Generationen dann nicht überleben könnten: „Vielmehr wird Generationengerechtigkeit vor allem ökologisch ausbuchstabiert und Ökologie mit Generationengerechtigkeit begründet" (TREMMEL 2004, 30). Die intergenerationelle Gerechtigkeit zwischen den Generationen greift den räumlichen Fokus auf über Maßstabsebenen hinweg, was z.B. das Säulenmodell so nicht leisten kann. Die intragenerationelle Gerechtigkeit ist zwar ansatzweise in der Dimension des Sozialen repräsentiert, jedoch geht es hier um einen deutlich komplexeren Zusammenhang, wenn noch folgende Komponenten die intragenerationelle Gerechtigkeit ausmachen: Soziale, internationale und weitere Formen intragenerationeller Gerechtigkeit sowie die Geschlechtergerechtigkeit (TREMMEL 2004, 29). Tremmel kommt aber insgesamt zu dem Ergebnis, dass die ökologische Gerechtigkeit neben der intragenerationellen gleichberechtigt gesehen wird, da sonst auch Interdependenzen übersehen würden (TREMMEL 2004, 30). Wie die Abbildung 1 zeigt, ist die intergenerationelle Gerechtigkeit letztlich diejenige, welche die anderen relevanten Komponenten mit einbezieht und die Interdependenzen zeigt.

Der Definitionsspielraum bei der nachhaltigen Entwicklung ist erwiesenermaßen recht groß. Generell fehlt es noch immer an Konkretisierungen oder an dem Bewusstsein, Nachhaltige Entwicklung als leitendes Prinzip anzuerkennen, welche inter- und intragenerationelle Gerechtigkeit in die Entwicklung integriert. Dabei stehe jedoch der Gedanke, das Wachstum müsse fortschreiten, im Wege (HOLFELDER 2018, 34f). „Die Begriffsbedeutung von ‚nachhaltig' sieht kein Wachstum vor.

Wachstum würde bedeuten, dass man statt konstanter Erträge, z.B. aus der Waldbewirtschaftung, stetig steigende Erträge anstreben würde" (Tremmel 2014, 15).

Betrachten wir nun die obigen Gedanken, so ist festzustellen, dass das eingangs vorgestellte Modell von Tremmel sowohl die relevanten drei Dimensionen, ebenso aber auch die Inter- und Intragenerationalität beinhaltet und in sich einem holistischen Modell abbildet. Es stellt einen ganzheitlichen Ansatz dar, welcher der Ambiguität des Generationenkonzeptes und der historischen Entwicklung von Nachhaltigkeit gerechter wird als andere Darstellungen. Gerechtigkeit an sich ist hier ein zentraler Leitgedanke in dem Analytischen Modell. Tremmel (2014) differenziert in die Gerechtigkeit zwischen Generationen (intergenerationelle Gerechtigkeit), wobei der räumliche Fokus (global, national, regional) und die Art der Bezugsobjekte (temporale, intertemporale sowie familiale Generationen) einbezogen sind sowie die intragenerationelle Gerechtigkeit innerhalb einer Generation.

Wir haben nun gesehen, dass es einerseits eine Vielzahl von Ansätzen gibt, andererseits kein alleingültiges Konzept existiert, es aber einer möglichst vielschichtigen und vollständigen Lösung bedarf. Eine Reduktion auf drei oder vier Dimensionen ohne inter- und intragenerationelle Gerechtigkeit der NE mitzudenken, reicht nicht aus. Somit ist das Modell von Tremmel (2004; 2014) eine geeignete Grundlage für diese Arbeit und dafür BNE vertieft zu betrachten (2.2).

2.2   Bildung für nachhaltige Entwicklung (BNE)

Wie kann NE in die Bildungslandschaft transferiert und dort multipliziert werden? BNE hat – ebenso wie die Nachhaltige Entwicklung – in den vergangenen Jahren einen Bedeutungszuwachs erfahren, insbesondere seit der UN-Dekade für BNE von 2005 bis 2014 (UNESCO 2015c). Der wachsende Bekanntheitsgrad brachte eine vielseitige Beschäftigung und damit einhergehend unterschiedliche Zugänge und Konzeptualisierungen mit sich, welche bezüglich einer BNE zu vielen Definitionen führte, die zum Teil sehr offen ausfallen. Auch hinsichtlich einer BNE sind mehrere Konzeptionen bekannt, welche auf unterschiedliche Entwicklungsstränge zurückgehen.

Das soeben dargestellte Modell von Tremmel (2004) beruht auf einer Vielzahl an analytischen Arbeiten zur Nachhaltigkeit. Für das in dieser Arbeit zugrundeliegende Verständnis von BNE bietet das Analytische Modell von Tremmel eine geeignete Grundlage, mit welcher sich BNE sehr gut verbinden lässt. Um dies zu verdeutlichen, werden in diesem Kapitel einige Entwicklungen und Konzeptualisierungen beleuchtet, ohne dabei Anspruch auf Vollständigkeit zu erheben.

Die Literatur macht deutlich, dass es sich auch bei BNE um ein sehr dynamisches Feld mit diversen Zugängen handelt. Auch BNE ist wie NE ein wenig eindeutig definiertes Konstrukt. Für eine detaillierte Auseinandersetzung bedarf es aber einer klaren und konsequenten Grundlage, auf welcher die weiterführende Forschung dieser Arbeit beruht. So gilt es zunächst, auch für die BNE ein Modell als grundlegenden Anbindungspunkt festzulegen, welcher sich schlüssig aus den theoretischen Überlegungen zur Nachhaltigkeit ergibt. In welcher Konzeptualisierung von BNE ist die höchste Kohärenz mit dem Analytischen Modell der Nachhaltigkeit zu sehen?

Hier bietet sich das Modell der Gestaltungskompetenz nach DE HAAN (2008) an, das besonders in Deutschland hohe Akzeptanz erfuhr. Basierend auf intensiven Arbeiten zur Nachhaltigkeit und Gerechtigkeit (DE HAAN ET AL. 2008) leitet sich dieses Kompetenzmodell schlüssig aus deren Ergebnissen ab. Insbesondere, weil sich diese Überlegungen auch auf den schulischen Kontext bzw. allgemein den Bildungskontext beziehen und übertragen lassen. Zunächst soll dieses etwas näher beschrieben werden.

Betrachten wir zunächst die Grundidee einer Gestaltungskompetenz nach DE HAAN ET AL. (2008): „Bildung für nachhaltige Entwicklung (BNE) dient speziell dem Gewinn von Gestaltungskompetenz. Mit Gestaltungskompetenz wird die Fähigkeit bezeichnet, Wissen über nachhaltige Entwicklung anwenden und Probleme nicht nachhaltiger Entwicklung erkennen zu können" (DE HAAN ET AL. 2008, 187). In dieser Definition wird klargestellt, dass sowohl Wissen als auch Handlung maßgeblich sind in der Ausprägung der Gestaltungskompetenz. Für Anwendung und Handlung jedoch bedarf es zunächst Wissen – darauf wird an späterer Stelle noch gezielt Bezug genommen (s. Kapitel 2.4). Bereits der Begriff Gestaltungskompetenz umfasst das Wort „Kompetenz" – sowohl die Entwicklung der BNE als auch zugehöriger Modelle sind stark beeinflusst von der allgemeinen bildungspolitischen Kompetenzdebatte, welche sich nach dem sogenannten Pisaschock (2000) in vielen Ländern, so auch in Deutschland, in eine stark kompetenzorientierte Richtung entwickelte.

Die Fähigkeit, sich Wissen über Nachhaltigkeit (s.o.) anzueignen und es dann umzusetzen, finden wir in der Ausdifferenzierung der zunächst zehn und dann zwölf Teilkompetenzen der Gestaltungskompetenz wieder. Diese wiederum sind angelehnt an die internationalen Kompetenzkategorien der OECD (2005): Interaktive Verwendung von Medien und Tools (T), interagieren in heterogenen Gruppen (G) und das eigenständige Handeln (E).

Tab. 1 | Übersicht über die Teilkompetenzen der Gestaltungskompetenz mit Zuordnung zu den OECD-Kompetenzen (nach de HAAN ET AL. 2008, 188).

Teilkompetenzen der Gestaltungskompetenz	Kompetenzkategorien der OECD
T.1 *Kompetenz zur Perspektivübernahme*: Weltoffenen und neue Perspektiven integrierend Wissen aufbauen. **T.2** *Kompetenz zur Antizipation*: Vorausschauend denken und handeln. **T.3** *Kompetenz zur disziplinübergreifenden Erkenntnisgewinnung*: Interdisziplinär Erkenntnisse gewinnen und handeln. **T.4** Kompetenz zum Umgang mit unvollständigen und überkomplexen Informationen.	Interaktive Verwendung von Medien und Tools
G.1 *Kompetenz zu Kooperation*: Gemeinsam mit anderen planen und handeln können. **G.2** *Kompetenz zur Bewältigung individueller Entscheidungsdilemmata*: Zielkonflikte bei der Reflexion über Handlungsstrategien berücksichtigen können. **G.3** *Kompetenz zur Partizipation*: An kollektiven Entscheidungsprozessen teilhaben können. **G.4** *Kompetenz zur Motivation*: Sich und andere motivieren können, aktiv zu werden.	Interagieren in heterogenen Gruppen
E.1 *Kompetenz zur Reflexion auf Leitbilder*: Die eigenen Leitbilder und die anderer reflektieren können. **E.2** *Kompetenz zum moralischen Handeln*: Vorstellungen von Gerechtigkeit als Entscheidungs- und Handlungsgrundlage nutzen können. **E.3** *Kompetenz zum eigenständigen Handeln*: Selbstständig planen und handeln können. **E.4** *Kompetenz zur Unterstützung anderer*: Empathie für andere zeigen können.	Eigenständiges Handeln

Die einzelnen Teilkompetenzen umfassen beispielsweise die Kompetenz zur Perspektivübernahme und eine Weltoffenheit, worin sich die Elemente des Analytischen Modells zur Nachhaltigkeit spiegeln, da eine solche Fähigkeit Voraussetzung dafür ist, die intergenerationelle und intragenerationale Gerechtigkeit einzuordnen. Mit der Antizipationskompetenz wird deutlich, dass Prozesse und deren Entwicklungsverläufe eingeschätzt werden können. Dies erfolgt auf interdisziplinärer Ebene, womit bereits deutlich wird, dass es sich hier um ein überfachliches Modell handelt, welches nicht an eine spezifische Domäne gebunden ist (s. auch Kapitel 2.3). Ebenso umfasst die erste Kompetenzkategorie die Fähigkeit, mit Unsicherheiten umzugehen. Hier sind also klare Anbindungspunkte an das Analytische Modell der Nachhaltigkeit zu erkennen. Auch die anderen beiden Kompetenzkategorien referieren auf die Fähigkeiten, gemeinsam mit anderen zu Entscheidungen zu kommen, ebenso aber auch eigenständig Entscheidungen treffen und begründen zu können sowie empathisch zu sein. Dies sind grundlegende Voraussetzungen, ohne diese eine Nachhaltigkeit nach dem oben erläuterten Modell nicht möglich wäre. Folglich kommt das eine Modell (Kap. 2.1) nicht ohne das andere aus, da die Gesellschaft über eine BNE zu einem nachhaltigen Lebensstil befähigt werden kann und soll. Inwiefern ein Prozess als nachhaltig einzustufen ist, kann wiederum anhand des Analytischen Modells zur Nachhaltigkeit geprüft werden. Als ein Beispiel für die Passgenauigkeit ist die Kompetenz zum moralischen Handeln zu nennen, welche Lernerinnen und Lerner dazu befähigt, „Vorstellungen von Gerechtigkeit als Entscheidungs- und Handlungsgrundlage nutzen zu können" (DE HAAN ET AL. 2008, 188). Damit wird erneut deutlich, dass auch die Gestaltungskompetenz nicht ohne den Gerechtigkeitsbegriff auskommt. Die einzelnen Teilkompetenzen sind bei DE HAAN ET AL. (2008) ausführlich erläutert.

Das Modell der Gestaltungskompetenz bildet das konkreteste Modell einer Bildung für nachhaltige Entwicklung ab, was auch von WALS und BLEWITT (2010) bestätigt wird. Dies soll im Folgenden unter Einbezug alternativer Konzeptualisierungen und unter Verweis auf die Entwicklung von BNE belegt werden. Das Modell zeigt mit den drei Bereichen Ökologie, Ökonomie, Soziales die Mehrdimensionalität einer BNE auf. Insbesondere das Spannungsfeld zwischen Ökologie und Ökonomie wurde bereits in der Vorläuferströmung einer BNE, der Umweltbildung, aufgegriffen. Ferner ist das Globale Lernen in der Intragenerationalität wiederzufinden, in der Intergenerationalität sind Elemente des Brundtland-Berichts sowie der Zukunftsgedanke immanent. Insgesamt ist hier von einer holistischen Betrachtungsweise zu sprechen.

Neben der Gestaltungskompetenz haben sich weitere Konzeptualisierungen von BNE herausgebildet, sowohl im nationalen als auch im internationalen Kontext. Dabei wird deutlich, dass es sich bei der Gestaltungskompetenz nicht um einen völlig neuen Ansatz handelt, wohl aber um den konkretesten. Wie sich diese Ansätze über die nun doch recht lange Geschichte der BNE entwickelt haben, ist sowohl vor dem nationalen als auch vor dem internationalen Kontext zu erörtern.

Blicken wir zunächst in den internationalen Kontext und setzen bei WALS und BLE-WITT (2010) an, die in der Gestaltungskompetenz auch eine Konkretisierung der notwendigen Kompetenzen sehen. WALS (2011) jedoch formuliert in seinem Ansatz noch etwas anders und gibt ihm einen anderen Rahmen. So sieht er vier Formen von Gestalt. BNE solle Individuen zum kritischen Denken anregen und sie befähigen, vier Formen einer Gestaltung in das Handeln einzubeziehen. Dabei verweist WALS (2011) auf das Temporäre und damit die zeitliche Dimension einer Nachhaltigkeit (1) und somit auch auf die Intergenerationalität, zudem bilden die Disziplinen (Sozial- und Naturwissenschaften) eine Form der Gestalt (2). Hinzu kommen die Maßstabsebene (3) sowie das Kulturelle (4). Beispielsweise spricht er von „Gestaltswitching", in welchem zwischen verschiedenen Denkweisen gewechselt werden kann. Insgesamt handelt es sich hier um einen weniger normativen Ansatz, dafür aber ist er auch pauschaler, da nicht deutlich wird, in welchem Zusammenhang die einzelnen Formen der Gestalt wirken. Dennoch sind Überschneidungen mit dem Ansatz von DE HAAN (2008) zu sehen.

PIGOZZI (2007) betont, dass ihre Konzeptualisierung von BNE die drei Säulen der Nachhaltigkeit als Rahmen und Inhaltsspeicher berücksichtigt. Die Dimensionen müssen in einem Gleichgewicht stehen, da Bildung verbunden ist mit einer gut ausbalancierten Entwicklung, was wiederum mit einer verbesserten Lebensqualität und der ökonomischen Entwicklung in Zusammenhang steht. BNE sei ein dynamisches Konzept, welches Wissen, Fähigkeiten, Perspektiven und Werte umfasst. Gleichwohl ist BNE ein lebenslanges Lernen, welches kritisches Denken und kooperatives Arbeiten verlangt.

STERLING (2010) wiederum betont auch die Bedeutung systemischer Zusammenhänge, welche essenziell seien für das Verständnis des Lebens in der heutigen Gesellschaft. Ganzheitliche Lernprozesse als Antwort auf Nachhaltigkeit sind auf drei Ebenen notwendig: auf einer persönlichen, sozialen und organisationalen. Ferner verweist sie auf miteinander verbundene Bereiche des menschlichen Wissens und der Erfahrung, womit die Wahrnehmung als affektive Dimension, die Konzeptualisierung als kognitive Dimension sowie die praktische Handlung als intentionale Dimension gemeint sind. Auch WILLIAMS (2008) betont die Bedeutung des ganzheitlichen Lernens und systemischen Denkens.

GADOTTI (2009) postuliert vor einem philosophischen Hintergrund eine Bildung für nachhaltiges Leben. Dieser Ansatz geht auf ökologische Bewegungen aus den 1990er Jahren, also eine Zeit zwischen *Environmental Education* (EE) und BNE zurück und findet sich auch in HOLLOWAYS (2002) Diskurs über eine Bildung für eine bessere Welt.

Der Orientierungsrahmen für Globale Entwicklung (KMK & BMZ 2016) orientiert sich an einem eigenen Kompetenzmodell mit den drei Kompetenzkategorien Erkennen, Beurteilen, Handeln. Diese zeigen inhaltliche Parallelen zu den in der Tabelle 1 aufgeführten Kompetenzen aus dem OECD-Projekt „DeSeCo", in welchem Schlüsselkompetenzen für persönliches, soziales und ökonomisches Wohlergehen entwickelt wurden. Der Katalog als Ganzes weist jedoch eine fast exakte Übereinstimmung mit dem Kompetenzmodell von DE HAAN (2008) auf und muss daher nicht weiter vorgestellt werden.

Nach Betrachtung verschiedener Ansätze und Schwerpunkte ergibt sich die Frage: Was macht nun eine BNE konkret aus? Wie sieht eine Definition von BNE aus?

Der Definition der UNESCO (o.J.) zufolge befähigt BNE alle Individuen, Wissen, Perspektiven, Werte und Fähigkeiten aufzubauen, um Entscheidungen zur Besserung der Lebensqualität global und lokal zu treffen. Damit sind in erster Linie Fähigkeiten umschrieben, jedoch keine konkreten Inhalte und was sich hinter dem Bildungsparadigma verbirgt. Einige internationale Autoren (v.a. VARE & SCOTT 2007) nähern sich dieser Definition an, konkretisieren sie jedoch weiter in Form einer Differenzierung in zwei Typen von BNE. Beruhend auf Arbeiten zu Nachhaltiger Entwicklung von SCOTT und GOUGH (2003), FOSTER (2002) und ARGYRIS und SCHÖN (1978; 1996) haben VARE und SCOTT (2007) BNE in ESD 1 und ESD 2 unterteilt. Beide Strömungen finden sich in der Literatur. ESD 1 beschreibt das Lernen für Nachhaltige Entwicklung, indem die Veränderungen hin zu nachhaltiger Entwicklung vorangetrieben werden. Dabei sind die Voraussetzungen dafür sowie die Denkmuster und das Wissen über Nachhaltige Entwicklung bekannt, was ebenso bedeutet, dass es belegbare Fakten gibt, an denen nachhaltige und nicht-nachhaltige Entwicklung gemessen werden kann. Zudem ist der Zugang zu diesem Typ von BNE auch so zu verstehen, dass die existierenden Umweltprobleme ein Resultat fehlgeschlagener gesellschaftlicher Entwicklung und politischer Entscheidungen sind. Hinsichtlich der sozialen Kompetenzen ist noch herauszustellen, dass die Lerner dabei auch die Bedeutung der Meinung anderer zu respektieren und tolerieren lernen. Das Bewusstmachen für die Bedeutung einer nachhaltigen Entwicklung ist hierbei zentral. EDS 2 ist insgesamt als weniger greifbar zu bezeichnen. Dieses Konstrukt konzentriert sich darauf, kritische Denkfähigkeit auszuprägen und kritisches Hinterfragen zu lernen, dabei sind (vermeintlich) nachhaltige Prozesse und Entscheidung inbegriffen. Hier steht mehr im Fokus, das Konzept der Nachhaltigen Entwicklung durch kritisches Denken zu erschließen und gleichzeitig zu lernen, was diese bedeutet. Dabei geht es hier nicht um konkret messbare Dinge, sondern verschiedene Perspektiven auf Nachhaltige Entwicklung kennenzulernen und einzuschätzen. Somit ist ESD 2 ein Teil des *lifelong learning*, da dieser Prozess des Lernens sich immer weiterentwickelt. ESD 1 und ESD 2 sind nicht als völlig separate Aspekte zu betrachten, sondern ergänzen sich.

FIRTH und SMITH (2013) verweisen in Anlehnung an die Zielformulierungen der UN-Dekade für BNE auch auf den holistischen und ebenso interdisziplinären Ansatz: *„ESD is an evolving approach with the key characteristics of holism and interdisciplinary, critical thinking, participatory decision making, applicability, local relevance, pluralism of pedagogies and foresting values that underpin sustainable development."* Gleichzeitig wird in diesen Worten auch die Vielfalt der Bildungsorte, an denen BNE stattfinden muss, implizit deutlich.

Die obigen Einblicke in die internationale Debatte um die Konzeptualisierung von BNE zeigen, dass es sich bei einer BNE keineswegs nur um schulische Bildung handelt, sondern im Sinne einer Bildungslandschaft, welche auch non-formales Lernen umfasst, gedacht wird. Dieser Ansatz ist auch in weiteren Konzepten zur BNE aus dem deutschsprachigen Bereich zu sehen. In diesem Kontext ist auf die Genese von BNE und damit in Verbindung stehende Elemente einzugehen, die sich auch im Pool der sogenannten *adjectival educations* wiederfinden. Zu diesen fachübergreifenden Bildungsanliegen zählen beispielsweise auch die EE, *Development Education* (DE), *Global Learning* (GL) oder die sich parallel im deutschen Diskurs entwickelten Konzepte wie die Umweltbildung, entwicklungspolitische Bildung und das Globale Lernen. Zwar klingen die Bezeichnungen zum Teil ähnlich, dennoch sind sie aber nicht äquivalent zu verwenden, so haben sich seit den 1960er Jahren parallel Konzepte mit unterschiedlichen Schwerpunkten herausgebildet.

Zum einen die Entwicklungen mit dem Fokus auf der ökologischen Komponente, wie zum Beispiel die Umweltbildung, zum anderen die Konzepte mit primärem Fokus auf entwicklungspolitisches bzw. Globales Lernen. Beide Strömungen flossen seit den 1990er Jahren in BNE ein (KMK 2007; 2017).

Vermutlich aus diesem Grund wird BNE häufig in den großen Pool lediglich als eine weitere *adjectival education* geordnet – ist dies berechtigt? Dass BNE mehr darstellt, wird im Folgenden unter knapper Bezugnahme auf die Genese der BNE belegt. Dabei finden zentrale Aspekte der nationalen und internationalen Debatte Bezug.

Richten wir den Blick zunächst auf die Umweltbildung im deutschsprachigen Kontext. Die enge Verknüpfung, welche noch heute zwischen BNE und Umweltbildung gesehen wird, geht auf die Entwicklung von BNE zurück, welche durchaus deutliche Wurzeln in der Umweltbildung hat. Aus dieser gingen in der Zeit nach Rio viele Bewegungen hervor, die BNE forciert haben. Gemeinsamkeiten gibt es zudem in den Inhalten, aber auch in der Pädagogik.

Der konkrete Begriff Umweltbildung ist erst 1986 entstanden (BECKER 2000, 9), Umweltschutz sowie Erziehung zu Naturschutz gab es jedoch auch schon deutlich früher, so etwa ab den 1960er Jahren. Innerhalb der umweltpädagogischen Debatte entwickelten sich im Laufe der Zeit verschiedene Linien. Die Umwelterziehung nach dem Verständnis von MICHELSEN (1998) fokussiert beispielsweise primär auf schnell umsetzbare Handlungsmöglichkeiten, wie zum Beispiel die Reduktion von Verpackungsmaterial oder das Sparen von Energie. In der ersten Weltkonferenz zur Umwelterziehung 1977 in Tiflis wurde in der Zielformulierung deutlich, dass sowohl Kenntnisse über die Umwelt, als auch praktische Anwendung zum Umweltschutz erworben werden sollen (RIEß 2010, 100). Ebenso fällt in diesem Kontext der Begriff der Werthaltung, sodass eine Werteorientierung bei der Umwelterziehung stärker mitschwingt als bei der Umweltbildung.

Dieser Ansatz blieb aber auch nicht kritiklos: Eine generelle Überschätzung von Erziehung in der Schulbildung sei hier der Fall, da von den individuellen Kenntnissen keine gesamtgesellschaftliche Transformation ausgehe. Aus der Kritik entwickelten sich Gegenentwürfe, so z.B. die problem- und handlungsorientierte Umwelterziehung (BOLSCHO, EULEFELD & SEYBOLD 1980). In diesem Ansatz wird auch die Vernetzung mit Teilhabe am politischen Leben deutlicher, ebenso eine Problemlösefähigkeit, womit sich Elemente erkennen lassen, die sich auch in der Gestaltungskompetenz spiegeln.

Ein anderer Alternativentwurf findet sich bei GÖPFERT (1987) mit einem Fokus auf der emotionalen Komponente und einem ganzheitlichen Zugang zur Natur. Ebenfalls in den 1980er Jahren bildete sich parallel die Ökopädagogik heraus, darüber hinaus sind in der Literatur weitere Begriffe wie Naturpädagogik oder Ökologisches Lernen zu finden (FISCHER 2008).

Die Entwicklung der Umweltbildung könnte man noch deutlich detaillierter differenzieren, worauf an dieser Stelle aber verzichtet wird. Ausführlich ist sie zum Beispiel in BOLSCHO und SEYBOLD (1996) zu lesen, welche die Genese der einzelnen Konzepte sowohl im schulischen als auch im außerschulischen Kontext vielschichtig betrachten. Die Autoren stellen fest: „Ebenso sind die begrifflichen Veränderungen – von Umwelterziehung über Umweltbildung zu ökologischem Lernen – Zeichen verstärkter pädagogischer Anstrengungen und Umorientierungen" (BOLSCHO & SEYBOLD 1996, 7). Es scheint, als habe sich der Begriff „Umweltbildung" als eine Art Sammelbegriff für unterschiedliche Ansätze im deutschsprachigen Diskurs durchgesetzt, obwohl die einzelnen Konzepte durchaus unterschiedliche Schwerpunkte haben.

Wichtig erscheint ein Vergleich der Ziele von BNE und Umweltbildung. Die problem- und handlungsorientierte Umwelterziehung nach BOLSCHO ET AL. (1980) verfolgt drei Ziele:

1) Auseinandersetzung in der Schule mit der natürlichen, sozialen und gebauten Umwelt,
2) Förderung der Fähigkeit zum Problemlösen in komplexen Systemen,
3) Beitrag für die Beteiligung am politischen Leben.

Diese Ziele liegen nicht so weit entfernt von den Kompetenzformulierungen der Gestaltungskompetenz. Es fällt hier vor allem der Einbezug der Partizipation am politischen Leben auf und damit auch Zielkonflikte mit der Wirtschaft und ggf. auch sozialen Bedürfnissen, welcher in anderen Konzepten der reinen Umweltbildung nicht so präsent ist.

Auch Erziehungswissenschaftler beschäftigen sich mit Umweltfragen und der Begriff der Umwelterziehung blieb nicht kritiklos. BOLSCHO und SEYBOLD (1996) konstatieren, dass sich gegen Ende der 1980er Jahre die bisher eher „starren Grenzen" (BOLSCHO & SEYBOLD 1996, 89) umweltpädagogischer Konzepte lösten und die unterschiedlichen Ansätze sich unter dem Begriff der „Umweltbildung" wiederfinden. Auch de Haan stellt diese Annäherung fest und macht deutlich, dass sich unterschiedliche Gewichtungen finden lassen (s. hierzu DE HAAN 1995, 21; BOLSCHO &

SEYBOLD 1996, 90). BOLSCHO und SEYBOLD (1996, 90) stellen auch in den 1990er Jahren bereits heraus, dass u.a. empirische Daten einen zentralen Beitrag zu dieser Annäherung geleistet haben, was die Bedeutung der Forschung in diesem Bereich unterstreicht. Fingerle schlägt 1981 verschiedene Zugänge und Unterrichtsmodelle vor, hier noch für die Umwelterziehung und hebt dabei auch die Handlungsorientierung der Umwelterziehung heraus und greift die Diskussion um Lernzielverfehlung auf. Er betont aber: „Handlungsorientierter Unterricht über Umweltthemen steht nicht in einem Gegensatz zum Erwerb von Wissen und Fertigkeiten" (FINGERLE 1981, 153).

WILHELMI (2011, 5) verweist in einem Beitrag auch nochmals auf die Bedeutung der „geographischen Umweltbildung" und formuliert zwölf Thesen für die Umweltbildung im Geographieunterricht, in welchen sich auch eine große Schnittmenge mit den Teilkompetenzen der Gestaltungskompetenz spiegelt.

Nun ist ein kleiner Einblick in die deutschsprachige Debatte über die verschiedenen Konzepte gegeben worden. Parallel dazu entwickelten sich auch im internationalen Diskurs unterschiedliche Ansätze zur EE. Die Wurzeln dieser *adjectival educaction* reichen weit zurück und werden zum Teil im 18. Jahrhundert gesehen (ENEJI, AKPO & ASUQUO MBU 2017, 113). In dieser Arbeit kann daher nur ein kurzer Abriss integriert werden. Ähnlich wie bei den deutschsprachigen Konzeptualisierungen entwickelten sich auch in der EE unterschiedliche Ansätze mit verschiedenen Schwerpunkten. STAPP (1969) legte mit *„The Concept of Environmental Education"* einige zentrale Elemente des Konzeptes sowie eine Definition von EE fest, welche das Ziel hat: *„Producing a citizenry that is knowledgeable concerning the biophysical environment and its associated problems, aware of how to help solve these problems, and motivated to work toward their solution"* (STAPP 1969, 30). Auch hier sind Überschneidungen mit der Gestaltungskompetenz sichtbar, da bereits das Identifizieren von Umweltproblemen sowie das Lösen dieser angesprochen werden. Der ökologische Fokus ist auch hier sehr dominant. In einer Definition der UNESCO (1977) wird EE auch mit *lifelong learning* in Verbindung gebracht. EE soll Lerner und Lernerinnen darauf vorbereiten, in einer sich schnell wandelnden Welt Verantwortung zu übernehmen. In der Begriffserläuterung der UNESCO werden aber auch ethische Aspekte erwähnt (UNESCO 1977). Das Konzept wird hier etwas pauschaler definiert und ist nicht mehr so fokussiert auf die Natur und die Umwelt. DISINGER (1985) nennt drei Vorreiter einer EE: *„Nature study, conservation education, and outdoor education"* (zit. nach ENEJI ET AL. 2017, 113). Diese Perspektive wirft auf, dass eine EE durch das Verlassen des Klassenzimmers im Rahmen einer *outdoor education*, welche ausführlicher in anderen Werken beleuchtet wird (HEYNOLDT 2016), essenziell ist.

Sowohl EE als auch die deutschsprachigen Konzepte einer Umweltbildung sind nicht gleichzusetzen mit BNE, sondern sind sogar deutlich abgrenzbar, da eine BNE schließlich auch soziokulturelle und ökonomische Aspekte sowie Gerechtigkeitskonzepte einbindet. Damit ist auch die zweite interessante Säule der *adjectival educations* bereits präsenter: Die entwicklungspolitischen Elemente, wie im deutschsprachigen Raum zum Beispiel das Globale Lernen, bilden soziokulturelle und ökonomische Aspekte ab. In Verbindung mit dem Entwicklungsbegriff jedoch werden hier auch Kritikpunkte evident, da „Entwicklung" nicht pauschalisiert werden kann. Wie wir auch bei vorherigen Konzeptualisierungen schon sehen konnten, ist die Definitionsspanne auch bei dem Konzept des Globalen Lernens breit, wobei BLUDAU (2016, 39) zu recht deutlich macht: „Globales Lernen wird an vielen Stellen in Kurzdefinitionen betrachtet, um einen großen, modernen Begriff greifbar werden zu lassen. Es wird von den meisten Autoren als Reaktion auf Globalisierungsprozesse bezeichnet." Eine ausführlichere Diskussion der Definition findet sich bei BLUDAU (2016), wo auch die Abgrenzung zur BNE intensiver nachgelesen werden kann.

Ein auf internationaler Ebene wichtiger Begriff in diesem Kontext ist *Education for Global Citizenship*. Die UNESCO-Kommission definiert diese *adjectival education* als politische Bildung im globalen Maßstab, welche Wissen und Fähigkeiten vermittelt, um globale Herausforderungen zu verstehen und ihnen aktiv zu begegnen. (Website der UNESCO-KOMMISSION 2020). Sie wird dort als eine von drei hochwertigen Bildungen gelistet – neben der BNE und Menschenrechtsbildung, denn eine *Global Citizenship Education* betrachtet lokale und globale Identität nicht als Widerspruch, sondern verbindet beide Aspekte. Im Zentrum steht die Förderung des Verständnisses der Wechselwirkungen von lokalem und globalem Handeln (Website der UNESCO-KOMMISSION 2020). *Education for Global Cititzenship* ist damit nahezu deckungsgleich mit dem Globalen Lernen zu sehen. Eine klare Abgrenzung oder Zuordnung zu BNE oder Menschenrechtsbildung fehlt.

Es ist feststellbar, dass mehrere *adjectival educations* mit BNE in Verbindung gebracht werden, in erster Linie Konzepte aus dem Bereich der Umweltbildung und des Globalen Lernens, was sicherlich auch an Arbeiten zur Genese der BNE und an einer gemeinsamen Schnittmenge bei den Konzepten liegt. An dieser Stelle sei aber nochmals darauf verwiesen, dass BNE mehr als eine weitere *adjectival education* ist. Es grenzt sich von den anderen Bildungskonzepten als holistisches Konzept in einer Bildungslandschaft ab:

> *„Bildung für nachhaltige Entwicklung bezeichnet ein ganzheitliches Konzept, das den globalen – ökologischen, ökonomischen und sozialen – Herausforderungen unserer vernetzten Welt begegnet. Als Bildungsoffensive zielt BNE darauf ab, das Denken und Handeln jedes Einzelnen zu verändern und damit die gesamte Gesellschaft zu transformieren. BNE befähigt zu informierten und verantwortungsvollen Entscheidungen im Sinne ökologischer Integrität, ökonomischer Lebensfähigkeit und einer chancengerechten Gesellschaft. Bildung stellt den Schlüsselfaktor für Nachhaltige Entwicklung dar."*
> (UNESCO 2015a, o.S.)

In diesem Zitat wird bereits deutlich, dass sich dieses Verständnis primär an dem Dreiecksmodell orientiert. Gleichwohl sind aber auch die Ansätze des Analytischen Modells von Tremmel darin zu lesen. In dem Begriff „Transformation" steckt eine langfristige Änderung eines Systems, das generationenübergreifend gedacht werden muss. Damit ist auch die zeitliche Dimension der BNE bedacht. Chancengerechte Gesellschaft verweist auf die intra- und intergenerationelle Gerechtigkeit. Die beiden Stränge der *adjectival education*, Umweltbildung und Globales Lernen, sind also in dem ganzheitlichen Konzept einer BNE zusammengeführt und weitergedacht, ein Konzept, welches sich durch die Konkretisierung in der Gestaltungskompetenz für die schulische Bildung sehr gut eignet. Damit werden differenzierte Kompetenzen an gesellschaftlich hoch relevanten Themen gefördert, welches ein Konzept, das permanent präsent in der Bildungslandschaft, sein muss. Ganzheitliches Lernen über Fächergrenzen hinweg, jedoch auch mit fachspezifischen Zugängen.

2.3 Geographieunterricht und BNE

Wie kann ein solch fachspezifischer Zugang für die Geographie aussehen und welche Chancen und Herausforderungen bringt BNE für das Fach? In dieser Arbeit liegt der Fokus hinsichtlich BNE in der Schule auf der Fachperspektive der Geographie, da auch die befragten Lehrkräfte Geographie-Lehrkräfte sind. Die hohe Ziel-, Konzept- und Themenaffinität des Faches mit BNE ist sowohl im internationalen als auch im deutschsprachigen Diskurs (BAGOLY-SIMÓ 2018; MCKEOWN & HOPKINS 2007; HAUBRICH, REINFRIED & SCHLEICHER 2007) ein seit langer Zeit wichtiges und auch strittiges Thema, welches an Aktualität noch nicht verloren hat. Traditionell hat sich das Fach Geographie bereits seit den 1960er und 1970er Jahren den fachübergreifenden Anliegen Umweltbildung und Globales Lernen gewidmet (DGFG 2020, 7). Das Schulfach Geographie bildet ohne Zweifel ein Hauptträgerfach der BNE, welches in den Bildungsstandards der Deutschen Gesellschaft für Geographie als eine besondere Verpflichtung des Faches deklariert ist (DGFG 2020, 7). Ebenso ist in diesem Kontext auf die Luzerner Deklaration für eine Bildung für nachhaltige Entwicklung zu verweisen (HAUBRICH ET AL. 2007). BNE bietet für das Schulfach Geographie gleichermaßen Chancen und Risiken, welche in diesem Unterkapitel kurz umrissen werden sollen.
Aufgrund der hohen Ziel- und Konzeptaffinität zwischen BNE und Geographie, welches das Ziel der Handlungskompetenz verfolgt und das Basiskonzept Mensch-Umwelt-System hat (DGFG 2020, 7) und sich auf der Schnittstelle zwischen naturwissenschaftlichen und gesellschaftswissenschaftlichen Fächern sieht, ist die Geographie nahezu prädestiniert für die Implementierung von BNE. Diese wird auch seit langer Zeit durch die *International Geographical Union* in ihrer Agenda angestrebt. In oben genannter Deklaration und ähnlichen Dokumenten werden einige geogra-

phische Kompetenzen gelistet, welche gleichzeitig dem Kompetenzzuwachs hinsichtlich BNE zuträglich sind. Eine klare Definition von BNE ist jedoch auch hier nicht gegeben, es gibt hingegen viele Konzeptualisierungen (BAGOLY-SIMÓ 2018, 19). Neben der hohen Ziel- und Konzeptaffinität beinhaltet Geographie fachimmanent auch zahlreiche BNE-Themen. Hierzu existiert bereits eine Vielzahl an Studien (BAGOLY-SIMÓ 2013; 2014; JONSSON, SARRI & ALERBY 2012; SETHA & MUND 2008; CORNEY 2006; VAN DER SCHEE 2003; HOUTSONEN 2002; HAUBRICH 2000). Die reine Auflistung eines Themas im Curriculum jedoch bedeutet nicht automatisch, dass auch BNE im Unterricht realisiert wird und dass im Sinne einer Gestaltungskompetenz gefördert wird. Die reine Erwähnung in den Fachcurricula ist nicht gleichbedeutend mit einer Implementierung (BAGOLY-SIMÓ & HEMMER 2016), „da sie (die Behandlung der Themen) sowohl zum fachspezifischen Grundwissen als auch zur BNE beitragen können" (BAGOLY-SIMÓ 2018, 13). BAGOLY-SIMÓ (2013) betont zudem den verschiedenen Implementierungsstand von BNE in der Geographie in den unterschiedlichen Staaten. Aufgrund der Fokussierung auf die deutsche Ebene in der vorliegenden Arbeit, wird an dieser Stelle nicht weiter auf den Stand der BNE und der geographischen Bildung in anderen Staaten eingegangen (s. hierzu BAGOLY-SIMÓ 2013; 2014; 2018).

KEIL (2020) weist auch darauf hin, dass zwar fachliche Expertise vorliegt, aber noch immer keine ausreichende strukturelle Verankerung im Fach Geographie gegeben ist, stellt aber auch klar heraus: „Als fachdidaktischer Bestandteil eines Fachlichkeitskonzeptes für die Lehrkräfteausbildung kann die Bildungskonzeption BNE benannt werden" (KEIL 2020, 37). Dabei muss natürlich bedacht werden, dass BNE als ein Teil der fachdidaktischen Rahmung gesehen wird und keinesfalls gleichzusetzen ist mit der fachdidaktischen Ausbildung im Fach Geographie. Gleichwohl wird in BNE als Querschnittsaufgabe von GRÄSEL (2020) mit einem unverbindlichen Charakter der BNE auch eine Gefahr gesehen hinsichtlich der inhaltlichen Dichte der Curricula, ebenso weist sie auf eine mögliche Überfrachtung der ersten Ausbildungsphase hin. Gerade diese Bedenken sprechen für eine spiralcurriculare Einbindung von BNE in die verschiedenen Ausbildungsphasen. Im Hinblick auf die Fachlichkeit darf im Geographieunterricht keine Priorisierung fachübergeordneter Kompetenzen erfolgen (BAGOLY-SIMÓ & HEMMER 2016).

Die Tatsache, dass Geographie ein Trägerfach für BNE ist, darf nicht dazu führen, dass die Basiskonzepte des Faches mit dem Konzept der Nachhaltigen Entwicklung gleichgesetzt werden. Die Fachlogik eines Faches sollte vorrangig bleiben. Auch diese Perspektive dient als Hintergrund für diese Arbeit.

BAHR (2013) weist am Ende eines kurzen Beitrags zu BNE im Geographieunterricht darauf hin, dass trotz der zahlreichen BNE-Themen und Umsetzungsformen der fachübergreifende Ansatz bisher nur schwer realisierbar ist und meistens auf Projektunterricht hinausläuft (BAHR 2013, 23). Diese Einschätzung deckt sich mit den Ergebnissen, zu denen auch GRUNDMANN (2017) in ihrer empirischen Arbeit zur Verankerung von BNE in Schulen kommt. Auch BUDDENBERGS (2014) Ergebnisse unterstreichen diesen Eindruck: BNE sei zwar fachübergreifend zu integrieren, bisher sei das Konzept jedoch nur in auserwählte Fachcurricula implementiert, was für die konsequente fachübergreifende Umsetzung nicht förderlich sei (vgl. BUDDENBERG 2014, 228). In der gerade genannten Studie ist im Hinblick auf das Fach Geographie wiederum auch interessant, dass viele der befragten Lehrkräfte die Innovation von BNE in erster Linie darin sehen, dass Umweltbildung und „Eine-Welt-Bildung" nun im Kontext zu denken sind und das Potenzial, in Zusammenhängen zu denken, hier den Mehrwert bildet (BUDDENBERG 2014, 226). Dies ist für einen guten Geographieunterricht selbstverständlich.

BEDNARZ (2009) führt in seinem Beitrag sowohl die geographische als auch die nichtgeographische Denkweise hinsichtlich der Anteile in der Geographie, die sich auf *environment* beziehen, aus und stellt heraus, dass *environment* und *environmental education* – unabhängig, ob Geographinnen/Geographen oder Nicht-Geographinnen/Geographen – eine zentrale Rolle in der Geographie spielen. Dennoch stellt Bednarz auch für die USA fest, dass der Geographie im Hinblick auf Nachhaltigkeit nicht immer die Rolle beigemessen wird, die sie eigentlich verdient. Diese Diskussion ist interessant, würde hier aber zu weit führen (BEDNARZ 2009, 93).

Eine Überschneidung der Konzepte wird auch in internationaler Literatur immer wieder festgestellt, wie auch MAGGIE SMITH (2013) in ihrem Beitrag über den Zusammenhang zwischen BNE und Geographie unter Bezug auf verschiedene Äußerungen diesbezüglich deutlich macht: „*Thus geography, like ESD, is characterized by its integrative and holistic perspective, and its interest in people's relationship with the environment: Geography's wide bradths, its global perspective, and its focus on scales – both spatial and temporal [...]*" (SMITH 2013, 262). SMITH (2013) verweist zudem ebenfalls auf eine „*distinctive pedagogy*" (2013, 263), welche für die Schulgeographie typisch sei. Hierunter fasst sie beispielsweise die Schülerorientierung, Selbstständigkeit sowie die Förderung kritischen Denkens – wesentliche Kernelemente auch in der Gestaltungskompetenz. Ferner gehören auch außerschulische Aktivitäten sowie intensive Arbeit mit Medien zum Geographieunterricht.

JOHN MORGAN (2012) betitelt ein Kapitel in seinem Werk „*Teaching Secondary Geography: As if the Planet Matters*" (2012), was gleichzeitig auch eine Positionierung mit sich bringt: „*From environmental geography to education for sustainable development*" (MORGAN 2012, 25). In diesem Kapitel sind rückblickend Entwicklungen (bildungs-)politischer und kultureller Art im Hinblick auf die Termini Umwelt und Nachhaltigkeit. Auch wenn eine Verbindung der Konstrukte in dem Titel deutlich wird, so sehen LAMBERT und MORGAN (2010) durchaus kritische Aspekte hinsichtlich des Umgangs mit dem Begriff „Nachhaltige Entwicklung" und stellen die Frage, mit welcher Umsicht Themen wie die ökonomische Entwicklung und Umwelt über die Jahre in das Fach integriert wurden und nun als Themen der Nachhaltigkeit deklariert werden und warnen vor einer „*twenty-first-century idea*" (LAMBERT & MORGAN

2010, 136). Sie betonen, dass das Fach Geographie in der Schule das Potenzial nutzen solle, was es wirklich hinsichtlich einer BNE am besten entfalten könne: Schülerinnen und Schüler dazu anleiten, eine kritische Denkweise zu entwickeln und Argumente bilden zu können – im Kontext einer *„conversation"* über mögliche Zukunftsvisionen, die Mensch und Umwelt betreffen (LAMBERT & MORGAN 2010, 144). Aber: *„ESD and geography education are not the same"* (SMITH 2013, 266). Es stellt sich die Frage, *„how ESD might be best developed within geography in the future. Further research will be key here"* (SMITH 2013, 266), so gilt es mehr darüber zu wissen, wie Geographielehrkräfte beispielsweise ihr eigenes Konzept von BNE bilden, ebenso aber bedarf es aber mehr Transparenz im Hinblick auf das Konzept, welches Schülerinnen und Schüler sich bilden (SMITH 2013, 266).

Auch wenn die Geographie ein Trägerfach ist, so besteht noch Optimierungsbedarf bei der strukturellen Verankerung (BAGOLY-SIMÓ & HEMMER 2016; HEMMER 2016; KEIL 2020). Doch wie kann dieses Wissen in die Praxis transferiert werden? Ein erster Schritt ist hier sicherlich die breitere Multiplikation von Basiskonzepten und der Umgang mit diesen.

Die obigen Ausführungen sind überwiegend auf den internationalen Kontext ausgerichtet. Auch innerhalb der deutschsprachigen Diskurse ist das Thema BNE in der Geographiedidaktik sehr präsent und viel diskutiert. Generell gibt es Arbeiten, welche sich mit konkreten Themen einer BNE befassten. An dieser Stelle sei auf die Arbeiten von BÖHN und HAMANN (2011), SCHRÜFER und SCHOCKEMÖHLE (2012), REUSCHENBACH und SCHOCKEMÖHLE (2011) sowie MEYER und EBERTH (2018) beispielhaft verwiesen. Das Fach Geographie weist eine Vielzahl von Themen auf, welche als sogenannte BNE-Themen gelten. Dass viele Aktionsthemen der UNDESD auch Themen des Geographieunterrichts sind, kann man auch in der Luzerner Deklaration nachlesen und lässt sich ebenso anhand der SDGs prüfen (BAGOLY-SIMÓ 2018, 11). Neben der Fokussierung auf BNE gibt es ferner Arbeiten, die sich dem Globalen Lernen im Geographieunterricht widmen. In diesem Kontext ist auf die Forschungen von HÖHNLE (2014), APPLIS, HÖHNLE und UPHUES (2012), APPLIS (2012), SCHLEICHER (2006), BRENDEL, SCHRÜFER und SCHWARZ (2018) sowie SCHRÜFER und SCHWARZ (2010) zu verweisen. Ebenso findet sich bei RECKNAGEL (2018) ein interessanter Ansatz, das südamerikanische Konzept *Buen vivir* in den österreichischen Geographie- und Wirtschaftsunterricht zu integrieren. Andere Forschungsarbeiten beleuchten BNE vor dem Umgang mit Komplexität (OHL 2013) und der moralischen Urteilsfähigkeit sowie der Kluft zwischen Wissen und Handeln (RESENBERGER 2017) oder aber auch den Weg vom „Handeln zum Wissen" (KRUSE 2013, 31).

Die vielfältige Beschäftigung mit dem Zusammenhang von BNE und Geographie zeigt das breit gestreute Interesse und dass es viele Ansatzpunkte gibt. Abschließend ist jedoch nochmals darauf zu verweisen, dass BNE nicht automatisch im Geographieunterricht stattfindet und die Fachlichkeit gewährleistet sein muss (BAGOLY-SIMÓ 2018).

Im Schulalltag muss ein kritischer Umgang mit Nachhaltigkeitskonzepten gefördert werden, wofür auch der Geographieunterricht Raum bietet, aber nicht ausschließlich für Nachhaltigkeitsbildung genutzt werden darf. In der Lehrkräfteausbildung der Geographie muss dies ebenso bedacht werden, sodass auch im Kontext der universitären und außeruniversitären Lehrkräfteausbildung ein wichtiges Forschungsfeld liegt (HILGER ET AL. 2020; HEMMER ET AL. 2020; BAGOLY-SIMÓ, HEMMER & REINKE 2017; REINKE & HEMMER 2017). Inwiefern in der zweiten Phase der Lehrkräfteausbildung Wissen über BNE vermittelt wird, bleibt zudem zu untersuchen. Ebenso existieren Fortbildungskonzepte zu BNE sowohl für Referendarinnen und Referendare (SELLMANN 2014, Befragung in Vorstudie) als auch bereits sich im Dienst befindende Lehrkräfte (KOMOREK, RUBERG & NIESEL 2016).

Hinsichtlich der langfristigen Integration von BNE in die Lehrkräftebildung und das spätere Schulleben ist auf die Rolle der Fachdidaktiken zu verweisen, welche sozusagen als Multiplikationsinstanz BNE fachperspektiv in der ersten Ausbildungsphase am besten integrieren kann. Hierzu gibt es bereits verschiedene Modelle (vgl. z.B. HEMMER 2016; KEIL 2020; GRÄSEL 2020; KEIL, KUCKUCK & FAßBENDER 2020). Auch im Weltaktionsprogramm ist die Fachdidaktik im Rahmen des dritten Handlungsfeldes zu verorten, da sie den zentralen Beitrag zur Kompetenzentwicklung bei Lehrenden und Multiplikatorinnen und Multiplikatoren vorsieht.

2.4 BNE-Kompetenzmodelle in der schulischen und außerschulischen Praxis

Soweit sind die theoretische Grundlage der Arbeit und unterschiedliche Zugänge sowie Konzepte zur BNE klar. Doch: Wenn gute BNE gelehrt wird, so sollte die Multiplikatorin/der Multiplikator kompetent sein.

Im Weltaktionsprogramm BNE (2015-2019; verlängert 2020-2030) ist die Multiplikatoren Aus- und Weiterbildung eines der Hauptaktionsfelder. Kompetenzentwicklung bei Lehrenden und Akteurinnen und Akteuren, Stärkung der Kompetenzen von Erzieherinnen und Erziehern sowie Multiplikatorinnen und Multiplikatoren für effektivere Ergebnisse im Bereich BNE (vgl. UNESCO 2015b, 15), heißt es im dritten Handlungsfeld. Hier wird von sogenannten *Change Agents* gesprochen, beispielsweise Erzieherinnen und Erzieher, aber auch Ausbildende der Lehrkräfte und Lehrkräfte selber. Womit auch hier deutlich gemacht wird, dass in der Lehramtsausbildung noch Handlungsbedarf besteht, ebenso natürlich auch in der non-formalen Bildung, damit kompetente *Change Agents* ausgebildet werden können. Diese Ziele wurden in Deutschland auch im nationalen Aktionsplan (vgl. BMBF 2017) übernommen.

Das Weltaktionsprogramm macht in seinem Maßnahmenkatalog einige Punkte fest, so zum Beispiel, dass BNE ein fester Bestandteil in der Ausbildung aller *Agents* in allen Bildungsbereichen, sowohl in der formalen als auch in der non-formalen und in der informellen Bildung sei. Diese Idee bezieht sich auch auf verschiedene

Positionen in diesem Bildungsbereich, so wird ausdrücklich auf Schulleiterinnen und Schulleiter verwiesen (vgl. UNESCO 2015b, 36). Ferner wird betont, dass mit spezifischen Fächern begonnen werden könne, daraus jedoch ein fachübergreifender Ansatz erwachsen müsse. Das Thema des nachhaltigen Konsums und des nachhaltigen Produzierens verbindet das Weltaktionsprogramm primär mit der beruflichen Bildung und spricht sogenannte Green Jobs an. Hochschulen werden Aufgaben wie interdisziplinäre Forschung zugeschrieben, ebenso sollen diese aber auch eine wichtige Position in der Informationsmultiplikation für politische Entscheidungsprozesse bilden. Der letzte Punkt des Maßnahmenkatalogs zu dem Handlungsfeld der Multiplikatoren macht auch deutlich, dass auch Bereiche außerhalb des Bildungswesens zur Multiplikation von BNE beitragen müssen, so betrifft die Ausbildung von Multiplikatorinnen und Multiplikatoren auch öffentliche Einrichtungen, Firmen und deren Führungsebene etc. (vgl. UNESCO 2015b, 36).

Nicht nur aus politischer, sondern auch aus wissenschaftlicher Sicht wird die Notwendigkeit gesehen, sich stärker mit den Kompetenzen von BNE-Multiplikatoren auseinanderzusetzen. Eine Gruppe von deutschsprachigen Wissenschaftlerinnen und Wissenschaftlern hat sich im Netzwerk „LehrerInnenbildung für eine nachhaltige Entwicklung (LeNa)" zusammengeschlossen, um die als hochrelevant erkannte Lehrerbildung im Bereich der BNE fortzuentwickeln. Das Netzwerk LeNa – LehrerInnenbildung für eine nachhaltige Entwicklung – arbeitet intensiv am und für den Austausch zwischen Institutionen und Universitäten, um die LehrerInnenbildung voranzutreiben (vgl. STOLTENBERG & HOLZ 2017). In dem von ihm vorgelegten Forschungspapier ist u.a. die noch notwendige Kompetenzmodellierung als essenzieller Forschungsbereich herausgestellt.

Es gibt allerdings durchaus bereits Ansätze, die sich mit den für BNE-Multiplikatoren wichtigen Kompetenzen auseinandersetzen. Diese sind teils theoriegeleitet, teils aus der Praxis entwickelt. Empirisch evidente Ergebnisse liegen noch nicht vor. Im Folgenden sollen diese Ansätze kurz vorgestellt und diskutiert werden, wobei mit denen des deutschsprachigen Raums begonnen wird.

Ein Beispiel ist das Konzept der „Kompetenzorientierten Lehrer/innenbildung für Bildung für nachhaltige Entwicklung (KOM-BiNE)", welches im Rahmen eines österreichischen Forschungsprojektes (vgl. RAUCH, STEINER & STREISSLER 2008; STEINER 2011) entwickelt wurde. Eine zentrale Annahme im Hinblick auf die Kompetenzentwicklung bei Lehrkräften sei hier zu Beginn zitiert: „Kompetenzen von Lehrpersonen können nur dann in vollem Umfang wirksam werden, wenn die Rahmenbedingungen dies erlauben" (STEINER 2011, 120). Hiermit sind wichtige Grundvoraussetzungen also angedeutet: Der Rahmen einer Schule ist immer auch administrativ. Ferner spielen die Einstellung der Schulleitung sowie das Schulprogramm, die Öffnung gegenüber Innovationen und Veränderungen bestehender Ordnungen eine maßgebliche Rolle beim Erwerb von Kompetenzen. Steiner stellte dabei verschiedene Handlungsfelder in Bezug auf BNE heraus: Das Schulumfeld, was sich auf mögliche Kooperationen und Netzwerke bezieht. Innerhalb der Schule beeinflussen Zusammenarbeiten im Kollegium beispielsweise die Kompetenzentwicklung hinsichtlich einer BNE, ebenso die oben schon angedeutete Schulkultur im Hinblick auf die Arbeit am Schulprogramm und an der Weiterentwicklung der Schule. Diese Annahmen werden auch durch die Studien zur Implementierung bzw. Verankerung von BNE und Globalem Lernen in Schulen bestätigt (BUDDENBERG 2014; GRUNDMANN 2017; BLUDAU 2016).

Im Modell „KOM-BiNE" wird auch die Unterrichtsebene beleuchtet: Die Lehrkräfte verfügen beispielsweise über ein unterschiedliches Methodenrepertoire, legen unterschiedlich viel Wert auf Handlungsorientierung, etc. (vgl. STEINER 2011; RAUCH, STEINER & STREISSLER 2008). Ausgangspunkt für das Forschungsprojekt war die von den Autoren RAUCH ET AL. (2008) gesehene Notwendigkeit einer Umorientierung in der Lehrerbildung (vgl. STEINER 2011, 124). Sie entwickelten 2011 ein Konzept für Teams von Lehrenden, womit bereits die gemeinschaftliche Arbeit einen Schwerpunkt bekommt. Das entwickelte KOM-BiNE Konzept „[...] soll Personen, die in der LehrerInnenbildung tätig sind, insbesondere diejenigen, die selbst Aus- und Weiterbildungen zu BNE planen, dabei unterstützen, ihr diesbezügliches Bildungsangebot zu erweitern und zu verbessern" (STEINER 2011, 124).

STEINER (2011) bezieht sich ferner auf WEINERTS (2001) Ansatz der Team- oder Gruppenkompetenzen und befindet diese im Kontext von BNE für sehr wesentlich. STEINER (2011) beruft sich hier auch auf das von MCKEOWN (2002) entworfene ESD-Toolkit und deren Hinweis, dass spezifische Stärken von Einzelpersonen in Wechselwirkung mit anderen in der Gruppe gestärkt würden (vgl. STEINER 2011, 126). Grundannahme ist hier, dass Lernen sozial ist, auch wenn Kompetenzen auch individuelle Bereiche betreffen. In dem Forschungsprojekt KOM-BiNE geht es weniger um spezifisches Wissen zu BNE, sondern mehr um die Art der gemeinsamen Arbeit im Team und der Beschäftigung mit Wissen und Können. Das Konzept wurde über mehrere Jahre und Stufen entwickelt und verändert, die in der Publikation nachvollzogen werden können. Als Personenkreis bezog sich die Studie auf Lehrerinnen und Lehrer, also die schulische Arbeit und das Lehren im Team. Ausgegangen wurde von bestimmten Handlungsfeldern, aber eben auch von den Rahmenbedingungen.

STEINER (2011) stellt im weiteren Verlauf verschiedene Fallstudien vor, die für das KOM-BiNE Projekt rezipiert wurden. Aus den Analysen haben sich einige Folgerungen für die weitere Kompetenzforschung in diesem Bereich entwickelt. Im Folgenden werden die für die vorliegende Arbeit relevanten Folgerungen vorgestellt, um für Multiplikatoren wesentliche Kompetenzen abzuleiten. Diese finden sich z.T. auch bei anderen Autorinnen und Autoren.

Wesentlich ist die These, dass BNE nicht bloß ein „Add-on" ist (These 1, STEINER 2011, 377; auch HEMMER 2016). Es bedarf konkreter Kompetenzen für die Orientierung an BNE. Dies ist auch eine Grundannahme dieser Arbeit. Zwar wird davon ausgegangen, dass die Geographie ein Trägerfach der BNE ist, dennoch müssen die

Lehrkräfte ein eigenes BNE-Konzept haben, um Unterricht entsprechend ausrichten zu können (vgl. Kapitel 2.3).

Für Lerner ist mit der Gestaltungskompetenz bereits beschrieben, was als *output* einer BNE intendiert wird. Künzli David (2007) verweist darauf, dass noch nicht stark genug differenziert würde zwischen den Kompetenzen, die Lernerinnen und Lerner erreichen sollten und denen, über die Lehrende verfügen sollten und macht deutlich, dass auch hier Weiterbildung notwendig ist (Künzli David 2007, 297). Nach Künzli David (2007) sollte bei Ausbildungen von Lehrkräften zum Thema BNE das Ziel im Vordergrund stehen, eine Auseinandersetzung auf der Metaebene zu erzeugen, um so selbst ein reflektiertes Verständnis zu erhalten (Künzli David 2007, 83-95). Anders der Ansatz von Tilbury & Fien (1996), der sehr wohl die Notwendigkeit sieht, dass theoretisch auch die Gestaltungskompetenz bei Multiplikator/innen ausgebildet werden müsse, wenn man deren Ansatz auf diese Situation überträgt. Nach Tilbury & Fien (1996) sollten sie Kenntnisse haben über die den Lernern zu vermittelnden Kompetenzen, aber abgesehen davon eben auch Kompetenzen entwickeln, die sie befähigen, die Gestaltungskompetenz beispielsweise zu multiplizieren. „Die Kompetenzen, welche die Person als Umweltbildner/in auszeichnen, sind demgegenüber breites pädagogisches und curriculares Wissen, das ihr ermöglicht, Lernangebote im Umweltbereich zu entwickeln, zu unterrichten und zu evaluieren" (Steiner 2011, 121). Eine Person mit Lehrtätigkeit muss über verschiedene Kompetenzen verfügen. So ist eine grundlegende pädagogische Kompetenz anzunehmen, die wiederum von fachlichen BNE-Inhalten abgegrenzt werden sollte (s. hierzu Kapitel 2.3). Es gibt allgemein gültige Kompetenzen, die einer Lehrkraft dienlich sind, die aber auch im Hinblick auf BNE eine wichtige Rolle spielen.

BNE beinhaltet in der Gestaltungskompetenz durchaus Aspekte, die sich auch in Ansätzen in der politischen Bildung wiederfinden. In erster Linie der partizipative Aspekt und auch das Entwickeln einer eigenen Meinung sowie die Fähigkeit, diese auch gegenüber anders Denkenden zu kommunizieren. Nachhaltigkeit ist eben auch ein politisches Leitziel, weswegen sich diese Überschneidungen leicht erklären lassen. Jedoch gilt zu beachten: „Eine Instrumentalisierung der heranwachsenden Generation für gegenwärtige politische Ziele ist mit der Idee von Bildung nicht vereinbar. Das bedeutet, dass die politische Idee der Nachhaltigkeit nicht tel quel als pädagogischer Auftrag erscheint" (Herzog & Künzli David 2007, 288), sondern dass dieser wegen der pädagogischen Formulierungen einer Reformulierung bedarf (vgl. Künzli David & Bertschy 2013, 38). Um den Ansatz von Künzli David und Bertschy (2013) deutlich zu machen, sei an dieser Stelle nochmal auf das von ihnen formulierte Ziel einer BNE verwiesen:

> *„Ziel der BNE ist es denn auch nicht, die Gesellschaft bzw. die Welt zu verbessern oder den Lebensstil ihrer Mitglieder in eine bestimmte Richtung zu lenken, sondern die Menschen zu befähigen, eine Nachhaltige Entwicklung*

mitzugestalten, zu fundierten eigenen Positionen zu gelangen und die eigenen Handlungen diesbezüglich zu reflektieren. "
(KÜNZLI DAVID & BERTSCHY 2013, 38)

Im obigen Zitat klingen bereits pädagogische Konnotationen an: Durch die Verben „lenken" und „befähigen" wird deutlich, dass mit BNE durchaus pädagogische Intentionen verbunden sind. Das Ziel der BNE soll nach KÜNZLI DAVID und BERTSCHY (2013) als eine übergeordnete Orientierung gesehen werden, für die Planung und Durchführung sowie die Reflexion von Unterricht nach dem Verständnis von BNE. Nachfolgend beziehen sich die Autorinnen des zitierten Beitrags dann auf die für die Lernerinnen und Lerner relevanten Kompetenzbereiche der OECD, die sich auch in der Gestaltungskompetenz wiederfinden. Ferner referieren sie auf Inhalte, an denen die Kompetenzen erworben werden (s.o.); es wird darauf verwiesen, dass sich für die Planung von Unterricht zu BNE komplexe Fragestellungen eignen (vgl. KÜNZLI DAVID & BERTSCHY 2013, 43). Auch diese Argumentationslinie bestätigt die oben bereits formulierte Aussage, dass das Fach Geographie sich hervorragend eignet, um den Unterricht im Sinne einer BNE zu gestalten. Konkrete Aussagen zu den notwendigen Kompetenzen, die Lehrkräfte benötigen, sind in dem genannten Beitrag von KÜNZLI DAVID und BERTSCHY (2013) nicht gegeben.

HAUENSCHILD und RODE (2013) beschäftigen sich mit BNE als Teil der Schulentwicklung seit den 1990er Jahren und möglichen Potenzialen für diese, ferner auch mit Umsetzungsmöglichkeiten. Konkrete Angaben zur Kompetenz der Lehrpersonen werden jedoch nicht gemacht (vgl. HAUENSCHILD & RODE 2013, 66). In diesem Zusammenhang ist auf das ENSI-Programm zu verweisen, das drei Schwerpunkte explizit macht, an denen sich die Qualität von Schulen, „die BNE anbieten" (HAUENSCHILD & RODE 2013, 67), orientieren soll. Demzufolge handelt es sich um Qualitätskriterien in Bezug auf:

- die Qualität von Lehr- und Lernprozessen,
- die Schulleitlinien und Organisation,
- die Außenbeziehungen der Schule.

Daraus sind mögliche Arbeitsfelder für die Bereiche, in denen Kompetenzen auf Seiten der Schule aufgebaut werden müssen, abzuleiten. SEYBOLD (2006) führte Survey-Studien zu Bedingungen des Engagements von Lehrerinnen und Lehrern für Bildung für nachhaltige Entwicklung durch (z.B. nachzulesen in SEYBOLD 2006, 171). Diese bundesweite Survey-Studie fand bereits in den Jahren zwischen 1985 und 1996 statt, ebenso eine Grundschulstudie. Über diese Längsschnittstudien lassen sich Rückschlüsse auf Veränderungen von der Umweltbildung zur BNE ziehen. „Als ein wichtiger Faktor zeigen sich die Kenntnisse der Lehrer über Nachhaltige Entwicklung und damit verbundene Bildungsmaßnahmen. [...] Als zweiter Faktor erwiesen sich die Einstellungen der Lehrer von großer Bedeutung für Ihr Handeln im Unterricht" (SEYBOLD 2006, 180).

Zentrale Aspekte, die für die hier vorliegende Studie von Bedeutung sind, finden sich in der Erhebung von HELLBERG-RODE ET AL. (2014), welche an vorheriger Stelle bereits zitiert wurde. Aus den Experteninterviews stellten sich folgende erforderliche Kompetenzen für ein BNE-spezifisches Professionswissen heraus: Bis auf eine Ausnahme waren die befragten Expertinnen und Experten der Meinung, dass BNE im Unterricht nur vermittelt werden könne, wenn die Lehrkraft über spezifisches Wissen verfügen würde. Es bildeten sich drei qualitativ unterschiedliche Kompetenzbereiche heraus: BNE-spezifische Wissenselemente, systemorientiert-vernetzende Denk- und Arbeitsweisen, Gestaltung BNE-spezifischer Lernarrangements. Auf diese Ergebnisse wird im Zuge der Itemkonstruktion nochmals verwiesen.

Die in Kapitel 2.2 zitierte Erhebung von BROCK ET AL. (2016), welche im Rahmen des Agenda-Kongresses 2016 stattfand, gibt ein Meinungsbild, was „gute BNE" für die Akteurinnen und Akteure bedeute (vgl. BROCK ET AL. 2016), jedoch bedarf es auch hier noch weiterer empirischer Fundierung. Zudem steht hier kein konkretes Modell zur Messung spezifischer Charakteristika im Hintergrund, die Erhebungsgruppe wählte als Kategorisierungssystem ein Strukturmuster aus der allgemeinen Didaktik (vgl. BROCK ET AL. 2016).

Auf nationaler Ebene gibt es bereits strukturierte Umsetzungen dieser Erkenntnisse in der Ausbildung von Lehrkräften und außerschulischen Multiplikatoren, so beispielsweise in Form des BNE-Masterstudiengangs an der Katholischen Universität Eichstätt-Ingolstadt (vgl. BAGOLY-SIMÓ ET AL. 2017, 8). Hier gewinnt die kognitive Komponente mehr an Bedeutung als z.B. im KOM-BiNE Modell, da Kompetenzen nur an Inhalten erlernt werden können. Das Konzept ist Teil eines ganzheitlichen Ansatzes (fachwissenschaftlich, fachdidaktisch, pädagogisch u.a.m.) und bildet die Studierenden sowohl in physisch-geographischen als auch in humangeographischen Themen aus, sodass fachliche Grundlagen für ein umfassendes Verständnis von BNE gelegt werden.

Auch im internationalen Bereich ist die Diskussion um Kompetenzen im Bereich der BNE nicht neu. Ansätze zur strukturierten Aus- und Weiterbildung gab es schon länger, jedoch sollen in diesem Kontext nur einige wenige als Beispiele genannt werden. Bereits Ende der 1990er widmete sich eine Gruppe von 14 Institutionen der Entwicklung eines Curriculums für ESD mit der Idee, Materialien zu testen und zu publizieren. „Professional Practice for Sustainable Development (PP4SD)" arbeitete in Workshops, welche die folgenden Themen umfassten:

- *the principles of sustainability,*
- *an introduction to systems of thinking and practice,*
- *tools and techniques for taking a future perspective,*
- *the business benefits of sustainable development,*
- *action planning*

(vgl. MARTIN, BRANNIGAN & HALL 2009, 76).

Der Bedarf an solchen Workshops, welche im Prinzip auch einer Fortbildung, wie sie für Lehrkräfte noch heute stattfinden, ähneln, wurde bereits vor Jahren erkannt. Der Versuch, BNE so in die Bildungslandschaft einziehen zu lassen, hat jedoch nur teilweise zum Erfolg geführt. Noch immer wird nach einem konkreteren Bild über die Kompetenzen, über die ein BNE-Akteur/eine BNE-Akteurin verfügen muss, verlangt. Bei den vorgestellten Modellen handelt es sich um überfachliche Ansätze.

Die UNECE-Strategie *„Learning for the future. Competences in Education for Sustainable Development"* (UNECE 2012) stellt in erster Linie Skills in den Vordergrund und bezieht sich hier ebenfalls auf den *educator*. Dieser solle in vier Bereichen Fähigkeiten ausprägen:

- *Learning to do*
- *Learning to know*
- *Learning to be*
- *Learning to live together*

  (vgl. UNECE 2012, 14).

Alle vier Bereiche sind weiterhin jeweils differenziert in verschiedene Perspektiven: *Holistic Approach, envisioning change, achieve transformation.* In der Publikation finden sich weitere Ausführungen zu jedem Ansatz. Insgesamt sind in diesem Modell jedoch auch kaum kognitive Wissensaspekte explizit, sondern der Fokus liegt auf den zu entwickelnden Skills, welche sich jedoch ohne Inhalte nicht vertieft fördern lassen. Ein Vorteil dieser Modelle ist jedoch, dass sie auch für die non-formale Bildung von Bedeutung sind, da keine spezifischen Fachperspektiven als Grundbedingungen genutzt werden.

Neben dem Ansatz der UNECE-Strategie ist auch das ENSI-Projekt (*Environment and School Initiatives*, SLEURS 2008) ein Verbundprojekt von 15 europäischen Hochschulen, welche verschiedene Dimensionen zur Verortung der Fähigkeiten und Fertigkeiten angeben: Gestaltung von Lehr- und Lernformaten, Reflexion und Visionsentwicklung, Kollaboration und Zusammenarbeit in Netzwerken (SLEURS 2008). BARTH (2016, 58) schlägt die Verankerung von BNE in der Lehramtsausbildung als integralen Bestandteil des Professionalisierungsbereichs vor. Ferner verweist er auf kompetenzorientierte Lernumgebungen und darauf, dass die Implementierung nicht ausschließlich auf der ersten Phase der Lehramtsausbildung beruhen darf, sondern auch die zweite Ausbildungsphase einbezogen werden müsse (vgl. BARTH, 2016, 58). In Niedersachsen gibt es hinsichtlich der zweiten Ausbildungsphase bereits das positive Beispiel des Studienseminars Lüneburg, wo Referendarinnen und Referendare eine Zusatzqualifikation in der BNE erwerben können.

Die Notwendigkeit, BNE in die Hochschulbildung zu integrieren, ist national, wie international viel diskutiert, für Großbritannien stellten RYAN und TILBURY (2013) beispielsweise einige *„stakeholder"* vor (vgl. RYAN & TILBURY 2013, 284-287). Auch

MEHLMANN und POMETUN (2013) entwickelten infolge eines Workshops im Jahr 2009 ein Gerüst unterschiedlicher Prinzipien, die für sie Kompetenz im Bereich einer BNE bedeuten. Hierzu zählen Reflexionsfähigkeit, das Akzeptieren von Feedback sowie die Erkenntnis, dass BNE einen *„dynamic flow"* (MEHLMANN & POMETUN 2013, 35) besitze und die erworbenen Skills dynamisch wandern zwischen den Interakteuren. Hinzu kommt, dass *„SD-Teacher"* die Fähigkeit haben sollten, die Erfahrungen der Studentinnen und Studenten in eine Lernsituation zu verwandeln (vgl. MEHLMANN & POMETUN 2013, 36). Auch dies sind Vorschläge für bedeutende Aspekte für Multiplikatorinnen und Multiplikatoren in einer BNE, jedoch beruhen auch diese nicht auf empirischen Ergebnissen.

Weiterhin ist in diesem Kontext möglicher Kompetenzmodelle auf das EU-Projekt *„Competencies for ESD Teachers"* zu verweisen, welches von 2005 bis 2008 lief und verschiedene Rollen bzw. Positionen der Lehrkraft mit verschiedenen Kompetenzbereichen vernetzte. Die Lehrkraft wird hier sowohl als Individualperson, als agierende Person in der Gesellschaft sowie in Bildungsinstitutionen gesehen. In diesen Positionen agiert die Lehrperson in verschiedenen Bereichen wie der Lehre, der Reflexion und des Networkings. Diese Bereiche stehen in einer dynamischen Interaktion mit den ESD-Kompetenzen (SLEURS 2008).

Wie der obige kurze Abriss zeigt, gibt es sowohl ältere als auch jüngere Arbeiten, sowohl zum Professionswissen allgemein und in den Fachdidaktiken als auch speziell zu den Kompetenzen von BNE-Akteurinnen und Akteuren, wobei der Fokus in der Forschung auf den schulischen Multiplikatorinnen und Multiplikatoren sowie deren Ausbildung liegt.

Ferner ist nochmals hinzuzufügen, dass die in diesem Kapitel beschriebenen Modelle überfachliche sind, welche nicht an eine spezifische Domäne angeknüpft sind, aus denen aber gleichermaßen Elemente auf eine Fachdisziplin übertragbar sein sollten.

2.5   Zwischenfazit

Es sind verschiedene Modelle sowohl zur NE als auch zur BNE diskutiert worden. Wie zuvor schon dargelegt, erweisen sich zwei für diese Arbeit als besonders geeignet. Das Analytische Modell von TREMMEL (2004) bildet das grundlegende Verständnis von Nachhaltiger Entwicklung ab, was dieser Arbeit zugrunde liegt und die Konstruktion des Erhebungsinstruments geprägt hat. Das Modell der Gestaltungskompetenz von DE HAAN (2008) bildet ein für die schulische und außerschulische Bildung konkretes und geeignetes Modell. Die vorgestellten BNE-Multiplikatoren Modelle liefern wichtige Hinweise, vernachlässigen aber einige Aspekte. Diese Modelle allein reichen somit noch nicht aus, um ein BNE-Multiplikatoren Modell zu entwickeln, das einer empirischen Überprüfung standhält. Deswegen werden nun im Folgenden Grundlagen zur professionellen Handlungskompetenz erläutert, die sich gut mit den o.g. Modellen vernetzen lassen.

2.6 Profession – Handlung – Kompetenz: Professionelle Handlungskompetenz

Dieses Kapitel widmet sich dem zweiten großen Theorieblock, der dieser Forschungsarbeit zugrunde liegt: Die professionelle Handlungskompetenz wird durch auserwählte Perspektiven beleuchtet, wobei eine vorherige Abgrenzung der Begriffe unerlässlich ist (vgl. 2.6.1). Hierbei wird kein Anspruch auf Vollständigkeit erhoben, da dies den Rahmen der Arbeit sprengen würde. Ziel ist es, die Termini abzustecken und das Grundverständnis deutlich zu machen, welches auch für die spätere Entwicklung des Messinstruments maßgeblich ist. Die non-formale Perspektive soll dabei – trotz der geringen Erkenntnislage (vgl. 2.8 zum Forschungsstand) – auch bedacht werden. Aufgrund der kaum vorhandenen Ergebnisse gibt es hierzu jedoch kaum theoretische Bezüge. Es geht bei den Überlegungen vielmehr darum, ob Konstrukte, die auf den schulischen Bildungsbereich bezogen sind, auch übertragbar sind auf den non-formalen Bereich. Dies wird auch an späterer Stelle der vorliegenden Arbeit noch eine Rolle spielen. Nicht einbezogen, weil zu weit führend, sind theoretische Hintergründe zu non-formalen Netzwerkstrukturen und Karriereoptionen.

Das Kapitel 2.6 geht zunächst auf die Lehrprofession an sich ein, welche zunächst nicht fachgebunden betrachtet wird. Im Anschluss wird die pädagogische Professionalität (2.6.3) präziser beleuchtet. Nach einer Vernetzung der Begriffe und der Darlegung einiger relevanter Ansätze zur professionellen Handlungskompetenz widmet sich dieses Kapitel dem professionellen Wissen als Komponente des Konstrukts, um nachfolgend auf ein für diese Forschungsarbeit relevantes Modell, welches bereits in der fachdidaktischen Forschung der Mathematik im Rahmen der Studie „Professionswissen von Lehrkräften, kognitiv aktivierender Mathematikunterricht und die Entwicklung mathematischer Kompetenz (COACTIV)" (vgl. KUNTER ET AL. 2011) getestet wurde, einzugehen. Daraus ergibt sich die Entwicklung des eigenen Modells zur Messung der professionellen Handlungskompetenz von BNE-Akteurinnen und -Akteuren. Abschließend stellt das Kapitel resümierend Aspekte heraus, die für die Erstellung des Erhebungsinstruments in dieser Studie von Relevanz sind bzw. welche Schlüsse sich aus der theoretischen Betrachtung ergeben haben.

2.6.1 Begriffsbegrenzungen und deren Hintergründe

Ab wann bezeichnen wir jemanden als professionell? Das Adjektiv, das bereits im Titel dieser Arbeit aufgeführt ist, weist eine durchaus positive Konnotation auf. Mit „professionell" wird Kompetenz assoziiert, professionelle Personen können etwas, sie strahlen dieses Können nach außen aus. Gleiches gilt für eben jene Kompetenz. Gilt jemand als professionell, so ist anzunehmen, dass er sich normkonform verhält. Ist eine Person kompetent, so gehen wir davon aus, dass sie sich in einem bestimmten Bereich richtig und gut verhält und über Wissen in dem Bereich verfügt. Beide Adjektive – professionell und kompetent – werden im Alltag vermutlich in ähnlichen Zusammenhängen verwendet. „Die Person hat sich professionell verhalten." – Ohne einen konkreten Kontext würde man unter diesem Satz verstehen, dass die unbekannte Person sich richtig verhalten hat, möglicherweise diplomatisch reagiert hat in einem Konflikt, eventuell auf beruflicher Ebene.

„Profession" – das hört sich nach Beruf an. Es ist demzufolge also etwas aus dem Arbeitsumfeld. Als Nomen ist dies ziemlich eindeutig, auch wenn man sich Übersetzungen anschaut (ohne dem Wort etymologisch detaillierter nachzugehen), so handelt es sich hier um einen beruflichen Kontext. Bei der Verwendung des Adjektivs „professionell" ist das nicht zwangsläufig der Fall. Wir können uns auch professionell in anderen Kontexten verhalten, zumindest ist es im alltäglichen Sprachgebrauch heutzutage der Fall. Betrachten wir das Adjektiv nun im Zusammenhang mit der „Handlungskompetenz". Handelt es sich hierbei um ein Kompositum aus „Handlung" und „Kompetenz" und meint professionelles Handeln – ist die „Kompetenz" dann nicht sogar eine Doppelung?

Überträgt man die Kompetenz nun auf das berufliche Umfeld, so kann man von einer Kompetenz in der Handlung im beruflichen Umfeld sprechen, wenn man das Adjektiv „professionell" wieder hinzuzieht. Personen, die in einem Beruf ausgebildet werden, erwerben also im Idealfall berufliche Handlungskompetenz. Demzufolge müsste die Handlungskompetenz für jede Berufsgruppe unterschiedlich sein und kann nur für Berufsgruppen oder -felder, die möglicherweise in einem ähnlichen Kontext stehen, bestimmt werden. Eine Folgerung daraus ist auch, dass jemand, der den Beruf nicht erlernt hat, normalerweise nicht über eine professionelle Handlungskompetenz in dem Tätigkeitsfeld verfügen kann.

„Die Wörter Professionalität, Profi oder professionell erfreuen sich im alltäglichen Sprachgebrauch ständiger Präsenz, hoher Beliebtheit und Beliebigkeit" (Reinisch 2009, 33). Bezieht man dieses Begriffskonstrukt nun auf den Lehrberuf (zunächst im schulischen Tätigkeitsfeld), so stellt man fest, dass hier unterschiedliche Fächer eine Rolle spielen, aber auch das Pädagogische an dem Beruf. Demzufolge gilt es, fachliche Komponenten zu berücksichtigen, ebenso aber auch die nicht-fachgebunden Aspekte, die die Kompetenz einer Lehrkraft definieren können.

Kompetenz an sich bedarf zunächst einer kurzen Erläuterung, damit deutlich wird, welches Verständnis dieser Arbeit zugrunde liegt. Viel zitiert ist in diesem Zusammenhang die Definition von Franz E. Weinert. In Weinerts (2001) Kompetenzbegriff treten eben neben kognitiven Aspekten auch die Kernelemente motivationale, volitionale und selbstregulative Fähigkeiten auf. Hierbei interagieren Umwelt und das Individuum bzw. die jeweiligen Bedingungen, von denen es umgeben ist (vgl. Košinár 2014, 31). Frey (2006) bezieht in seiner Definition Handlungsprinzipien ein, die beachtet werden müssen, ebenso Werte, Normen und Regeln (vgl. Košinár 2014, 31). Im Rahmen einer Problemlösung kann die Lehrkraft dann die eigene Kompetenz immer weiter entwickeln. Wiederum eine Erweiterung ist in der Meta-

Meta-Wissen-Ebene von Carle (2002) zu sehen. Ihrem Verständnis nach bedeutet Kompetenz das Wissen über Meta-Meta-Wissen, da prozedurales Wissen in die Prozessgestaltung eingebracht werden könne. Košinár (2014) stellt auch fest, dass Kompetenz also auch „Wissen über Wissen" (2014, 31) ist. Terhart (2001) ergänzt Wissensbestände um Handlungsroutinen und Reflexionsformen, die Individuen können so einer Situation angemessen handeln und erreichen das intendierte Ergebnis.

Kompetenz ist ebenfalls ein Begriff, über den bereits vielfältig geforscht wurde, was nicht komplett wiedergegeben werden kann an dieser Stelle. Nach Bourdieu (1996) ist die Kompetenz in einer Person bereits enthalten, sie muss nur ausgebildet werden und dafür wird Zeit und Muße benötigt. In diesem Zusammenhang wird aber auch darauf verwiesen, dass es im Bildungswesen unterschiedliche Akteurinnen und Akteure gibt. Gymnasiallehrerinnen und Gymnasiallehrer bilden andere Elemente der Kompetenz weiter als es bei Grundschullehrerinnen und Grundschullehrern beispielsweise der Fall ist. Dies ist wieder an das Umfeld gebunden (s. Verweis auf Bourdieu in Kapitel 2.6.2.2). Dies ist nicht irrelevant für die Überlegungen zur Kompetenz von BNE – Akteurinnen und -Akteuren, die ebenfalls mit unterschiedlichen Lerngruppen in Interaktion treten und eine Professionalität entwickeln müssen. Daher gilt es zunächst, diesen Begriff näher zu betrachten.

2.6.2 Professionalität im Bildungsbereich – theoretische Ansätze

In der konkreten Debatte um die professionelle Kompetenz von Lehrkräften bezieht sich die deutschsprachige Forschungsliteratur primär auf strukturtheoretische Ansätze und Oevermanns (1996) Strukturtheorie. „Professionalisiertes Handeln bestimmt Oevermann (1996) als den gesellschaftliche[n] Ort der Vermittlung von Theorie und Praxis unter Bedingungen der verwissenschaftlichen Rationalität" (zit. nach Weschenfelder 2014, 19). In seiner Theorie wird von Patienten und Therapeuten gesprochen. „Professionalisiertes Handeln versucht, die Beschädigung des Individuums zu beseitigen." Um seine Theorie pädagogischen Handelns anschaulich darzustellen, entwickelt Oevermann (1996, 115ff) seine Argumentation anhand der psychoanalytischen Therapie (vgl. Weschenfelder 2014, 19). Die Interaktion zwischen Patienten/Patientin und Therapeut wird hier auf das Handeln in der pädagogischen Praxis bezogen. Therapie entspricht in diesem Sinne der Lehrkraft-Schülerin/Schüler-Beziehung, der Wissenshunger der Schülerin/des Schülers entspricht dem Leidensdruck der Patientin/des Patienten, der gestillt werden muss. Im Rahmen einer solchen „Therapie" müssen Schülerinnen und Schülern auch Problemlöseverfahren vermittelt werden. Zentral dabei ist nach Oevermann (1996) immer ein autonomes Arbeitsbündnis, dem die Schulpflicht beispielsweise im Wege steht (vgl. Weschenfelder 2014, 23). Insgesamt sind die strukturtheoretischen Ansätze für den Rahmen dieser Arbeit insofern hilfreich, als dass sie stark auf die Beziehung zwischen Lehrperson und Lernen beispielsweise eingehen. Dies ist insbesondere im Hinblick auf non-formale Akteurinnen und Akteure bedeut-sam, da für diese nicht zwangsläufig ein ausschließlich auf die Schule gerichteter Hintergrund genügt, sondern Grundlagen wichtig sind, welche auch eine außerschulische Perspektive beinhalten. Aus diesem Grunde soll in dieser Arbeit etwas näher auf den strukturtheoretischen Ansatz eingegangen werden.

Bezugnehmend auf PARSONS (1968) stellt HELSPER (2011) heraus: „Der strukturtheoretische Professionsansatz geht davon aus, dass es Berufe gibt, die weder durch den Markt noch durch Bürokratie regelbar sind, sondern eine eigene Strukturlogik besitzen" (HELSPER 2011, 149). Diese Logik muss durch das Identifizieren der Beziehungen spezifiziert werden. Da sich sowohl Lehrkräfte in Schulen als auch non-formale Akteurinnen und Akteure in einem pädagogischen Kontext bewegen, soll der Fokus hier auf der Lehrerprofessionalität liegen.

Nach OEVERMANN (1996) handelt es sich in der umgesetzten Schulpädagogik „um die Ermöglichung lebenspraktischer Autonomie" (HELSPER 2011, 151). Demnach sind Schülerinnen und Schüler in das Schulgeschehen voll involviert. Gleichzeitig entwickelt sich die Profession immer weiter und mit der gesellschaftlichen Interaktion fort. Die Wissensvermittlung rückt nach Oevermanns Ansatz an die erste Stelle und steht vor der Normvermittlung. Neben diesen Funktionen umfasst die Lehrprofession jedoch noch weitere Komponenten, wie etwa die Rolle des Krisenlösers oder auch -initiators oder eine implizit therapeutische Funktion des Lehrers. Ferner wird auch auf die Dreigliedrigkeit im „Arbeitsbündnis" verwiesen, da eine Arbeit mit dem Schüler/der Schülerin als Individuum stattfindet, ebenso aber auch mit der Familie und der Klasse, sodass mehrere Komponenten in das Bündnis einfließen. Die Professionalisierung einer Lehrkraft ist nicht problemfrei, sondern beispielsweise von organisatorischen und institutionellen Zwängen begrenzt (vgl. HELSPER 2011, 154). Die strukturtheoretische Sichtweise geht quasi davon aus, dass es fast unmöglich ist, Lehrkräfte angemessen auf das Berufsleben vorzubereiten (vgl. BAUMERT & KUNTER 2006).

Einige Aspekte lassen sich auch auf den außerschulischen Bildungskontext übertragen. Sie finden sich in dem an späterer Stelle dargelegten Modell zur professionellen Handlungskompetenz wieder.

Der strukturtheoretische Ansatz ist bereits kritisch reflektiert worden, so zum Beispiel von KORING (1989), welcher die Theorie OEVERMANNS (1996) in einer empirischen Arbeit, auch im Hinblick auf Unterricht und Lehrerhandeln, konkretisierte (vgl. KORING 1989; 1996, 320-327; HELSPER 2011, 155). Der Kern bei der Kritik am Ansatz OEVERMANNS (1996) fokussiert sich im Wesentlichen darauf, dass sie zu wenig Bezug zur Praxis habe und die „pädagogische Handlungssituation" (HELSPER 2011, 155) zu wenig aufgreife, was WAGNER (1998) – wie KORING (1989) – über eine empirische Rekonstruktion vertiefte und somit aber auch die wesentlichen Elemente der Strukturtheorie bestätigt. Mit der Reflexion des strukturtheoretischen Ansatzes haben sich viele Autoren auseinandergesetzt und eigene Konstrukte daraus abgeleitet, sodass der Ansatz weiter ausdifferenziert wurde. Eine komprimierte Übersicht bietet HELSPER (2011, 154-159) in seinem Beitrag zum strukturtheoretischen Ansatz der Professionstheorie.

Für den weiteren Kontext in dieser Forschungsarbeit sind folgende Elemente des strukturtheoretischen Ansatzes bedeutsam:

1) Der Lehrberuf – ob formal oder non-formal – hat eine Strukturlogik inne, welche einige Kernelemente umfasst.
2) Das „Arbeitsbündnis" zwischen Lehrkraft und Schüler ist in beiden Kontexten gegeben, nur in unterschiedlicher Ausprägung, was durchaus Auswirkungen auf das Agieren der Multiplikatorin/des Multiplikators haben kann.
3) Äußerliche Rahmenbedingungen können den Lernerfolg erschweren.
4) Die Profession entwickelt sich weiter und mit gesellschaftlichen Rahmenbedingungen.

Die oben angerissenen Verweise zur Lehrprofession beziehen sich auf Arbeiten, die bereits einige Jahre zurückliegen. Dass noch immer an dem Thema gearbeitet wird, ist durch die umfangreiche Literatur sehr deutlich erkennbar. Ebenso zeigt dies, dass es einerseits noch immer keine eindeutige Klarheit im Bereich der Lehrerprofessionalität gibt, andererseits viele Theorien hierzu existieren (vgl. Kapitel 2.8 zum Forschungsstand).

Untrennbar verbunden mit dem Professionsbegriff sind Strukturen, was sich nicht zuletzt auch in der Bezeichnung von strukturtheoretischen Ansätzen spiegelt. Dass „Struktur" zwar ebenso wie die Profession ein häufig genutzter Terminus ist, ändert nichts an der Tatsache, dass er ein „unscharfer Begriff" (PASEKA, SCHRATZ & SCHRITESSER 2011, 16) ist. Die Autoren der EPIK-Arbeitsgruppe (Entwicklung von Professionalität im internationalen Kontext) referieren dabei u.a. auf Anthony Giddens. Jener meint dabei mit „[...] Struktur jene Regeln und Ressourcen, die an der sozialen Reproduktion von Vorhandenem mitwirken – mitwirken deshalb, weil keine deterministische und gleichsam programmierende Wirkung dargestellt wird. Struktur ist etwas Dauerhaftes [...]" (PASEKA, SCHRATZ & SCHRITESSER 2011, 16). Im Plural meinen Strukturen nach GIDDENS (1997) dann die Beziehungen, genauer die Transformations- und Vermittlungsbeziehungen, „die den Bedingungen der Systemreproduktion zugrunde liegen" (GIDDENS 1997, 76). Strukturen dienen dem Menschen als Voraussetzung des Handelns in sozialen Systemen. Auch für OEVERMANN (1996) sind Strukturen ein wichtiges Element für die Ordnung in der Welt und ein Sicherheitsfaktor. Er benennt die Sprache als zentralen Transporteur für Strukturen. Die Autoren beschreiben nachfolgend die Dualität von Strukturen, Determiniertheit und Emergenz ausführlicher und verweisen auf das Verhältnis zwischen Strukturen und Profession. Insbesondere im Hinblick auf das System Schule sind bestimmte Organisationsstrukturen zu nennen, die nach Giddens in drei Formen auftreten: Legitimierungen und Normierungen, Macht- und Hierarchiestrukturen, Codes und Bedeutungsmuster (s. hierzu PASEKA, SCHRATZ & SCHRITESSER 2011,

21). „Neben diesen organisationalen Rahmenbedingungen gibt es jedoch noch eine grundlegende Logik, die für Professionen bestimmend ist. Professionen beschäftigen sich mit lebenspraktischen, krisenhaften Problemen von Klienten und Klientinnen, wobei diese Probleme zentrale gesellschaftliche Werte abdecken: Gerechtigkeit, Gesundheit, Erziehung" (PASEKA, SCHRATZ & SCHRITESSER 2011, 22). Ein konkretes Vorgehen am Fall sei wichtig, auch das erfordert Flexibilität und auch Offenheit. Wichtige Elemente, die zu den Charakteristika von Multiplikatorinnen und Multiplikatoren gehören sollten.

„Ein weiteres Kennzeichen von Professionen ist die zu bewältigende widersprüchliche Einheit von Rollenhandeln und Handeln als ganze Person" (PASEKA, SCHRATZ & SCHRITESSER 2011, 23). Hier ist auch das von OEVERMANN (1996) ebenso benannte Arbeitsbündnis festzustellen. Zentral in der Arbeit mit den Klientinnen und Klienten, in diesem Falle Lernerinnen und Lernern, ist, dass die Professionellen die Spannung zwischen der Ungewissheit des Moments aushalten können und sie aktiv nutzen können für ihre Handlungsentscheidungen.

Aus den Überlegungen der Arbeitsgruppe im Forschungsprojekt „Entwicklung und Professionalität im internationalen Kontext (EPIK)" haben sich fünf Domänen für die pädagogische Professionalität entwickelt, welche sich für diese Arbeit als Grundlage gut anbieten. Diese Domänen sind als Kompetenzfelder zu verstehen (vgl. PASEKA, SCHRATZ & SCHRITESSER 2011, 26):

- Differenzfähigkeit, der Umgang mit großen und kleinen Unterschieden,
- Reflexions- und Diskursfähigkeit, das Teilen von Wissen und Können,
- Professionsbewusstsein, sich als Experte oder Expertin wahrnehmen,
- *Personal Mastery*, die Kraft individueller Könnerschaft,
- Kooperation und Kollegialität, die Produktivität von Zusammenarbeit.

In der Liste der Domänen finden sich bereits einige Punkte wieder, die auch im Hinblick auf die BNE bedeutsam sind. An dieser Stelle sei nur kurz auf den zuletzt angeführten Punkt verwiesen, da das KOM-BiNE Projekt (vgl. STEINER 2011) auch auf Kompetenzen in der Teamarbeit abzielt und die Produktivität betont.

PASEKA (2011) setzt sich in einem Beitrag intensiv mit der Personal Mastery auseinander: „Die Domäne *personal mastery* meint, das professionelle Wissen und Können situationsspezifisch einsetzen und dabei jene Ungewissheitsstruktur, die das Feld und die eigene Profession bestimmen, nicht nur aushalten, sondern aktiv balancieren. Dabei unterliegen sie einer Begründungsverpflichtung" (PASEKA 2011, 154). Auch im Lehrberuf ist *personal mastery* immer auch eine Suchbewegung, der Weg der Orientierung und eine Art Ausloten des geeigneten Weges. Das bewegende Element in dieser Domäne ist auch eine Entwicklungsaufgabe, bei der ständig dazu gelernt wird. Paseka bietet auch sogenannte „Einfallstore" für die Aneignung und Weiterentwicklung von *personal mastery*, die in dem Beitrag nachgelesen werden können (vgl. PASEKA 2011, 156).

Zentral in dem Ansatz der Domänen ist, dass sie alle nicht alleine stehen, sondern miteinander in Verbindung sind und sich gegenseitig beeinflussen (PASEKA, SCHRATZ & SCHRITESSER 2011, 26). Diese Ansätze sind auch sehr gut übertragbar auf den Bildungskontext im Bereich der BNE, wo es zusätzlich zu bedenken gilt, dass Hierarchien abgebaut werden sollten, was für Lehrkräfte zumindest zu Beginn zunächst für weitere Unsicherheiten sorgen könnte, gleichermaßen aber auch bewirken kann, dass die Domänen noch dynamischer interagieren.

Im Ansatz der EPIK-Gruppe wird Professionalität als Ausdruck professionalisierten Handelns betrachtet (vgl. PASEKA, SCHRATZ & SCHRITESSER 2011, 8). EPIK steht hier als Abkürzung für Entwicklung von Professionalität im internationalen Kontext. Das Verständnis dieses Ansatzes beruht auf anthropologischen sowie historischen Ausführungen, u.a. unter Rückgriff auf Herder, der den Menschen als minderwertig ausgestattetes Wesen bezeichnet, welches aber in der Lage sei, die Lücken eigenständig zu füllen (vgl. PASEKA, SCHRATZ & SCHRITESSER 2011, 8). Ergebnis der Überlegungen zur Professionalität des Menschen ist, dass die Menschen zum Handeln bestimmt seien, welches sich in verschiedenen Domänen primär als Differenzbewältigung äußert (vgl. PASEKA, SCHRATZ & SCHRITESSER 2011, 15). Damit beziehen die Autoren auch die Tatsache ein, dass eine Handlung zwar an eine Situation gebunden ist, deren Ausgang aber zumeist völlig ungewiss ist und der „professionelle Mensch" dieses Defizit dann auszugleichen weiß (vgl. PASEKA, SCHRATZ & SCHRITESSER 2011, 15). Im Hinblick auf den schulischen Kontext ist dies natürlich eine sehr wichtige Komponente, da Schule ein Raum ist, der von sehr ungewissen Prozessen geprägt ist. Bezieht man sich alleine auf den Unterricht, so ist die Lehrkraft schon bei der Vorbereitung fast ausschließlich mit unbekannten Komponenten konfrontiert und gefordert, mögliche Verläufe von Methoden und Ergebnisse von gestellten Aufgaben zu antizipieren. Daraus kann man folgern, dass zur Profession einer Lehrkraft beispielsweise immer auch die Fähigkeit zur Flexibilität gehört.

Für die vorliegende Arbeit ebenfalls relevant sind die von SCHRATZ (2011) aufgeführten Initiativen zur Qualitätsentwicklung der Profession. An erster Stelle sind hier die Standardisierungen zu nennen. Demnach werden Standards in der Lehrerbildung als eine mögliche Maßnahme der Qualitätssicherung, aber auch der Messung gesehen. In diesen Kontext gehören natürlich auch die mit dem Beschluss von 2004 gültig gewordenen Standards für die Lehrerbildung der KMK. Diese wurden für das Berufsfeld der Bildungswissenschaften entwickelt und weisen fünf Kompetenzfelder auf, die für das Lehramtsstudium beispielsweise maßgeblich sein sollten. Folgende Bereiche gilt es zu differenzieren: Unterrichten, Erziehen, Beurteilen, Innovieren. Der fünfte Kompetenzbereich sind die fachbezogenen Kompetenzen (vgl. SCHRATZ 2011, 52). Gleichwohl sind diverse Unterkompetenzen und weitere Punkte zu den Standards formuliert worden (vgl. OELKERS 2001). In diesem Kontext ist ebenso auf die Standards für die Fachwissenschaft und Fachdidaktik in der Lehrerbildung zu verweisen, welche die Inhalte sowie die zu erwerbenden Kompetenzen der Ausbildung aufweisen und damit einen Standard bilden (vgl. KMK 2019).

Nicht nur in Deutschland wird über die Kompetenzen von Lehrkräften diskutiert. Als Beispiel sei hier auf den US-amerikanischen Kontext verwiesen, wo bereits eine lange Tradition der Standards in der Professionswissenschaft herrscht. Hier trennt man beispielsweise die Standards für Institutionen, Studiengänge und die Lehrkräfte. Es existiert seit 1987 das *National Board for Professional Teaching Standards* (vgl. NBPTS 2016), dessen Ziel ist, die Qualitätssteigerung der Lehrkraftkompetenz über Standards zu steigern. Auch das NBPTS stellt Grundkompetenzen heraus und bezieht dabei – im Unterschied zu den deutschen Standards – auch Haltungen mit ein. Ferner ist der Schülerinnenbezug/Schülerbezug hier stärker ausgeprägt und der Verweis auf eine ständige Auseinandersetzung mit der Praxis, worin sich aber die Fortbildungsaufgabe spiegelt (vgl. Schratz 2011, 61). In diesem Zusammenhang ist auch an das Expertenparadigma zu denken, welches an späterer Stelle ausführlicher aufgegriffen wird.

Interessant ist im Kontext der US-Standards ebenso das Ergebnis einer Studie von Darling-Hammond (2001) zur Entwicklung der Standards, welches besagt, dass die Ausbildungsprogramme der Bundesstaaten so unterschiedlich seien, dass man keine vergleichbaren nationalen Ergebnisse habe. Die Autorin schließt daraus, dass Lehrkräfte mit weniger Fertigkeiten und Wissen in den Beruf starten als andere Professionen (vgl. Darling-Hammond 2004). Die Unzufriedenheit darüber bewirkte immer weitere Forschung; 1996 erschien erstmals der Bericht *„What matters most: Teaching für Amercia's Future"* der *National Commission on Teaching & America's Future*, welcher dann später aktualisiert aufgelegt wurde und in der Fassung von 2016 erschienen ist (vgl. NBPTS 2016). Daraus ging beispielsweise ein Aktionsplan hervor, der gewisse Gemeinsamkeiten mit dem EPIK-Plan aufweist. Aus diesen Erkenntnissen entwickelte die EPIK-Gruppe Vorschläge für die Umsetzung solcher Ansätze, zu denen beispielsweise neben der Einführung der Standards, auch die Gewinnung von qualifizierten Nachwuchskräften, die Neugestaltung der Lehreramtsaus- und Weiterbildung sowie die Schulorganisation gehören (vgl. Schratz 2011, 63). Ferner wäre in einem tiefergehenden Kontext auch das Bezugssystem von Bransford, Darling-Hammond und Le Page (2005) interessant, an dieser Stelle soll jedoch lediglich darauf verwiesen werden (Bezugssystem zum Verständnis von Lehren und Lernen ist auch bei Schratz (2011, 64) nachzulesen). Die Autoren stellen hier heraus, welches Wissen für guten Unterricht bedeutsam ist und bilden dies in einem Bezugssystem ab, um die Organisation dieses Wissens darzustellen.

„Die aktuell diskutierten Kompetenzaufstellungen weisen meist einen topischen Charakter auf, d.h. sie bestehen aus zwar durchaus treffenden, jedoch beliebig erweiterbaren Auflistungen beispielhafter Vorstellungsbilder oder Tätigkeitsfelder pädagogischen Handelns" (Schrittesser 2011, 95). Schrittesser (2011) nennt hierfür als Beispiele sowohl die Standards nach Oser und Oelkers (2001) als auch die von Terhart (2002) für die KMK und die INTASC-Standards, die vom *Interstate New Teacher Assessment and Support Consortium* aufgestellt wurden (s. hierzu z.B.

TERHART 2000; 2002; OSER & OELKERS 2001; auch nachzulesen bei SCHRITTESSER 2011, 95, ebenso in CCSSO 2020). Diese zehn Standards sind in vier Oberthemen differenziert: *The Learner and Learning, Content Knowledge, Instructional Practice, Professional Responsibility* (vgl. CCSSO 2020). Hier wird bereits ein Hinweis auch auf das Fachwissen gegeben. *Content knowledge* wird an späterer Stelle der Arbeit noch eine Rolle spielen.

Neben amtlichen und nationalen Versuchen der Qualitätsentwicklung gibt es auch aus der Berufsgruppe heraus immer wieder Versuche, dieses Feld voranzutreiben. Ein Beispiel dafür ist der Dachverband Schweizer Lehrerinnen und Lehrer, der ein Berufsleitbild kantonübergreifend erstellte und „Standesregeln" entwickelte: Erfüllung des Bildungsauftrags, professionelle Unterrichtsführung, Mitwirkung im Schulteam, Qualitätssicherung und Entwicklung, Führung und Verantwortung, Zusammenarbeit mit den Partnern, Vertraulichkeit, Einhalten von Vorschriften, Respektieren der Menschenwürde, unbedingtes Beachten von Verboten (vgl. SCHRATZ 2011, 69). Ein weiteres Beispiel findet sich in einer kanadischen Organisation, dem *Ontario College of Teachers.* Auch hier wurden *Standards of Practice* entwickelt, die folgendermaßen ausdifferenziert werden: *Standards of Practice for the teaching profession: Commitment to Students and Student Learning, Professional Knowledge, Professional Practice, Leadership in Learning Communities, Ongoing Professional Learning.* Ferner wurden *Ethical Standards for the Teaching Profession* entwickelt *(care, respect, trust, integrity),* welche im Hinblick auf BNE nicht uninteressant sind (vgl. SCHRATZ 2011, 73-74), insbesondere vor dem Hintergrund der moralischen Komponente einer BNE (vgl. hierzu Kapitel 2.2). Möglicherweise kann dies auch in einem Zusammenhang mit der Motivation für BNE stehen.

Der Bildungsgedanke der Europäischen Union darf nicht in Vergessenheit geraten. Ziel ist auch hier die Gewährleistung einer weitgehenden Einheit und Vergleichbarkeit von Lehrkräftebildung innerhalb der EU. Die OECD entwickelte darum ebenso Kompetenzbereiche, Herausforderungen (wovon Professionalisierung eine ist) und Schlüsselkompetenzen, die sich auch in der Diskussion der BNE wiederfinden. Nicht unerwähnt bleiben soll in dieser Arbeit die OECD-Initiative Teachers Matter: *Attracting, Developing and Retaining effective teachers* (vgl. OECD 2005). Diese Initiative beschäftigt sich mit der Frage, welche Politikinitiativen notwendig sind, um das Ansehen und die Entwicklung von Lehrkräften zu verbessern.

SCHRITTESSER (2011) stellt heraus, dass nach wie vor Unklarheit herrscht bzgl. der Bereiche der Kompetenz, die sich konkret auf eine Problemlösefähigkeit beziehen. Unter Bezug auf STICHWEH (1994) macht SCHRITTESSER (2011) deutlich:

> *„Die zentrale Aufgabe der Profession sei demnach nicht bloß der Versuch einer (stellvertretenden) Problemlösung, sondern immer auch die Vermittlung der das Problem rahmenden Sinnperspektive, die der Klientin bzw. dem Klienten deutlich machen soll, wie ähnlich krisenhafte Situationen in Zukunft vermieden oder eigenständig bewältigbar werden können."*
> (SCHRITTESSER 2011, 97)

Stichweh definiert zudem, „daß [sic] man vielleicht von einer Profession nur dann sprechen sollte, wenn eine Berufsgruppe in ihrem beruflichen Handeln die Anwendungsprobleme der für ein Funktionssystem konstitutiven Wissensbestände verwaltet (...)" (Stichweh 1994, 369). Schrittesser verweist auch auf zentrale Strukturmomente und nimmt ebenso Bezug auf Oevermann (1996), der für eine professionalisierte Person folgende Kriterien anführt: Fundierung der wissenschaftlichen Rationalität und Wissensbeständen, die kunstlehreartige Einübung in die professionelle Handlungslogik und die Berücksichtigung von Rahmenbedingungen (vgl. Schrittesser 2011, 98). Dies ist sowohl für den formalen als auch für den non-formalen Bildungskontext bedeutsam, ebenso die pädagogische Professionalität, welche Schrittesser (Schrittesser 2011, 102) aber als „Sonderfall" betitelt. Dieser wird sich nun fokussierter gewidmet.

2.6.3 Pädagogische Professionalität

Auch das Pädagogische scheint mittlerweile in der Gesellschaft allgegenwärtig zu sein. Wimmer (1996) spricht von einer „Entgrenzung des Pädagogischen" (Wimmer 1996, 425) und betitelt seinen Beitrag mit „Zerfall des Allgemeinen – Wiederkehr des Singulären" (Wimmer 1996, 404). Was aber ist das Singuläre im Kontext pädagogischer Professionalität? Orientiert an Schrittesser (2001) wird als Kernkompetenz weiterhin aber die Vermittlungskompetenz gesehen. Mit dem Vorhaben, etwas zu vermitteln, geht man aber auch das Risiko zu scheitern ein und hat mit unbewussten Prozessen zu tun. So befindet man sich in einer permanenten Vermittlungskrise. Eine Lehrkraft befindet sich quasi fast immer in nicht komplett planbaren Situationen. „Vielmehr wird pädagogisches Handeln durch einen unhintergehbaren Kern von Ungewissheit, einem Nicht-Wissen und Nicht-Wissen-Können bestimmt" (Schrittesser 2011, 103).

Im pädagogischen Beruf ist auch immer das weiter oben bereits erwähnte „Arbeitsbündnis" zwischen der Lehrkraft und dem Klienten, in diesem Falle Schülerin/Schüler, von Bedeutung. Gleichwohl spielen aber eben auch noch andere Komponenten eine Rolle, wie zum Beispiel die Eltern oder die Klasse als soziales Gefüge. Nach Dewe, Ferchhoff und Radtke (1992) sind die Schülerinnen und Schüler aber auch keine Partner in dem Bündnis, mit welchen gültige Verträge eingegangen werden könnten.

Die Lehrkraft als pädagogisch professionelle Person hat hier folglich mit mehreren unsicheren Komponenten zu tun. Zwischen den theoretischen Annahmen zur Profession und der Struktur des Pädagogischen gibt es nach Schrittesser (2011, 105) fünf Strukturanalogien:

1) Besondere Expertise und erweiterte, fundierte Wissensbasis,
2) Fallorientierung - Interaktivität der Handlungsstruktur,
3) Ungewissheit,
4) Handlungszwang,
5) Begründungsverpflichtung der gesetzten Handlung.

Interessant in der Debatte um Professionalisierung ist auch das Verständnis nach dem französischen Soziologen PIERRE BOURDIEU (1930-2002), welches sich in mancher Hinsicht auch gut eignet für die Übertragung auf das pädagogische Berufsfeld, was NAIRZ-WIRTH (2011) in einem Artikel gut deutlich macht. Zunächst stellt sie zwei bedeutende Dimensionen von Professionalisierung im pädagogischen Kontext heraus: Die Aus- und Weiterbildung und auch die Anerkennung als Experte oder Expertin. Letztgenannte Dimension deutet bereits auf das Experten-Paradigma hin. Diese Annahmen seien historisch begründet und haben auch mit der Ausbildungsentwicklung zu tun, die aber an dieser Stelle nicht referiert werden können. Eine Grundbildung auf wissenschaftlichem Niveau in den jeweils studierten Fächern sowie didaktische und pädagogische Kompetenz gelten jedoch schon lange als Konsens. Wie weiter oben in den Ausführungen schon deutlich wurde, sind dies aber recht unkonkrete Angaben.

Nach BOURDIEU (1996) ist der Professionsbegriff nur als Feld zu denken. NAIRZ-WIRTH (2011) geht in ihrem Beitrag ausführlicher auf die Dekonstruktion des Professionsbegriffs nach Bourdieu ein. BOURDIEU (1996) formulierte drei Anleitungsschritte für sogenannte Feldanalysen. Als erster Schritt müssten demzufolge alle Kräfte und Relationen aller an Lehrerbildung beteiligten Felder analysiert werden. Ferner müsse in diesem Zusammenhang das Machtverhältnis zwischen ihnen formuliert werden. Im nächsten Schritt ist zu ermitteln, wie die objektive Struktur zwischen den Akteurinnen und Akteuren in diesem Feld ist. Ein letzter Schritt ist durch die Habitus-Analyse zu leisten (vgl. NAIRZ-WIRTH 2011, 165). Ein anderes pädagogisches Modell geht auf WOLFGANG NIEKE (2012) zurück, der sich wiederum auf HEINRICH ROTH (1971) bezieht, welcher bereits in den 1970er Jahren in der „Pädagogischen Anthropologie" Kompetenzfelder ausdifferenzierte. Roth wiederum nahm Bezug auf die Motivationspsychologie (vgl. WHITE 1959) und verweist auf drei noch heute bedeutsame Bereiche: Sach-, Sozial- und Selbstkompetenz. Auch hier greift die Kritik, dass Zusammenhänge zwischen den Bereichen nicht ausreichend deutlich würden. NIEKE (2012) stellt jedoch heraus, dass professionelles Handeln in einem systematischen Gesamtzusammenhang stehen kann, der sich aus einer Gesellschaftsanalyse, der Situationsdiagnose und der Selbstreflexion bildet.

Man kann in der Situationsdiagnose aber durchaus Ansätze strukturtheoretischer Elemente erkennen, da eine Situationsdiagnose auch im sogenannten Arbeitsbündnis in einer „Einzelfalltherapie" deutlich wird. Ferner ist in der Selbstreflexion auch davon etwas zu erkennen, dass Lehrkräfte sich über Reflexionen und Praxiserfahrungen weiterbilden und entwickeln und die Handlungskompetenz demzufolge kein statisches Modell ist. Ferner sind Lehrkräfte in ihrem „Arbeitsbündnis" ja mit mehreren Komponenten beschäftigt: Eltern, Schüler, Rahmenbedingungen der Schule. NIEKE (2012) differenziert seine Sichtweise aber noch etwas anders aus, so zum Beispiel bei der Selbstreflexion durch den Bezug auf das berufsethische Bild (vgl. KOŠINÁR 2014, 54). Interessant bei NIEKES (2012) Ansatz sind die fünf verschiedenen Phasen, die er einbringt (zit. nach KOŠINÁR 2014, 54):

- Ziel,
- Analyse der Handlungssituation,
- Entscheidung zwischen Alternativen,
- Handlungsdurchführung,
- Evaluation.

So entwirft NIEKE (2012) ein Strukturschema, welches im Spannungsfeld zwischen Gesellschaftsanalyse, Selbstreflexion und Situationsdiagnose zu lesen ist. Die Wissensdomänen und -typen finden sich auch in NIEKES (2012) Modell wieder, welche als Grundlage für die Planung und Handlung dienen (vgl. KOŠINÁR 2014, 55).

NAIRZ-WIRTH (2011) spricht von einer feldspezifischen Autonomie, dessen gängiges Verständnis aber nicht passgenau übertragbar ist auf das Verständnis von Bourdieu (1996). Dieser beschreibt die Felder als Mikrokosmen, die sich nicht ganz der Begrenzung und den Zwängen des Makrokosmos entziehen können. Im Falle einer Lehrkraft konkurrieren sowieso bereits Felder miteinander: Die Fachwissenschaft, die Fachdidaktik und die Erziehungswissenschaft sind relevante Elemente in der Ausbildung und in der professionellen Handlungskompetenz von Lehrkräften. Zentrales Element nach der bildungssoziologischen Forschung von Bourdieu ist jedoch der Habitus einer Person.

SCHENZ (2011) bezeichnet das Zusammentreffen von Pädagogik und Professionalität als einen neuralgischen Knoten. Ob dieser zu lösen ist oder geht es einfach um das Ertragen dieser Spannungen, die beide Komponenten mit sich bringen? Wissenssystematisierung ist ein Aspekt, der wichtig ist. Gerade beim Pädagogischen sind hier aber nicht nur rein faktische Wissenselemente wichtig, sondern von großer Bedeutung ist auch systematisches Wissen über Entwicklungen von Kindern und Jugendlichen zum Beispiel. SCHENZ (2011) spricht ebenso von einer „Verberuflichung" und einer gesellschaftlichen Einbettung (vgl. SCHENZ 2011, 199).

HAFENEGER (2013) resümiert aus der politischen Bildung heraus drei Perspektiven bei der Professionalisierung. Die erste bezeichnet er als reflexive Auseinandersetzung, da sich die Lehrkraft nie bewusst sein könne, dass das, was sie lehrt, auch von den Lernenden verarbeitet wird. Der erste Blick fokussiert also auf die ungewisse Komponente im Lehrberuf und dass die Lehrkraft permanent möglichen Krisen ausgesetzt sein könnte. Auch bezieht dieser erste Blick das Reflexive in dem sogenannten „Arbeitsbündnis" (OEVERMANN 1996) ein: Lehrkraft und Schülerin/Schüler müssen permanent in Verhandlung treten.

Die zweite Perspektive liegt in „unterschiedlichen pädagogisch-normativen Traditionen und Begründungen, die mit einem Aufforderungscharakter an die Profession verbunden sind" (HAFENEGER 2013, 264). Der dritte Blick unterscheidet zwischen „z.B. persönlichen, sachlichen und methodischen (dann auch reflexiven) Kompetenzen des pädagogischen Personals (...)" (HAFENEGER 2013, 364). Alle drei Perspektiven müssen sich nicht ausschließen, sondern können sich auch gegenseitig beeinflussen.

Die Ungewissheit, der Lehrkräfte ausgesetzt sind, resümiert KOŠINÁR (2014) in drei Aspekten. Demzufolge ist das Lehrerhandeln generell nicht zu standardisieren, womit man auch keine Zielkontrolle hat. Dies ist im Hinblick auf die Konzeption des Messinstruments nicht unbedeutend. Ferner ist es ein interaktives Handeln, an dem mehrere Personen beteiligt sind (vgl. Arbeitsbündnis nach OEVERMANN 1996), mit denen ein Verhältnis ausbalanciert werden muss. Gleichzeitig ist Lernen auch ein individueller Prozess, sodass man als Lehrkraft nicht davon ausgehen kann, dass alle Lernerinnen und Lerner gleichzeitig gleich viel lernen von dem Unterrichtsgegenstand (vgl. KOŠINÁR 2014, 26). Es gibt schlichtweg keine technologischen Standards, die exakt allen Lehrkräften gelehrt werden können. HELSPER (2011) verweist in diesem Kontext auch auf die Antinomien des Lehrerhandelns (vgl. KOŠINÁR 2014, 26), welche in den Arbeiten ausdifferenziert werden, in vorherigen Ausführungen dieser Arbeit aber teilweise schon durchblicken. Ungewissheit und die – im Unterrichtsalltag – daraus resultierende Notwendigkeit von flexiblem Handeln. Dies sind Elemente des strukturtheoretischen Ansatzes, die jedoch auch im Hinblick auf Kompetenztheorie nicht irrelevant sind. Sie sind einfach nicht wegzudenken aus dem Berufsalltag einer Lehrkraft, welche durch Ihr Handeln einen großen Einfluss auf die Lernerinnen und Lerner hat, was nicht zuletzt durch die vieldiskutierte Hattie-Studie 2009 (deutsche Fassung s. HATTIE 2014) belegt wurde.

2.6.4   Das Expertenparadigma

Neben dem Persönlichkeitsparadigma und dem Prozess-Produkt-Paradigma (s. hierzu auch in der Übersicht KRAUSS 2011, 172) rückte das Expertenparadigma seit Mitte der 1980er Jahre in den Vordergrund. Hier liegt der Schwerpunkt wieder auf der Person der Lehrkraft und ist vom Kognitivismus beeinflusst, so ist auch das Professionswissen hier von großer Bedeutung. KRAUSS (2011) stellt zu Beginn seines Artikels pragmatisch dar: „Auch, wenn sich der Professionsansatz vom Expertenansatz (vor allem forschungsmethodisch) unterscheidet, beschreiben das domänenspezifische Expertentum und der Professionsgedanke im Wesentlichen dieselben Phänomene (z.B. professionelles Können und Wissen)" (KRAUSS 2011, 173). Auch der kompetenztheoretische Ansatz stützt sich wesentlich auf die kognitionspsychologische Tradition, was vor allem für die Expertiseforschung gilt (vgl. TERHART 2011, 207). Der Begriff der Expertise wurde erst relativ spät auf den Lehrberuf übertragen. Unter Expertise wird in dieser Arbeit das durchschnittliche Wissen eines Experten gesehen, ebenso aber auch seine überdurchschnittlichen Leistungen und Höchstleistungen. Man unterscheidet generell den leistungsorientierten und den wissensorientierten Ansatz in der Kognitionspsychologie (hierzu ausführlicher KRAUSS 2011, 174). Der wissensorientierte Ansatz ist für den Lehrberuf am besten nutzbar. Die Vertreter gehen dabei jedoch auf das Experten-Novizen-Paradigma zurück. BROMME (1992) betont ebenso, dass der Experten-Begriff vieldeutig genutzt wird im Hinblick auf Lehrkräfte (vgl. KRAUSS 2011, 179). Interessant im Hinblick auf BNE ist auch folgendes Zitat aus dem Aufsatz von KRAUSS (2011, 180): „In schlecht definierten Domänen ist ein Experte jemand, der komplexe (z.B. schriftliche) Aufgaben erfolgreich bewältigt." BNE ist eine schwer definierbare Domäne.

Das Streben nach Höchstleistung wird in dem soziologisch-pädagogischen Ansatz umgangen. Hier stehen die von den Lehrkräften „geteilten berufsspezifischen Ausprägungen" (KRAUSS 2011, 181) im Vordergrund.

Im deutschen Diskurs sind das Experten-Paradigma und die Bezeichnung „Experte" im Wesentlichen von BROMME (1992) geprägt, der die Strukturbildung als eine übergeordnete Anforderung an die Lehrkräfte sieht. „Der Lehrer muss den Unterricht in eine geeignete soziale, zeitliche und inhaltliche Struktur bringen" (KRAUSS 2011, 181). Für die Feststellung, ob es sich um eine Expertin oder einen Experten handelt oder nicht, ist auch die zuvor schon beschriebene Wissenstaxonomie bedeutsam. Hier bezieht KRAUSS (2011) sich auf SHULMAN (1986) mit der Differenzierung in *content knowledge, pedagogical knowledge und pedagogial content knowledge*. Diese Unterteilung trifft er – wie oben schon erläutert – auf der Basis ausführlicher theoretischer Herleitungen. KRAUSS (2011) beschreibt die schon erwähnte und für diese Arbeit sehr bedeutsame COACTIV-Studie selbst als ein Beispiel für den Expertenansatz. Hier werden kognitive Kompetenzen wie das Professionswissen und Überzeugungen als Expertise bezeichnet und durch nicht-kognitive Aspekte ergänzt. Eine Übersicht zu den Aspekten findet sich in dem Artikel von KRAUSS (2011, 185).

Das Projekt *Investigación y Renovación Escolar* (IRES) einer spanischen Forschungsgruppe, welche sich mit der Reflexion der Lehrerkompetenzen und Neuorganisation von Schule auseinandersetzt und bereits in den 1990er Jahren ansetzte, hat über mehrere Jahre mit dem Hintergrund geforscht, eine allgemeine Verbesserung und Innovation für das Schulsystem herbeizuführen. Das Projekt unterscheidet sich insofern von anderen, als dass es Schule als komplettes System einbezieht. Elemente dieses Forschungsprojektes würden sich eignen, um die Grundidee dieser Arbeit noch weiter voranzutreiben. GARCÍA PÉREZ und PORLÁN ARIZA (2017) sowie auch zum Beispiel SOLÍS und PORLÁN ARIZA (2017) beziehen sich in ihren Beiträgen ebenfalls auf SHULMAN (1986), arbeiten bei der Definition der Wissensarten jedoch noch andere Komponenten ein und kommen so zu einem anderen Modell. SOLÍS und PORLÁN ARIZA (2017) sprechen von *„cuatro tipos de saberes de naturaleza diferente"*, sie arbeiten vier Typen des Wissens heraus, welche auf unterschiedliche

Ursprünge zurückgehen und wie folgt knapp beschrieben werden können (vgl. SOLÍS & PORLÁN ARIZA 2017, 107):

- *„saber académico"*: In diesen Wissenstyp fließt das Wissen über die Fachstruktur, Fachwissen ein, ebenso aber auch das Wissen, wie eine Person dieses lehrt und lernt.
- *„saberes basados en la experiencia"*: Unter Bezug auf BALLENILLA (2003, zit. nach SOLÍS & PORLÁN ARIZA 2017) meinen diese Wissensarten, welche auf der Erfahrung basieren, Wissen im Hinblick auf bewusste Einstellungen im Handeln einer Lehrkraft.
- *„las rutinas"*: Handlungsweisen, die sich eine Lehrkraft im Laufe der Jahre aneignet und welche das Geschehen im Klassenraum leiten.
- *„teorías implícitas"*: Theorien, welche quasi unbewusst eine Bestätigung für ihre Routinen sowie die Annahmen, mit denen sie den Unterricht leiten, geben. Hier spielen ebenso grundlegende Einstellungen und Überzeugungen eine Rolle, das intuitive Handeln ist hier handlungsleitend.

Die Autoren differenzieren ferner in rationale und experimentelle Quellen für die unterschiedlichen Komponenten, so sind die Routinen sowie die grundlegenden Einstellungen zur Führung des Unterrichts experimentell. Zudem können die Komponenten in explizite und implizite Puzzleteile geteilt werden. Die Autoren reflektieren, dass eben diese Puzzleteile bisher noch nicht wie in einem Puzzle ineinandergreifen, sondern eher statisch nebeneinander existieren, dabei sei eine Interaktion der Komponenten entscheidend (vgl. SOLÍS & PORLÁN ARIZA 2017, 108). In den obigen Ansätzen finden sich viele Aspekte anderer Ansätze wieder. Das Zusammenspiel dieser impliziten und expliziten Komponenten ist jedoch ein wichtiger Gedanke, der sowohl für den non-formalen als auch für den formalen Bildungsbereich relevant ist. Zudem weisen auch SOLÍS und PORLÁN ARIZA (2017) darauf hin, dass die Lernerperspektive in einigen Ansätzen zu kurz käme, diese aber für den gelingenden Unterricht unerlässlich sei (vgl. SOLÍS & PORLÁN ARIZA 2017, 109). Die Frage, was das Lehren letztlich bedeutet (vgl. GARCÍA PÉREZ & PORLÁN ARIZA 2017, 94), ist sicherlich nicht leicht zu beantworten, welche Kompetenzen schließlich dazu gehören, ebenso wenig. Um diese zu erforschen, bedarf es einer eigenen Konkretisierung, um deutlich zu machen, auf welche Ansätze zurückgegriffen wird. Der Theorien folgend ist anzunehmen, dass nur ein „wirklicher Experte", welcher auch in dem Beruf ausgebildet ist, sich weiter qualifizieren kann und im Laufe der Zeit seine Fähigkeiten weiter ausbauen kann, da diese auf einem Grundlagenwissen beruhen. Ein Experte muss kompetent sein in seiner Profession. Letztlich gibt es aber auch unterschiedliche Typen einer Lehrkraft und auch verschiedene Typen des Unterrichtens, welche beispielsweise GRUSCHKA (2013, 236) in verschiedenen Konstellationen darstellt.

2.6.5 Synthese: Professionelle Handlungskompetenz

In welchem Zusammenhang stehen die zuvor skizzierten Konstrukte Profession – Handlung – Kompetenz? Wie setzt sich das Modell zusammen? Bisher wurde das Augenmerk zunächst auf die nicht-fachgebundenen theoretischen Hintergründe gelegt. Dieses Unterkapitel dient dazu, eine Art Synthese daraus zu erstellen, um nachfolgend die Komponente des Fachwissens mehr in den Fokus zu rücken.
WEINERT (2001) prägte den Begriff der professionellen Handlungskompetenz, indem er sein Kompetenzkonstrukt auf die Bewältigung der beruflichen Anforderungen bezogen hat (vgl. KUNTER 2008, 6).

> *„The theoretical construct of action competence comprehensively combines those intellectual abilities, content-specific knowledge, cognitive skills, domain-specific strategies, routines and subroutines, motivational tendencies, volitional control systems, personal value orientations, and social behaviors into a complex system."*
> (WEINERT 2001, 51)

In diesem Zitat befinden sich viele der im oberen Text genannten Elemente wieder, was die Komplexität dieses Konstrukts und nicht zuletzt des vielfältigen Berufsfeldes deutlich macht.
Es gibt unterschiedliche Ansätze in der Professionstheorie. Zum einen die hier schon erläuterte Theorie nach OEVERMANN (1996) oder auch die Ansätze Bourdieus, der Professionalisierung in Feldern denkt. Beide Ideen stammen aus der Soziologie und sind – was einer der Kritikpunkte ist - weniger auf das Praktische ausgerichtet, was den Lehralltag prägt. Mit TENORTH (2006) werden auch deutlich negative Stimmen deutlich, da die „Theoretisierung der Lehrerprofessionalität" problematisch sei und negative Folgen nach sich ziehe, gerade dann, wenn bestimmte Standards nicht zu erreichen sein oder auf anderen, vielleicht unüblichen Wegen beschritten werden und dies als Scheitern ausgelegt werden könnte (s. hierzu ausführlicher auch BAUMERT & KUNTER 2006). Gleichwohl ist aber auch bei BAUMERT und KUNTER (2006) sowie TENORTH (2006) von der Unsicherheit als Komponente zu lesen, da sie auch unveränderbar zum Lehrberuf dazu gehört. Jedoch wird eben diese Ungewissheit aus kompetenztheoretischer Sicht anders dargestellt, was im Folgenden knapp umrissen werden soll.
Die oben genannten kompetenzorientierten Ansätze sind insgesamt stärker an der Unterrichtspraxis orientiert. Es gilt beispielsweise, das nicht Planbare zu planen, mögliche Hürden des Unterrichts zu antizipieren und einen Rahmen zu schaffen für die Lernprozesse. Die Lehrkraft ist insofern kompetent, als dass sie über das Wissen verfügt, wie sie eben diese ungewissen Situationen meistert (vgl. TENORTH 2006). Mit erworbenen Kompetenzen können schließlich solche Unsicherheitslücken minimiert werden bzw. das Management erlernt werden, mit diesen im Un-

terricht umzugehen. Die kompetenztheoretischen Ansätze setzen beim Kerngeschäft, dem Unterrichten an. Es wird fokussiert auf die kognitive Aktivierung der Schülerinnen und Schüler durch die Aufgaben, die von der Lehrkraft unter Überlegungen erstellt werden. Košinár (2014, 30) stellt fest: „Der Ansatz für ihre kompetenzorientierte Professionstheorie und -forschung liegt demnach darin, die Handlungsspezifik von Lehrer/innen an der professionellen Aktivierung von Lernprozessen anzusetzen und die hierfür notwendigen Kompetenzen zu beschreiben" (Košinár *2014, 30).*

Košinár (2014, 31) konkretisiert den Kompetenzbegriff so, wie er auch für die hier vorliegende Arbeit verstanden wird. Wissen ist auch ein fester Bestandteil der Kompetenz. Es lässt sich auch nach Kunter et al. (2011) in professionelles deklaratives und prozedurales Wissen differenzieren, nach Terhart (2001) gehören aber auch Handlungsroutinen und Reflexion dazu. Einige Aspekte davon sind auch in der strukturtheoretischen Debatte zu finden, nur eben anders und weniger fokussiert auf die Schulpraxis.

Seifried und Ziegler (2009) definieren den Kompetenzbegriff, indem sie einige Grundcharakteristika herausstellen. Hier beziehen sie sich auch auf den Kompetenzbegriff nach Weinert (2001), stellen zudem aber auch deutlich heraus, dass Kompetenzen ausschließlich kontextspezifisch erfassbar seien und sich nur in Lernkontexten entwickeln können. Der Begriff „Erfahrung" tritt in dem Verständnis aber auch auf: „Kompetenzen werden durch erfahrungsbasiertes Lernen erworben" (Seifried & Ziegler 2009, 84). Während der praktischen Tätigkeit vollzieht sich die Kompetenzerweiterung zunehmend. Im Hinblick auf BNE lässt sich dieser Ansatz durchaus mit der Gestaltungskompetenz (vgl. de Haan et al. 2008) verbinden. Für die vorliegende Arbeit interessant ist insbesondere auch der Ansatz, dass sich Kompetenzen kontextgebunden entwickeln, weswegen es kontextspezifische Ausprägungen von Professionalität gibt. Laut Seifried und Ziegler (2009, 85) können folgende Kriterien für Domänen angenommen werden: „Neben dem (1) Inhaltsbereich bzw. dem Lehrgebiet wären weitere Kriterien anzuführen, nämlich (2) die Adressaten bzw. der Bildungsgang, in dem die Lehrperson unterrichtet, (3) der institutionelle Rahmen, in dem unterrichtet wird und (4) das Ziel bzw. Bezugssystem" (Seifried & Ziegler 2009, 85). Differenzierter wird auf die einzelnen Aspekte im Rahmen der Itemkonstruktion noch eingegangen.

Wissen und Können bildet den Kern von Professionalität (vgl. Košinár 2014, 31). Auf der Grundlage dieser kompetenztheoretischen Annahmen und diverser Rückbezüge ist dann ein mehrdimensionales Konstrukt entstanden, welches auch als Grundlage für diese Arbeit diente.

2.6.6 Wissen und seine Bedeutung im Konstrukt: Einblick in Forschungen aus der Fachdidaktik

Im Folgenden wird ein Einblick in bisherige Arbeiten zur professionellen Handlungskompetenz in der Fachdidaktik gegeben. Dabei ist das Unterkapitel in die kognitiven und nicht-kognitiven Aspekte differenziert.

2.6.6.1 Wissen als weitere Komponente im Konstrukt

„Es besteht weitgehende Übereinstimmung darüber, dass Wissen und Können – also deklaratives, prozedurales und strategisches Wissen – zentrale Komponenten der professionellen Handlungskompetenz von Lehrkräften darstellen" (KUNTER ET AL. 2011, 33). Dieser Auffassung schließe ich mich in meiner Arbeit an, was im Kapitel 3.4 noch ausführlicher erläutert wird. In der Forschung noch unklarer sind die unterschiedlichen Dimensionen, die diese Struktur bilden. Ferner bestehen Diskussionen über die unterschiedlichen Wissenstypen sowie mentale Repräsentationen professionellen Wissens und Könnens.

Beginnen wir zunächst mit den schon klaren gefassten Dimensionen des Wissens im Lehrberuf. In diesem Kontext hat sich die Konzeption von LEE SHULMANN (1986) weitestgehend durchgesetzt. Dieser legte zunächst folgende Differenzierung fest: allgemeines pädagogisches Wissen (*general pedagogical knowledge*), Fachwissen *(subject matter content knowledge)* und fachdidaktisches Wissen (*pedagogical content knowledge*) sowie auch das Wissen über das Fachcurriculum (*curriculum knowledge*). Dies sind die vier Säulen nach der ersten Version aus dem Jahr 1986. Diese wurden aber nur ein Jahr später bereits erweitert um die Psychologie des Lerners (*knowledge of learners*), das Organisationswissen (*knowledge of educational context*) sowie das erziehungsphilosophische, bildungstheoretische und bildungshistorische Wissen (SHULMAN 1987). Gängig ist in den meisten Abhandlungen zum Professionswissen jedoch die Unterteilung in allgemein pädagogisches Wissen, fachdidaktisches Wissen und Fachwissen. In der COACTIV-Studie wurden diese Komponenten noch um Organisationswissen sowie Beratungswissen ergänzt (vgl. Kap. 2.6.7).

Bereits der Titel von dem viel zitierten Beitrag von LEE SHULMAN (1986) impliziert die Bedeutung der praktischen Erfahrung: *„Those who understand. Knowledge growth in teaching"*. Erst mit dem Unterrichten selber entwickelt das Professionswissen einer Lehrkraft seinen dynamischen Charakter und es wird deutlich, dass es sich nicht um ein statisches Konstrukt handelt, welches sich am Ende der Lehramtsausbildung herausgebildet hat. Shulman spricht in seinem Artikel – nach einer Erläuterung bisheriger Tests und Standards für Lehrkräfte in den USA – von *„the missing paradigm"* (SHULMAN 1986, 7): *„The missing paradigm refers to a blind spot with respect to content that now characterizes most research on teaching and, as a consequence, most of our statelevel programs of teacher evaluation and teacher certification"* (SHULMAN 1986, 7-8). Nachfolgend stellt der Autor Vermutungen auf über das, was Lehramtskandidaten mitbringen und er wirft Fragen auf, worüber mehr Erkenntnisse vorhanden sein müssten. Diese beziehen sich beispielswiese auf den Inhalt des Faches, auf Fragen, die im Unterricht gestellt werden und auf Hintergründe, warum eine Lehrkraft einen bestimmten Fachinhalt auf die Art und Weise erklärt, wie sie ihn erklärt. SHULMAN (1986, 9) stellt in seinem Artikel die Frage: *„How might we think about the knowledge that grows in the minds of teachers, with special emphasis on the content?"* Er schlägt zunächst die Unterteilung in drei Zweige vor: *subject matter content knowledge, pedagogical content knowledge, curricular knowledge.* Im Folgenden seien diese drei Grunddimensionen knapp umrissen.

General pedagogical knowledge
Dieses Wissen beruht auch auf Einstellungen der einzelnen Lehrkraft zum Beruf, zur Pädagogik und auch zur Philosophie. In diesen Bereich fallen auch allgemeindidaktische Konzepte sowie soziologische, pädagogische und psychologische (vgl. KOŠINÁR 2014, 32; SHULMAN 1986; 1987).

Content knowledge
Nach der Theorie SHULMANS (1986; 1987) meint diese Wissenskomponente das Fachwissen sowie deren Organisation und Struktur. Bezüglich der Repräsentation von Fachwissen verweist er auf bereits vorhandene Studien hierzu. Wichtig sei, hinter die Struktur des Faches bzw. einer Domäne genau zu blicken. SHULMAN (1986; 1987) nimmt dabei Bezug auf SCHWAB (1978), der in *„substantive and syntactic structures"* differenziert.

> *„The substantive structures are the variety of ways in which the basic concepts and principles of the discipline are organized to incorporate its facts. The syntactic structure of a discipline is the set of ways in which truth or falsehood, validity or invalidity, are established."*
> (SCHWAB 1978, zit. nach SHULMAN 1986, 9)

Der Vergleich mit der Syntax, den SHULMAN (1986) zieht, ist hier hilfreich. Es ist quasi wie eine Grammatik des Faches. Eine Lehrkraft muss innerhalb ihrer Domäne nicht nur verstehen, dass etwas so ist, sondern auch, warum etwas so ist. Ferner muss eine Lehrkraft verstehen können, warum ein Thema der Domäne gerade in der „eigenen" Domäne wichtig ist und für andere Domänen nur ein Randthema (vgl. SHULMAN 1986, 9). Dies ist auch für die BNE sehr interessant und wird im Zuge der Itemkonstruktion noch einmal aufgegriffen, da BNE eine Querschnittsaufgabe mit Themen ist, die auch in anderen Disziplinen relevant sind und thematisiert werden können.

Pedagogical Content Knowledge

Das fachdidaktische Wissen steht im Prinzip zwischen dem Fachwissen und dem pädagogischen Wissen, ist aber nicht weniger relevant und als Wissensfacette von zentraler Bedeutung. *„A second kind of content knowledge is pedagogical knowledge, which goes beyond knowledge of subject matter per se to the dimension of subject matter knowledge for teaching"* (SHULMAN 1986, 9). Zum fachdidaktischen Wissen gehört das Wissen darüber, die richtigen Wege des Erklärens und Repräsentierens von Fachinhalten beispielsweise zu wählen. Die Lehrkraft formuliert und repräsentiert das Fach so, dass es für andere „Domänenfremde" verständlich wird. Da es keine festgelegten Regularien für die verständliche Repräsentation des Fachinhalts gibt, muss die Lehrkraft über ein Repertoire an Wissen verfügen, das sie entscheiden lässt, ob ein Unterrichtsgegenstand leicht oder schwer ist. Dazu gehört auch die Fähigkeit, mögliche Fehlvorstellungen in den Schülergedanken nachzuvollziehen oder zu antizipieren.

Curricular Knowledge

Das Curriculum ist im Prinzip das Grundhandbuch der Lehrkräfte. Es hat einen verbindlichen Charakter. In diesem Zusammenhang kann man natürlich auf die einschränkenden Rahmenbedingungen des Arbeitsbündnisses nach Oevermann verweisen, jedoch sieht SHULMANN (1986) noch etwas Anderes in diesen Wissenstypen. Das Curriculumswissen stellt der Lehrkraft die Möglichkeiten des Unterrichts dar: Welche Inhalte, welche Materialien zu welcher Zeit, welches Vorgehen kann gewählt werden? Im Zuge der häufigen Bildungsreformen und der international doch sehr unterschiedlichen Aspekte muss jedoch beachtet werden, dass sich Curricula, wie sie heutzutage verstanden werden, sehr schnell ändern und die Perspektive der Lehrkräfte darauf sehr unterschiedlich ist.

GARCÍA PÉREZ und PORLÁN ARIZA (2000) unterscheiden im Rahmen ihres Projektes IRES ebenfalls in unterschiedliche Wissensarten. Bei ihnen finden sich auch das deklarative sowie das prozedurale Wissen. Zudem sprechen sie bei einer dritten Dimension von der *conducta real*. Die Autoren verweisen darauf, dass die Beziehungen von Theorie und Praxis sehr komplex seien (vgl. GARCÍA PEREZ & PORLÁN ARIZA 2000, 7). Die Kernidee des Projektes IRES beläuft sich darauf, die Perspektive der Lerner stärker einzubeziehen, was mit dem „Wissen über Lernkonzepte" in Verbindung gebracht werden kann. CHEVALLARD (1991) bringt eine weitere Dimension in die Diskussion: Die *transposición didáctica,* welche den Prozess meint, einen Fachinhalt zum Unterrichtsgegenstand zu machen (vgl. GARRITZ & TRINIDAD-VELASCO 2004). Nähere Ausführungen zu den einzelnen Wissensfacetten werden bei der Itemkonstruktion (Kapitel 3.4.1) wieder aufgegriffen.

2.6.6.2 Nicht-kognitive Komponenten im Konstrukt: Motivation und Selbstwirksamkeit

Motivation

In den bisher dargelegten Ausführungen zur Professionstheorie und Kompetenz ging es primär um kognitive Aspekte, die das Professionswissen von Lehrkräften ausmachen. Zwar wird in dem Modell von SOLÍS und PORLÁN ARIZA (2017) bei den Wissenstypen indirekt auch auf Motivation verwiesen bei den impliziten Handlungsstrategien, jedoch ist dieser motivationale Aspekt auch hier untergeordnet und die kognitive Komponente steht im Vordergrund.

Um den täglichen Anforderungen und der Situation, in der Schule oder in einer Bildungseinrichtung regelmäßig mit vielen unterschiedlichen Menschen konfrontiert zu sein, begegnen zu können sowie erfolgreich Wissen vermitteln und Kompetenzen fördern zu können, bedarf es jedoch auch nicht-kognitiven Komponenten, wie z.B. einer Motivation, so die plausible Annahme.

KUNTER (2011a, 527) stellt in ihrem Beitrag „Forschung zur Lehrermotivation" dar, dass es bisher kaum empirische Belege über die Annahmen zur Lehrermotivation gebe. Hilfreich ist die in genanntem Beitrag erfolgende Gliederung Kunters in drei verschiedene Bereiche der Lehrermotivationsforschung:

- Arbeiten, die populationsbeschreibend sind und die Annahme vertreten, dass hohe Motivation eine besonders wichtige Voraussetzung für den Lehrberuf ist.
- Arbeiten, welche sich auf den Beginn der Berufswahl beziehen und somit auf Motive für diese fokussieren.
- Arbeiten, welche bereits aktive Lehrkräfte in den Fokus rücken und untersuchen, inwiefern sich Motivation bei diesen verändert.

Für die Studie zur professionellen Handlungskompetenz von BNE-Akteuren sind die ersten beiden Bereiche momentan weniger relevant, sondern der dritte Bereich zu bereits aktiven Multiplikatoren bietet sich sehr gut an, um auf dort schon bestehende Arbeiten zurückgreifen zu können.

Während Motivation lange als ein eher eindimensionales Konzept verstanden wurde, wird dieses seit den 1980er Jahren durch ein nun mehrdimensionales Verständnis von Motivation abgelöst: Es existiert nicht die eine Motivation, sondern Personen können über unterschiedliche Formen der Motivation verfügen (vgl. KUNTER 2011a, 528). Motivation wird auch in der Lehrermotivationsforschung häufig verstanden als eine innere Energie, welche extern beeinflusst werden kann. Diese Idee erinnert bereits an intrinsische und extrinsische Motivation, welche RYAN & DECI (2000) in ihrer Selbstbestimmungstheorie detailliert ausarbeiten.

Inwiefern Personen Energie in ein Vorhaben stecken, hängt von der Entscheidung ab, wie viel Bedeutung sie dieser Tätigkeit beimessen, so laufen folglich Bewertungsprozesse dabei ab. „In Wechselwirkung mit den jeweils aktuellen Begebenheiten des Kontextes scheinen auch hier individuelle persönliche Unterschiede in den relativ stabilen – affektiv-evaluativen, kognitiven und volitionalen Merkmalen eine bedeutsame Rolle zu spielen" (KUNTER 2011a, 528). Auch hier sei der Unterschied zwischen intrinsischer und extrinsischer Motivation (vgl. RYAN & DECI 2000) genannt, welcher auch für den Bildungsbereich sinnvoll erscheint.

Die Entwicklung einer Lehrkraft in ihrem Beruf hängt ganz maßgeblich von motivationalen Faktoren ab und damit auch von eigenständigem Lernen und eigener Zielsetzung (vgl. KRAPP & HASCHER 2009, 378). Somit sind auch Begriffe wie Selbstregulation und Selbststeuerung in diesen Kontext zu ordnen, können an dieser Stelle aber nicht differenziert beleuchtet werden. KRAPP und HASCHER (2009) setzen sich in ihrem Beitrag differenzierter mit verschiedenen theoretischen Zugängen auseinander und verweisen auch auf die Frage, wie berufsbezogene Interessen bei Lehrkräften entstehen. „Der Begriff Motivation spiegelt also nicht etwa eine homogene Einheit wider, von der man mal mehr oder weniger hat" (RHEINBERG & VOLLMEYER 2012, 15). Der Terminus ist folglich deutlich vielschichtiger.

Im Rahmen dieser Studie kann nicht explizit auf Berufswahlmotive für das Lehramt eingegangen werden, ebenso wenig kann eine ausführliche Auseinandersetzung zur Bedeutung der Selbstwirksamkeit im Lehrberuf erfolgen. Ferner ist es vom Umfang her nicht möglich, sämtliche Aspekte der *belief systems* sowie die Themenfelder der Motivation und Selbstwirksamkeit in Gänze abzudecken, sondern der Fokus liegt auf der Motivation als Teil der professionellen Handlungskompetenz. Im Folgenden soll knapp umrissen werden, inwiefern diese im Lehrberuf eine Rolle spielt und wie sie sich zusammensetzt.

Der Alltag im Lehrberuf ist geprägt von vielen unsicheren, nicht exakt planbaren Momenten, sodass eine Lehrkraft – und dies gilt gleichermaßen für einen non-formalen Bildungsakteur – ein hohes Maß an Flexibilität benötigt, ebenso eine hohe Frustrationstoleranz. Jeder noch so gut geplante Unterricht kann auch anders verlaufen, als der Plan es besagt, wenn in der Interaktion mit den Lernenden ungeplante Momente auftreten – und dies ist Alltag. Die Lehrkraft muss in dem Moment sehr schnell reagieren und benötigt hier Selbststeuerungskräfte, um einerseits flexibel zu reagieren und andererseits die Struktur nicht zu verlieren (vgl. KUNTER 2008, 12). Dies bedeutet in jeder Situation ein hohes Maß an kognitiver Leistung, somit hängen nicht-kognitive Komponenten durchaus mit dem Professionswissen zusammen. Hinzu kommt, dass die Erfolge, die das Agieren der Lehrkraft erzielt (z.B. gute Lernergebnisse bei den Schülerinnen und Schülern) nicht in allen Stunden immer transparent sind, schon gar nicht bei allen Lernerinnen und Lernern. Auch dies bestätigt, dass Unterricht jedes Mal ein Vorhaben mit vielen Unwägbarkeiten ist (vgl. KUNTER 2008, 12). Dies verlangt dem Unterrichtenden viel

Energie ab und erfordert die Fähigkeit, mit Enttäuschungen umzugehen. Insbesondere bei Berufsanfängern im Lehramt ist es häufig der Fall, dass die Frustrationstoleranz noch nicht so ausgeprägt ist, wenn eine exakt strukturierte Stunde ganz anders verläuft, als der Plan es vorsieht. Negative Auswirkungen von Handlungen, etwa durch Unterrichtsstörungen, fallen im Gegenzug zu den positiven Folgen sofort auf (vgl. KUNTER 2008, 12). In dem Moment fehlen auch die nach SOLÍS und PORLÁN ARIZA (2017) wichtigen impliziten Handlungsstrategien und Routinen, die eine Lehrkraft in solchen Momenten benötigt. Es bedarf hier einer hohen Motivation für den Beruf, um die Frustration zu überwinden, womit diese ein unverzichtbarer Teil im Konstrukt der professionellen Handlungskompetenz von Lehrkräften ist.

Motivation ist zudem aber auch sehr individuell. Jede Lehrkraft bringt unterschiedliche Voraussetzungen mit, um z.B. in ungeplanten Situationen flexibel zu reagieren. Daher gilt es, die Merkmale von Motivation zu beleuchten. Diese sind in der psychologischen Motivationsforschung zu differenzieren in situative (aktuelle), habituelle (überdauernde, aber veränderbare) und dispositionelle (überdauernde, aber wenig beeinflussbare) Merkmale (vgl. PEKRUN 1988).

Die motivationalen Merkmale zur Erklärung von Verhaltensunterschieden sind in vier unterschiedliche Bereiche zu gliedern:

- **Bedürfnisse und Motive:** Diese findet sich bei Lehrkräften in den Berufswahlmotiven wieder.
- **Affektive-evaluative Merkmale:** Dieser Bereich kann auf den Lehrer-Enthusiasmus übertragen werden.
- **Selbstbezogene Kognitionen:** Diese finden sich bei Lehrkräften in der Lehrerselbstwirksamkeit wieder (s.u.).
- **Ziele:** Dieser Bereich beschäftigt sich mit der Frage, welche Zielorientierungen Lehrkräfte haben

(Beispiele für Konstrukte zu den Bereichen s. KUNTER 2008).

Weiterhin können zwei größeren Verhaltenskategorien abgesteckt werden, die von Motivation beeinflusst werden: 1. Initiation und Richtung von Verhalten. Hierzu zählt nur der erste Bereich „Bedürfnisse und Motive". Die anderen drei Bereiche sind der 2. Kategorie „Intensität und Ausdauer von Verhalten" zuzuordnen. Exemplarisch soll im Folgenden auf für diese Arbeit besonders relevanten Elemente eingegangen werden.

Allgemein bekannt ist die Differenzierung in extrinsische und intrinsische Motivation (vgl. z.B. RYAN & DECI 2000). Dieser Ansatz ist in Studien der Arbeitspsychologie häufig zu lesen und auch im schulischen Umfeld gilt die intrinsische Motivation als Schlüssel, um die Teilhabemotivation der Schülerinnen und Schüler zu sichern (BAUMERT & KUNTER 2006, 474-476). Doch auch und gerade im Schulleben ist es unwahrscheinlich, dass die Lehrkraft auf ausschließlich intrinsische Motivation zurückgreift, da externe Faktoren hinzukommen, welche extrinsisch motivieren. DECI und Ryan (1985) beschreiben Kompetenzerleben und Selbstbestimmung als angeborene Bedürfnissysteme, über welche dann auch intrinsische Motivation zu bestimmen ist. Rheinberg (2010) weist aber auf die sich doch im Laufe der Jahre im Detail unterscheidenden Definitionen und Akzentuierungen und fasst zusammen: „In der letzten Theorievariante führen Annahmen zu Entwicklungsstadien der extrinsischen Motivation dazu, dass man „höhere" Formen der extrinsischen Motivation nur noch schwer von der intrinsischen Motivation abgrenzen kann" (Rheinberg 2010, 369).

Hinsichtlich der Probandengruppen in dieser Studie zu BNE-Akteurinnen und -Akteuren sind die externen Anreize vermutlich unterschiedlich, da die non-formalen Akteurinnen und Akteure möglicherweise über weniger externe Anreize verfügen als die Lehrkräfte in Schulen. Deci und Ryan (2000, auch Ryan & Deci 2000) arbeiten dieses Konzept der intrinsischen und extrinsischen Motivation weiter in der Selbstbestimmungstheorie aus, welcher zufolge „ursprünglich extrinsisch motiviertes Verhalten mit hoher Qualität durchgeführt werden kann, nämlich dann, wenn die externen Anreize oder die Tätigkeit eine persönlich hohe Bedeutsamkeit für die Person haben und z.B. wichtige persönliche Werte widerspiegeln" (zit. nach Kunter 2008, 17). In Bezug auf außerschulische BNE-Akteurinnen und -Akteure erscheint diese Annahme besonders bedeutend, da diese möglicherweise mehr Enthusiasmus für BNE mitbringen und ihnen daran gelegen ist, die Begeisterung dafür auch auf die Lerngruppe zu übertragen.

Der mittlerweile im Alltag schon fast inflationär gebrauchte Begriff „intrinsisch" ist ein stark diskutierter Ansatz im weiter oben genanntem Bereich der affektiv-bewertenden Disposition: „Personen unterscheiden sich im Hinblick darauf, welche Wertigkeiten sie mit unterschiedlichen Tätigkeiten, Handlungen oder Inhalten verbinden" (Kunter 2008, 17). Sehr wichtig in pädagogischen Kontexten ist sicherlich die Wertschätzung sowie individuelles Interesse am Gegenstand. Die affektiv-bewertende Komponente ist hinsichtlich der pädagogischen Berufe sehr bedeutsam, kann an dieser Stelle aber nicht weiter ausgeführt werden. Konsens ist, dass der Lehrberuf an sich eine eher ungünstige Anreizstruktur aufweist, sowohl was extrinsische als auch intrinsische Reize betrifft (vgl. z.B. Kunter 2011a, 529). Dies vermag im non-formalen Tätigkeitsfeld, bezogen auf BNE, anders sein.

An dieser Stelle sei aber noch auf das motivationale Merkmal des Enthusiasmus verwiesen, welcher eng mit intrinsischer Orientierung verbunden ist. Lehrkräfte, die ihre eigene Tätigkeit als bedeutsam einstufen, führen ihren Beruf auch besser aus. „Aus motivationspsychologischer Sicht stehen also auch hier Determinanten für die Qualität des Handelns im Fokus" (Kunter 2011b, 262). Kunter (2011b) erhob in ihrer Forschung zum Merkmal Lehrer-Enthusiasmus in der COACTIV-Studie, dass bei Lehrkräften interindividuelle Unterschiede zwischen Fach- und Unterrichtsenthusiasmus bestehen. Dies ist auch für diese Studie zu BNE-Akteurinnen und -Akteuren anzunehmen (vgl. Hypothesen Kapitel 2.10).

In den letzten Jahren hat sich der Begriff der autonomen Motivation weitgehend durchgesetzt, welche beschreibt, dass Personen in der Lage sind, ursprünglich externe Reize auch in das eigene Wertesystem zu transferieren und sie damit als autonom wahrnehmen. Es wird angenommen, dass ein hohes Maß an intrinsischer Motivation oder autonomen externen Reizen auch mit viel Durchhaltevermögen und Energie einhergeht. So ist anzunehmen, dass BNE-Akteurinnen und -Akteure mit einem großen Enthusiasmus für BNE oder für das Thema Klimawandel den Beruf mit mehr Energie und Überzeugung ausüben. Individuelles Interesse ist hier maßgeblich, es beschreibt zum Beispiel die Wertschätzung für ein Thema. Hohes Interesse bedeutet hohes Engagement in der Tätigkeit, dies gilt als empirisch belegt (Kunter 2008, 18).

Kunter (2008) macht deutlich, dass ungefähr ab der Jahrtausendwende ein Wandel in der Motivationsforschung bei Lehrkräften eingetreten sei und nunmehr der Anschluss an die generisch-psychologischen Theorien zur Motivation gesucht würde. Ferner macht Kunter (2011a, 531) auch auf eine Veränderung bei den Methoden aufmerksam, da in den letzten Jahren auch verstärkt elaboriertere Fragebogenstudien eingesetzt wurden und weniger populationsbeschreibend gearbeitet wurde. Ziel dieses Wandels ist unter anderem, Unterschiede innerhalb der Gruppe von Lehrkräften feststellen und unterschiedliche Verhaltensmuster erklären zu können. Diese Merkmale, die sich unterscheiden können, sind gegliedert in affektiv-evaluative Merkmale, selbstbezogene Kognitionen sowie Ziele und Selbstregulationen. Hinsichtlich der Studie zu BNE-Akteurinnen und -Akteuren liegt der Fokus sowohl bei den affektiv-evaluativen Merkmalen, ein klassisches Merkmal dafür ist der Enthusiasmus.

Enthusiasmus an sich ist ein weitgreifender Begriff, Kunter (2008, 35) spricht gar von der „völlig uneindeutigen Bedeutung des Konstrukts". So bezieht Enthusiasmus das Verhalten der Lehrperson im Unterricht ein, ist aber auch ein motivationales Merkmal, wenn eine günstige Beeinflussung hinsichtlich des Engagements stattfindet. Basierend auf den Theorien zur intrinsischen Motivation von Rheinberg (2008) sowie Schiefele (2008) und der Interessentheorie nach Krapp (2002) wird auch in der COACTIV-Studie in zwei Dimensionen von Enthusiasmus differenziert. Zum einen existiert ein tätigkeitsbezogener Enthusiasmus, zum anderen ein Enthusiasmus für das Fach. Enthusiasmus wird somit als eine intrinsisch motivationale Disposition verstanden.

Selbstwirksamkeit

Ein weiterer Teilaspekt der nicht-kognitiven Facetten der professionellen Handlungskompetenz ist die Selbstwirksamkeit. Doch was verbirgt sich hinter dem Konzept der Selbstwirksamkeit oder auch Selbstwirksamkeitserwartung?

SCHMITZ und SCHWARZER (2002) stellen unter Bezug auf BANDURA (1997) heraus: „Selbstwirksamkeitserwartungen sind optimistische Überzeugungen von der eigenen Fähigkeit, schwierige Anforderungssituationen erfolgreich bewältigen zu können" (SCHMITZ & SCHWARZER 2002, 192).

Diese Definition geht zurück auf die sozial-kognitive Theorie nach BANDURA (1997), nach welcher subjektive Überzeugungen eine Steuerung von Prozessen unterschiedlicher Art (kognitiv, motivational, emotional, aktional) durch Erwartungen bewirken. Diese Erwartungen werden differenziert in Konsequenzerwartungen, welche die Handlungsergebniserwartung meinen und die Kompetenzüberzeugungen, die wiederum die Selbstwirksamkeitserwartung beschreiben (vgl. WARNER & SCHWARZER 2009, 629).

BANDURA (1977) unterscheidet quasi zwei Ergebnis-Erwartungen: die Handlungs-Ergebnis-Erwartungen und die Person-Handlungs-Erwartungen. Letztgenannte werden auch als *self-efficacy-beliefs*, Selbstwirksamkeitserwartungen bezeichnet (vgl. ROTHERMUND & EDER 2011, 85). Eine Orientierung an dieser Grundlage der sozial-kognitiven Theorie nach Bandura wurde in unterschiedlichen Fachdisziplinen übernommen und auch im Kontext von Bildungsprozessen genutzt, zum Beispiel durch JERUSALEM und SCHWARZER (1992) hinsichtlich des Lern- und Leistungsverhaltens von Lehrerinnen und Lehrern sowie Schülerinnen und Schülern. Als empirisch gesichert gilt, dass eine optimistische Grundhaltung und hohe Selbstwirksamkeitserwartung die Basis für den Umgang mit Herausforderungen (z.B. im Lehreralltag) und die Bereitschaft für Kreativität und Innovation im Unterricht sind. Die Selbstregulation spielt in diesem Zusammenhang ebenso eine Rolle, so auch die Zielsetzung einer Person, welche einen selbstregulativen Prozess darstellt (vgl. WARNER & SCHWARZER 2009, 630).

WARNER und SCHWARZER (2009) stellen heraus, dass die Einflüsse der Selbstwirksamkeit auf die Selbstregulation weitgehend unabhängig von „tatsächlichen" Fähigkeiten der Personen seien. Übertragen auf die Konstruktion des Testinstruments für diese Studie zur professionellen Handlungskompetenz von BNE-Akteurinnen und Akteuren lässt sich folglich annehmen, dass bei Personen mit einer hohen Selbstwirksamkeit nicht gleichzeitig ein hohes Wissen in den kognitiven Facetten nachgewiesen werden muss. Menschen mit hoher Selbstwirksamkeit zeichnen sich zum Beispiel durch ein stark ausgeprägtes Durchhaltevermögen und eine höhere Bereitschaft zur Problemlösung sowie höhere Flexibilität in der Handlungsbereitschaft aus.

Das Konzept der Selbstwirksamkeit lässt sich allgemein in drei Bereiche differenzieren, so sprechen WARNER und SCHWARZER (2009) von situationsspezifischer, allgemeiner und bereichsspezifischer Selbstwirksamkeit. In Bezug auf das Berufsbild der Lehrkraft wird von einer bereichsspezifischen Selbstwirksamkeit gesprochen. „Die Lehrer-Selbstwirksamkeit beinhaltet Überzeugungen von Lehrern, Anforderungen ihres Berufslebens auch unter widrigen Bedingungen erfolgreich zu meistern" (WARNER & SCHWARZER 2009, 631). Auch in Bezug auf die Lehrerinnen- und

Lehrergesundheit spielt dieses Konzept eine bedeutende Rolle, so zum Beispiel bei der Stressbewältigung, der eine positive Erwartungshaltung sehr zuträglich ist (vgl. SCHWARZER & JERUSALEM 2002, 29).

Der Terminus Selbstwirksamkeit impliziert zunächst die Begrenzung auf das Individuum, also eine individuelle Perspektive, welche auch über lange Zeit dominierend war. Dieses Konzept ist jedoch auch von BANDURA (z.B. 1977; 1997) um die kollektive Selbstwirksamkeit erweitert worden, was sich für den Kontext der BNE als zielführend und übertragbar erweist, da auch im Rahmen der Gestaltungskompetenz (vgl. DE HAAN 2008) sowohl explizit die Kompetenz zum Agieren in einer heterogenen Gruppe gefordert wird als auch die Fähigkeit zum selbstständigen Handeln und die Kompetenz, Prozesse eigenständig beurteilen zu können. Hinsichtlich der Situation, dass sich die Items im Erhebungsinstrument auf Bildungssituationen im Kollektiv beziehen, wird der Schwerpunkt in dieser Arbeit auf die kollektive Selbstwirksamkeit gelegt.

Lernen und auch Lehren kann neben der Selbstwirksamkeit durch externe Faktoren beeinflusst werden. Diese detailliert aufzuführen, würde an dieser Stelle zu weit führen. Es sei mit dem Fokus auf diese Arbeit jedoch vermerkt, dass bestimmte Rahmenbedingungen, wie sie auch in der Schule gegeben sind, mit der Selbstwirksamkeit quasi konkurrieren können. Zwar bietet die sozial-kognitive Theorie nach Bandura eine gute Grundlage und ist auch auf viele Bereiche übertragen worden, jedoch ist sie nicht unkritisiert geblieben und zum Teil durch Aspekte ergänzt worden.

KRAPP und RYAN (2002) beschäftigen sich in ihrem Artikel ausführlicher mit der Positionierung der Ansätze Banduras innerhalb der pädagogisch-psychologischen Motivationsforschung. Resümierend soll an dieser Stelle nur darauf verwiesen werden, dass Bandura zufolge die Selbstwirksamkeit die höchste Bedeutung im Handlungsgeschehen hat und sich diese am besten eigne für die Erklärung von z.B. Motivation oder Leistung. Zwar existieren weitere Konzepte zur Motivation, KRAPP und RYAN (2002) formulieren es als ein „umfassendes Puzzle" (2002, 57) des Motivationsgeschehens. Aus Gründen der Komplexität wird aber an dieser Stelle auf eine weitere Ausdifferenzierung verzichtet und der Fokus wieder auf die notwendige Grundlage für die Operationalisierung der Items gelegt.

BANDURA (1997) formuliert in seiner Definition auch die „geteilte Überzeugung" (BANDURA 1997, zit. nach SCHMITZ & SCHWARZER 2002, 195) in die gemeinsamen Fähigkeiten einer Gruppe, damit sie gesetzte Ziele erreichen und grenzt kollektive und individuelle Selbstwirksamkeit ab (BANDURA 1997, 470-472). Dabei ist die kollektive Selbstwirksamkeit aber nicht die Summe der individuellen Selbstwirksamkeit der Gruppe, dies gilt es bei der Formulierung der Items zu bedenken. Da die Probanden dieser Studie zu BNE-Akteurinnen und -Akteuren sich untereinander aber nicht kennen, kann somit nicht von einer Bezugsgruppe ausgegangen werden, da es sich lediglich um eine sich untereinander unbekannte Gruppe handelt. Aus diesem Grunde wurde in dieser Studie zwar die Bedeutung der kollektiven Selbstwirksamkeit bei BNE-Akteurinnen und -Akteuren für wichtig erkannt, jedoch ist es nicht möglich, diese zuverlässig zu messen mit einer feststehenden Bezugsgruppe. Es ist lediglich möglich, generelle Aussagen zu formulieren, bei denen das Individuum als Erhebungseinheit gesehen wird und die eigene Bezugsgruppe bei der Beantwortung der Fragen bedenkt. Dies würde bedeuten, dass ein Proband zum Beispiel generell davon ausgeht, dass er oder sie in dem jeweiligen Team sehr viel erreichen kann, aber: „Personen unterscheiden sich im Hinblick darauf, wie sie ihre eigenen Fähigkeiten und Handlungsmöglichkeiten einschätzen" (KUNTER 2008, 19). Im Übertrag auf die Lehrtätigkeit bedeutet dies auch, wie schnell eine Person aufgibt (s.o., Frustrationstoleranz) und wie überzeugt eine Person ist, um eine Handlung auszuüben (vgl. KUNTER 2008, 18). Im Kontext der Selbstwirksamkeit tritt häufig ein Bezug auf den Optimismus bzw. auf den optimistischen Interpretationsstil einer Person auf (SCHWARZER & JERUSALEM 2002). Ferner ist die Selbstregulation ein Begriff, der häufig im Zusammenhang mit Selbstwirksamkeit fällt. „Selbstwirksamkeit bzw. optimistische Selbstüberzeugung stellt somit einen Schlüssel zur kompetenten Selbstregulation dar, indem sie ganz allgemein das Denken, Fühlen und Handeln – sowie in motivationaler wie volitionaler Hinsicht – Zielsetzung, Anstrengung und Ausdauer beeinflusst" (SCHWARZER & JERUSALEM 2002, 37). Hinsichtlich der empirischen Überprüfung in dieser Studie ist folgende Erkenntnis bedeutsam: „Die Einflüsse der Selbstwirksamkeit auf die Selbstregulation sind weitgehend unabhängig von den tatsächlichen Fähigkeiten der Person. Hierfür gibt es überzeugende empirische Evidenz" (SCHWARZER & JERUSALEM 2002, 37). Hinsichtlich der Lehrtätigkeit ist der Begriff der Selbstregulation wichtig, denn diese bezieht sich auf den Umgang mit den eigenen Ressourcen. KLUSMANN (2011, 279) nimmt hier Referenz auf die „Conservation of Resource Theory" nach HOBFOLL (1989), welche die zentrale Annahme vertritt, „dass jeder Mensch danach strebe, seine Ressourcen zu schützen, zu erhalten und zu erweitern" (KLUSMANN 2011, 279). Im Zuge der Erhebungen zur Unterrichtsqualität hat sich mit der Selbstregulation ein weiteres wichtiges Merkmal durchgesetzt, was sinnvoll erscheint, da Lehrkräfte mit einem hohen Grad an Wohlbefinden widerständiger sein dürften. Es ist anzunehmen, dass Zusammenhänge zwischen den anderen Facetten des Professionswissens und der Selbstregulation bestehen, jedoch stand eine empirische Überprüfung zum Zeitpunkt der COACTIV-Studie noch aus (vgl. KLUSMANN 2011, 286).

SCHMITZ und SCHWARZER (2002) verweisen in ihrem Artikel darauf, dass Selbstwirksamkeit im US-amerikanischen Raum bereits seit über 30 Jahren Thema sei, nun aber die sozial-kognitive Theorie Banduras zunehmend Zuspruch erfährt. Die Ansätze BANDURAS (1997) sind weiter ausdifferenziert und empirisch überprüft worden (vgl. SCHMITZ & SCHWARZER 2002, 194).

KOCHER (2014, 73) forschte intensiv zur Selbstwirksamkeit und Unterrichtsqualität und fokussierte dabei die Persönlichkeitsmerkmale von Lehrkräften. Hier tritt auch der Begriff des Selbstkonzeptes auf. „Selbstkonzept und Selbstwirksamkeit stellen zwei verschiedene Sichtweisen auf sich selbst dar." Das Selbstkonzept sei beispielsweise mit Fragen zu klären, die eher auf das emotionale Selbstvertrauen der Person zielen, die Selbstwirksamkeit ziele eher auf Handlungen ab (hierzu ausführlicher KOCHER 2014, 73), die für die vorliegende Arbeit relevanter ist.

Interessant zum Zwecke der Messung ist die deutsche Lehrer-Selbstwirksamkeitsskala, welche auf die sozial-kognitive Strategie zurückgeht, der die Annahme zugrunde liegt, eine Person müsse zunächst ein Hindernis überwinden, um ein Ziel zu erreichen. Das Instrument zur Messung der Selbstwirksamkeit bindet vier Felder der Lehrtätigkeit ein: (a) Allgemeine berufliche Leistung, (b) berufsbezogene soziale Interaktion, (c) Umgang mit Stress und Emotionen, (d) spezifische Selbstwirksamkeit zu innovativem Handeln (vgl. SCHMITZ & SCHWARZER 2002, 194). Insbesondere im Hinblick auf die non-formalen Bildungsakteurinnen und -akteure ist anzunehmen, dass die kollektive Selbstwirksamkeit von Relevanz ist, was mit den Ansätzen des KOM-BiNE Projektes (vgl. RAUCH ET AL. 2008; STEINER 2011) gut zu vernetzen ist. Für die vorliegende Arbeit bietet sich die Verwendung dieser deutschen Lehrer-Wirksamkeitsskala an (vgl. Kapitel 3.4.2.2), da sie auch gut auf den deutschen nonformalen Bildungskontext übertragen werden kann. Dies ist aber nicht die einzige Komponente in Modellen zum professionellen Wissen von Lehrkräften oder zur professionellen Handlungskompetenz. Im Folgenden wird ein Beispiel vorgestellt.

2.6.7 Das Modell der professionellen Handlungskompetenz der COACTIV Studie

Im Kontext des Professionswissen von Lehrkräften und der professionellen Handlungskompetenz ist im deutschsprachigen Bereich das von KUNTER ET AL. (2011) entworfene Modell zur professionellen Handlungskompetenz von Mathematiklehrkräften das wohl bekannteste (vgl. Abb. 2). Dieses beinhaltet sowohl kognitive Aspekte wie das Fachwissen, das fachdidaktische Wissen und das pädagogisch-psychologisches Wissen als auch nicht-kognitive Aspekte. Das Modell bildete die theoretische Grundlage für das große Projekt „Professionswissen von Lehrkräften, kognitiv aktivierender Mathematikunterricht und die Entwicklung mathematischer Kompetenz" (COACTIV), welches das Ziel hatte, eine umfassende empirische Studie zur professionellen Handlungskompetenz von Lehrkräften durchzuführen und damit die professionelle Handlungskompetenz von Mathematiklehrkräften abzubilden.

Die Forschungsgruppe von COACTIV spricht vom Lehrberuf als professionelle Tätigkeit. Dabei gehen sie auch von einem „domänenspezifischen Wissen aus", das von der Ausbildung abhängig ist und sich im Laufe der praktischen Ausübung weiterentwickelt. Dabei kann aber das Praktische die konzeptionelle Wissensbasis nicht ersetzen. Diese Annahme gilt, wenn das konzeptionelle Wissen als Strukturelement verstanden wird und auch das implizite Lernen reguliert (vgl. KUNTER ET AL. 2011, 10).

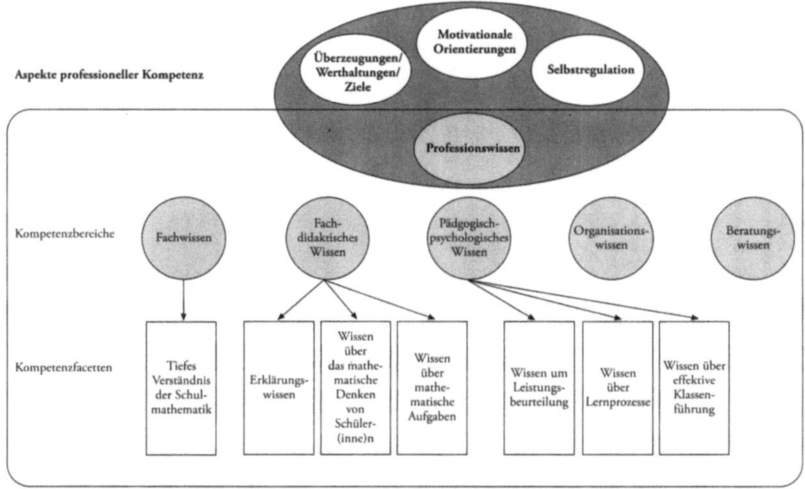

Abb. 2 | Modell aus der Coactiv-Studie (KUNTER ET AL. 2011, 32)

Intendiert ist ein kognitiv-aktivierender Unterricht, welcher auf „verständnisvolles Lernen" (KUNTER ET AL. 2011, 12) zielt. Die zentralen Grundsätze verständnisvollen Lernens bilden den theoretischen Hintergrund der im COACTIV-Projekt durchge-führten Studien. An erster Stelle ist hier folgender Punkt zu nennen: „Verständnis-volles Lernen erfolgt trotz aller Systematik stets auch situiert und kontextualisiert. Um den Anwendungsbereich zu erweitern, ist eine bewusst vollzogene Variation der Erwerbs- und Anwendungskontexte notwendig" (KUNTER ET AL. 2011, 12). Dar-aus lässt sich schließen, dass die Lehrkraft in formalen Lernarrangements gefordert ist, solche Lernsituationen bewusst einzurichten. Ferner sind beim verständnisvol-len Lernen aber auch nicht-kognitive Aspekte wichtig wie z.B. die Motivation, ebenso aber auch metakognitive Prozesse. Eine weitere Aufgabe der Lehrkraft liegt in der angemessenen Aufbereitung des Unterrichtsgegenstandes. In diesen Zu-sammenhang gehören auch kognitive Entlastungsmechanismen. Das bedeutet, dass Lehrkräfte wissen müssen, wie sie die Lernenden im Prozess des Lernens un-terstützen können. Dafür müssen sie auch über Wissen über die kognitiven Abläufe und neurobiologischen Prozesse verfügen, die bei den Lernenden ablaufen, um eine Unterrichtssituation sinnvoll gestalten zu können. Jedoch hat die Lehrkraft nur bedingt Einfluss auf die Lernenden, da diese im Klassenverbund agieren, in einem sozialen Rahmen also und gleichzeitig selbst mit ihrer Motivation und ihren Vo-raussetzungen in einem Prozess stehen. COACTIV lehnt sich hier an das sogenannte Angebot-Nutzen-Modell (vgl. FEND 1998; HELMKE 2009) an. Die Forschergruppe spricht von einer „doppelten Kontingenz": „Denn der Lernerfolg hängt einmal von der Qualität der Lerngelegenheiten, die bereits eine Ko-Konstruktion von Lehrkräften und Schülerinnen und Schülern darstellen und zum anderen vom mentalen Engagement der Lernenden ab" (KUNTER ET AL. 2011, 12-13).

COACTIV stellt drei Dimensionen heraus, die einen effizienten Ablauf eines verständnisvollen Lernens aktivieren sollen: 1. Die Bildung von Lerngelegenheiten, die kognitiv in der jeweiligen Domäne herausfordern, 2. die Überwachung und Unterstützung sowie Rückmeldung im Unterricht sowie auch 3. ein effizientes Management der Gruppe und der Zeit. Im Hinblick auf die hier vorliegende Studie ist darauf zu verweisen, dass in der außerschulischen Bildung die zweite Komponente weniger bedeutsam ist, da die Akteurinnen und Akteure die Lerngruppen oft nur kurz sehen und keine Informationen über deren Lernfortschritte einholen können. In COACTIV wird davon ausgegangen, dass das Kerngeschäft von Lehrkräften der Unterricht ist und das prozedurale und deklarative Wissen der Lehrkräfte die zentrale Ressource, um dem Kerngeschäft effizient nachzugehen. „Um professionelles Wissen theoretisch zu rekonstruieren, schließt COACTIV an die Expertiseforschung und deren Übertragung auf Profession an" (KUNTER ET AL. 2011, 14).

Ein professionelles Wissen ist domänenspezifisch. Mit Domänen sind die fachspezifischen Domänen gemeint. Durch mehr Expertise erfolgt sukzessive eine bessere hierarchische Organisation sowie Vernetzung. Das zentrale Element sind Schlüsselkompetenzen, um die herum das zentrale Fach- und Handlungswissen geordnet sind. Zudem stehen bestimmte Schemata zum Handeln mit Einzelfällen zur Disposition. Zudem beziehen sich die Forscher aus der COACTIV-Gruppe auf BROMME (1992), der den Wirkungsmechanismus professionellen Wissens skizzierte und dabei auf die kategoriale Wahrnehmung von Unterrichtssituationen verweist (vgl. KUNTER ET AL. 2011, 15).

Folgende Aspekte geben die Annahmen aus der Studie in komprimierter Form wieder (vgl. Abb. 2):

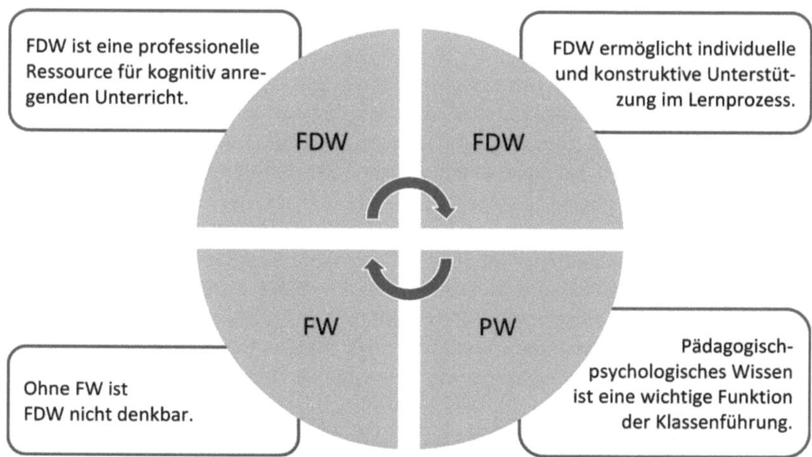

Abb. 3 | Zusammenhang der Komponenten des Professionswissens (eigene Abb. verändert nach KUNTER ET AL. 2011, 15).

Neben den rein kognitiven Aspekten sind aber auch noch weitere, nicht-kognitive Komponenten bei der professionellen Handlungskompetenz von BNE-Akteurinnen und -Akteuren zu berücksichtigen (vgl. Abb. 4). Mit Bezug auf RYAN und DECI (2000) stellen auch KUNTER ET AL. (2011, 16) fest: „Es ist ein gesicherter Befund der Motivationsforschung, dass Personen, die in ihrem Beruf intrinsische Orientierungen – also ein stabiles positives Erleben bei der beruflichen Tätigkeit – aufweisen, diesen mit mehr Anstrengung und Ausdauer verfolgen und zu besseren Ergebnissen kommen." Gerade auch im Hinblick auf BNE ist wichtig, die Motivation mit in die Überlegungen einzubeziehen.

Bei dem COACTIV-Modell handelt es sich um ein heuristisches Modell, bei welchem der Fokus auf dem Wissen und Können von Lehrkräften liegt, aber auch auf mentalen Repräsentationen. Das Modell ist auf kognitiv-aktivierenden, schülerinnen- und schülerorientierten Unterricht ausgerichtet bzw. soll mit dem Modell die Kompetenz einer Lehrkraft, diesen durchzuführen, gemessen werden. Trotzdem bereits erfolgreiche Messungen mit diesem Modell durchgeführt wurden, musste es sich verschiedener Kritik aussetzen. Wesentliche Kritikpunkte liegen darin, dass Zusammenhänge zwischen den einzelnen Facetten nicht abgebildet werden und dass einzelne Punkte nicht immer ohne Zweifel den einzelnen Domänen zugeordnet werden konnten (vgl. KOŠINÁR 2014, 50).

Neben dem Modell von der COACTIV-Studie existieren weitere mit ähnlicher Grundstruktur, welche jedoch keine Beispiele aus der Fachdidaktik sind. Hier sei auf die „Taxonomie pädagogischer Kompetenz" verwiesen, die auf KARL-OSWALD BAUER (2005) zurückzuführen ist und aus den Erziehungswissenschaften stammt.

Neben Fachwissen und fachdidaktischem Wissen ergänzt Bauer (2005) pädagogische Basiskompetenzen und spezielle pädagogische Kompetenzen, zu letzteren zählt er beispielsweise die Leitung einer Schule oder Evaluation etc. Ferner verweist Bauer (2005) in seinem Konzept, welches durch empirische Daten begründet ist, auch auf die Arbeit im Kollegium als Team, was bei COACTIV nicht so explizit wird (vgl. Košinár 2014, 51). Das kollektive Arbeiten erinnert an das KOM-BiNE Konzept.

Die vorliegende Arbeit orientiert sich an den in der COACTIV-Studie formulierten Grundannahmen, welche zur Bildung von Typen und Repräsentationsformen des professionellen Lehrerwissens aufgezeigt werden. Diese entstammen der Expertiseforschung und professionellen Befunden. Während aber in der Expertiseforschung das Perfektionsstreben einen leitenden Platz einnimmt, wurde dieses in der COACTIV-Studie zurückgestellt und durch die Differenz von Laienwissen und professionellem Wissen ersetzt. Dies erweist sich bereits als zielführend für die Modellentwicklung dieser vorliegenden Arbeit. Die Erkenntnisse sind wie folgt zusammengefasst (vgl. Kunter et al. 2011, 34):

- Das professionelle Wissen ist domänenspezifisch und von der Ausbildung und dem Training abhängig.
- Eine gute Vernetzung und hierarchische Organisation sind maßgeblich.
- Zentrales Fach- und Handlungswissen sind um Schlüsselkonzepte angeordnet. Es existieren Schemata für Einzelfälle.
- Unterschiedliche Verwendungskontexte sind in das professionelle Wissen integriert.
- Es existieren automatisierte Basisprozeduren, welche aber flexibel an spezifische Bedingungen von Einzelfällen angepasst werden können.
- Eine immanente Differenzierung kennzeichnet das professionelle Wissen.

Ferner gibt es neben dem theoretischen Wissen auch das praktische Wissen (*knowledge in action*). „Dieses Wissen ist erfahrungsbasiert, in spezifische Kontexte eingebettet und auf konkrete Problemstellungen bezogen, auch wenn es im Horizont akademischen Wissens verankert ist" (Kunter et al. 2011, 35). Es äußert sich auch im Zusammenspiel mit dem theoretischen Wissen, oft auch in Form von Intuitionen. Angelehnt an die COACTIV-Studie wird das praktische Wissen in der vorliegenden Studie weniger fokussiert. Im Zentrum steht auch hier das Ziel, ein konzeptuelles Verständnis der Domäne BNE abzubilden und die Kompetenz-Unterschiede zwischen den Akteursgruppen zu messen.

Doch wie sind überhaupt Domänen zu definieren? Ohne eine detaillierte Definition des Begriffs vorzunehmen, soll in diesem Kontext aber darauf verwiesen werden, dass unter einer Domäne in der vorliegenden Arbeit ein Lernfeld verstanden wird (vgl. Seifried & Ziegler 2009, 85). Die Autoren verweisen auch auf ein Fach, hinsichtlich BNE ist jedoch das Lernfeld zielführender. Seifried und Ziegler (2009) verstehen unter dem Lernfeld auch in erster Linie ein lebensweltliches berufliches Handlungsfeld. In der vorliegenden Arbeit wird zudem auch angenommen, dass die im Lernfeld BNE tätigen Personen in diesem Lerngebiet lehren können, durch ihre Ausbildung also Wissen darin erworben haben. Sowohl bei der EPIK-Arbeitsgruppe als auch bei COACTIV und anderen Autoren treten Domänen im Modell auf. Der Domänenbegriff ist vielfältig und wird sich auch später bei der Itemkonstruktion noch wiederfinden. Doch widmen wir uns nun dem für diese Studie modifizierten Modell, welches sich auf BNE-Multiplikatorinnen und -Multiplikatoren bezieht.

2.7   Ein Modell: Professionelle Handlungskompetenz von BNE-Akteurinnen und -Akteuren

Um die zentrale Fragestellung dieser Arbeit zu beantworten, liegt ein wesentlicher Schritt in der Entwicklung eines Messmodells zur Erfassung der professionellen Handlungskompetenz von BNE-Akteurinnen und -Akteuren.
Im Vorfeld sind einige Arbeiten zitiert worden, die im Hinblick auf diese Forschungsarbeit von Interesse sind. Als grundlegendes Modell wird jedoch auf das COACTIV-Modell zurückgegriffen, welches in erster Linie die Differenzierung der kognitiven Wissensfacetten nach SHULMAN (1986; 1987) aufgreift, das Modell jedoch um Facetten erweitert. Ferner lassen sich Elemente weiterer Ansätze wiederfinden bzw. mit dem COACTIV-Modell verbinden. Auf der Basis des COACTIV-Modells ist ein Testmodell für die professionelle Handlungskompetenz von BNE-Akteurinnen und -Akteuren entwickelt worden. Dieses weist auch eine Teilung in das Wissen, also kognitive Elemente und nicht-kognitive Aspekte der professionellen Handlungskompetenz auf. Das Kognitionswissen ist in Anlehnung an SHULMAN (1986; 1987) in die Bereiche Fachwissen, fachdidaktisches Wissen und pädagogisches Wissen differenziert. Hierbei ist jedoch anzumerken, dass es sich bei BNE um eine Domäne handelt, in welche unterschiedliche Fachdisziplinen greifen, gleichwohl BNE, aber auch als eigene Domäne zu sehen ist in Form eines Bildungskonzeptes, welches in diversen Fachdisziplinen implementiert sein sollte.

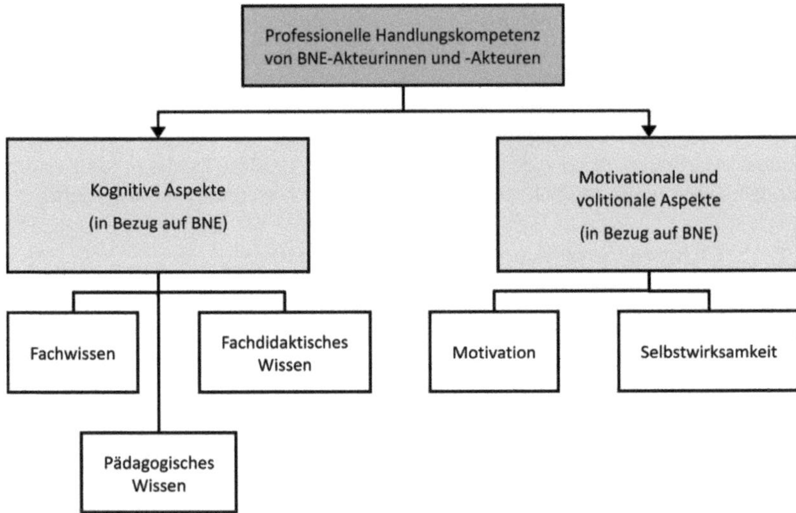

Abb. 4 | Modell zur professionellen Handlungskompetenz von BNE-Akteurinnen und -Akteuren. Eigener Entwurf in Anlehnung an Kunter et al. 2011.

Da das Modell der COACTIV-Studie auf Lehrkräfte bezogen ist, muss in diesem Kontext auch erwähnt werden, dass die zu diesem Modell der professionellen Handlungskompetenz gehörenden Subfacetten hinsichtlich der außerschulischen Perspektive erweitert wurden, was in Kapitel 3.4 ausführlich dargelegt wird.

Sowohl die schulischen als auch die außerschulischen BNE-Akteurinnen und -Akteure üben jedoch eine Lehrtätigkeit aus, weswegen die theoretischen Bezüge aus dem Bereich der Lehrprofessionsforschung genutzt werden können. Die Differenzierung des Kognitionswissens wird folglich von LEE SHULMAN (1986; 1987) übernommen: Allgemein pädagogisches Wissen, Fachwissen, fachdidaktisches Wissen. Diese drei Säulen sollen in der Studie untersucht werden, in Kombination mit den nicht-kognitiven Facetten Selbstwirksamkeit und Motivation. Der Einbezug auch nicht-formaler Multiplikatorinnen und Multiplikatoren gilt es dabei stets zu beachten.

Grundlegend kann zwischen dem strukturtheoretischen und dem kompetenztheoretischen Ansatz unterschieden werden. Beide Ansätze haben Bestandteile, die für die vorliegende Studie von Bedeutung sind, jedoch nicht original übertragen werden können. In Bezug auf den strukturtheoretischen Ansatz gilt herauszustellen, dass das sogenannte Arbeitsbündnis nach OEVERMANN (1996) nur in Teilen Relevanz für die außerschulische Bildung zum Beispiel hat. Dort ist es häufig der Fall, dass die Akteure ihre Lerngruppen nur für einen Vormittag sehen, dennoch gehen sie für diese Zeit auch ein gewisses „Arbeitsbündnis" ein, wie es in der Strukturtheorie heißt. Dies sieht jedoch anders aus als bei Lehrkräften im Schuldienst, welche regelmäßig in diesem Bündnis mit ihren Schülern stehen. Kompetenz wird nach dem Begriff von WEINERT (2001) verstanden, der sich auch in dem grundlegenden Modell der COACTIV-Studie wiederfindet.

Eine Expertise bei Lehrkräften entwickelt sich mit der praktischen Arbeit weiter, jedoch nicht ohne die theoretischen Grundlagen. Basierend auf diesen, entwickelt eine Lehrkraft dann auch implizite Handlungsstrategien und Wissen über diese und ihre Routinen (SOLÍS & PORLÁN ARIZA 2017). Das Wissen eines Faches als kognitive Komponente rückt mit Shulman (1986, 1987) mehr in den Fokus. Das Modell zur professionellen Handlungskompetenz von BNE-Akteurinnen und -Akteuren wurde basierend auf den theoretischen Grundlagen der (B)NE und der Professionsforschung entwickelt.

2.8 Stand der empirischen Forschung im Bereich der (B)NE und der Professionsforschung

Zur Implementierung von BNE oder des Globalen Lernens in Schule und Lehrkräftebildung gibt es verschiedene Studien, von denen einige weiter oben bereits erwähnt wurden (vgl. z.B. BUDDENBERG 2014; GRUNDMANN 2017; BLUDAU 2016; BAGOLY-SIMÓ 2014), ebenso zur Zusammenarbeit zwischen Hochschulen und außerschulischen Lernorten im Bereich BNE (vgl. z.B. BAGOLY-SIMÓ, HEMMER & FISCHER 2013)

Es gilt nun zu beschreiben, in welchen Bereichen noch Forschungsbedarf besteht. Dabei muss bedacht werden, dass es sich bei dieser Arbeit nicht um eine rein „schulisch" ausgerichtete Perspektive handelt, sondern dass auch – wie in den ersten Kapiteln der Arbeit deutlich wurde – außerschulische Bildungsakteurinnen und -akteure in der BNE eine maßgebliche Rolle spielen. Ferner muss bedacht werden, dass hinsichtlich des Forschungsstandes einerseits die Erkenntnislage in der BNE in den Blick genommen werden muss, andererseits jedoch auch die Forschungslage zum Professionswissen. In den Fokus rückt jedoch der Wissensstand zu den Kompetenzen der Multiplikatorinnen und Multiplikatoren in der BNE.

Gerade bei diesem Punkt setzt auch schon ein Desiderat an: Im Bereich der Kompetenzforschung zu BNE gibt es zwar für die Lernenden mit der Gestaltungskompetenz (vgl. DE HAAN ET AL. 2008) eine recht klar umschriebene Output-Orientierung, für die Lehrenden jedoch bedarf dieses noch mehr der Klarheit und Ergänzung. Bei Kompetenzmodellen wie KOM-BiNE handelt es sich um eine Studie zur Arbeit im Team, die sich anderer Grundlagen bedient und nicht auf die Professionswissensforschung zurückgreift. Der Schwerpunkt liegt hier weniger auf den jedoch nicht unwichtigen kognitiven Aspekten. In den bisherigen Studien fehlt es jedenfalls noch an empirischen Studien auf der Grundlage dieser Modelle.

Die Studien von HELLBERG-RODE und SCHRÜFER (2020) sowie HELLBERG-RODE ET AL. (2014), die Experten zum Thema „Professionswissen von BNE-Akteuren" befragten, haben bereits eine wichtige Grundlage geliefert und empirische Erkenntnisse über das Wissen, welches BNE-Akteure mitbringen sollten. „Die befragten Experten sind sich darin einig, dass die im Unterricht agierenden Lehrkräfte für die Umsetzung von BNE ein spezifisches Professionswissen benötigen" (HELLBERG-RODE ET AL. 2014, 276). Dies wird auch im Weltaktionsprogramm BNE deutlich, deren Haupthandlungsfelder durch internationale Umfragen bei BNE Experten festgelegt wurden. Als eines der fünf Handlungsfelder wurde die Kompetenzentwicklung bei Multiplikatorinnen und Multiplikatoren festgelegt. „Stärkung der Kompetenzen von Erziehern und Multiplikatoren für effektivere Ergebnisse im Bereich BNE" (U-NESCO 2015b) lautet hier das knapp umrissene Ziel. In der Roadmap zum Weltaktionsprogramm ist vorgesehen, dass Lehrerinnen und Lehrer in ihrer Ausbildung auch im Bereich der BNE eine Aus- und Weiterbildung erhalten. Es gibt eine Hochschule (Eichstätt-Ingolstadt), die seit 2010 einen speziellen BNE-Masterstudiengang anbietet, der auf der Grundlage des Modells der professionellen Handlungskompetenz konzipiert wurde und der empirisch durch eine Absolventenbefragung evaluiert wurde (vgl. BAGOLY-SIMÓ ET AL. 2017). In jüngster Zeit bieten einzelne Hochschulen Zusatzstudien oder Zertifikate zur (B)NE an, die aber noch nicht empirisch überprüft wurden.

Während die relevanten BNE-Kompetenzen für Lerner durch die Gestaltungskompetenz (vgl. DE HAAN ET AL. 2008, 183) bereits beschrieben und in Teilkompetenzen gegliedert sind, also ein explizites Kompetenzmodell existiert, gibt es für die Multiplikatorinnen und Multiplikatoren bisher kaum hinreichende Erkenntnisse, die sich auf die professionelle Handlungskompetenz von Lehrkräften oder außerschulischen Multiplikatorinnen und Multiplikatoren im Bereich BNE beziehen. Dies bezieht sich auf die Konzeption von Modellen, aber vor allem auch auf deren empirische Überprüfung, z.B. Kompetenzmessungen. Dies ist eine Herausforderung, die den Forschungsbedarf auch dadurch deutlich macht, dass der Pool an BNE-Akteurinnen und Akteuren sehr breit gefächert ist. So gehören dazu sowohl Lehrkräfte als auch außerschulische Multiplikatorinnen und Multiplikatoren in Umweltzentren oder sogenannten Weltläden, die sich mit BNE beschäftigen und diese mit großer Motivation in ihren Bildungsveranstaltungen praktizieren.

Zum Bereich der professionellen Handlungskompetenz gibt es bereits empirische Arbeiten. Die wohl bekannteste Studie im deutschen Sprachraum stammt aus der Fachdidaktik Mathematik – die COACTIV-Studie (Kapitel 2.6.7), welche auch in abgewandelter Form als Grundlage für das in dieser Arbeit entworfene Messinstrument diente.

Ein vom BMBF gefördertes Projekt hat sich intensiv mit dem Professionswissen von Lehrkräften in den Naturwissenschaften (ProwiN) und dessen Auswirkungen auf den Unterricht befasst, im Rahmen dieses Projektes sind Testinstrumente zur Messung des Professionswissens ermittelt worden (TEPNER ET AL. 2012). Hier wurde ebenfalls auf die Konzeptualisierung des Wissens nach Shulman (1986) zurückgegriffen (vgl. TEPNER ET AL. 2012, 7). Das Leibniz-Institut für Pädagogik der Naturwissenschaften (IPN) in Kiel beschäftigt sich weiterhin mit Forschungen im Bereich der Lehrerprofessionalisierung, ebenso gibt es an unterschiedlichen Standorten Forschungsgruppen zum Themenfeld. Als ein weiteres Beispiel sei hier das Lehrlabor Lehrerprofessionalisierung „Profale" (vgl. ZLH 2016) genannt oder Forschungen zu fachübergreifenden Kompetenzen in der Lehrerprofessionalisierung (vgl. KÖNIG 2010) sowie die Arbeiten in unterschiedlichen Fachdidaktiken im Rahmen des Projektes „Fachspezifische Lehrerkompetenzen" (FALKO) (vgl. KRAUSS ET AL. 2017b). Das Forschungsprojekt FALKO untersuchte empirisch für die Fächer Deutsch, Englisch, Latein, Physik, Musik, evangelische Religion sowie Pädagogik das Professionswissen von Lehrkräften mit konzipierten Tests (vgl. KRAUSS ET AL. 2017b). Hinsichtlich weiterer Forschungen zur professionellen Handlungskompetenz ist auch auf eine Studie zu Politik-Lehrkräften zu verweisen (vgl. WESCHENFELDER 2014), für die Anglistik ist die TEDS-LT-Studie (vgl. BLÖMEKE ET AL. 2013; ROTERS, KÖNIG, TACHTSOGLU & NOLD 2015; JANSING ET AL. 2013; ROTERS 2015, 86) zu erwähnen. Auch hier ist die Perspektive auf Lehrkräfte im formalen Bildungskontext und auf ausgewählte Fächer gelegt, womit erneut der Bedarf an Forschung über BNE-Kompetenzen bei formalen und non-formalen Bildungsakteurinnen und -akteuren deutlich wird.

KOBARG ET AL. (2012) zeigen in ihrem Sammelband verschiedene Strategien und Maßnahmen zur wissenschaftlichen Begleitung von Lehrerprofessionalisierung auf. Viele Theorien zur Professionalisierung sind bereits einige Jahrzehnte alt. Dass das Thema nach wie vor brisant ist und Forschungsbedarf liefert, zeigen immer wieder neue Ansätze des Erforschens, so auch die Idee des „Forschenden Lernens für Studierende" (FEYERER, HIRSCHENHAUSER & SOUKUP-ALTRICHTER 2014), welche eine Studie einschließt, in denen Lehramtsstudierende über eigene Forschung oder Abschlussarbeiten die Professionalisierung vorantreiben (vgl. HAAGEN-SCHÜTZENHÖFER 2014; SEEL, OGRIS-STEINKLAUBER & WOHLHART 2014).

BLÖMEKE (2011, 350) betrachtet die Lehrerbildungsstudien mit Testkomponenten im internationalen Vergleich und fokussiert dabei auf MT 21 (*Mathematics Teaching in the 21st Century*) und TEDS-M (*Teacher Education and Development Study*). Hierbei werden auch die besonderen Herausforderungen der international-vergleichenden Lehrerbildungsforschung beleuchtet. BLÖMEKE (2011, 358) weist zudem darauf hin, „dass die professionelle Kompetenz von Lehrkräften über die gewöhnlich in Tests erfassten beruflichen Anforderungen des Unterrichtens und Diagnostizierens hinausgeht. Erziehen, Beraten und Schulentwicklung sowie ein professionelles Ethos seien wichtige weitere Anforderungen".

BRANDT, BÜRGENER, BARTH und REDMAN (2019) erhoben in einem Mixed-Method-Ansatz Daten zur Entwicklung der professionellen Kompetenz von Studentinnen und Studenten des Lehramts in zwei Modulen mit verschiedenen Inhalten und Output-Orientierungen und zu unterschiedlichen Zeitpunkten im Studienverlauf und konnten zeigen, dass die Module sowohl zu einer Veränderung bei den nicht-kognitiven

Dispositionen führten als auch zu einer höheren Kompetenz hinsichtlich der Planung von BNE-Einheiten. Auch RICHTER-BEUSCHEL, GRASS & BÖGEHOLZ (2018) widmeten sich in einer Delphi-Studie der Messung von prozeduralem Wissen mit dem Fokus auf Herausforderungen im Themenbereich Biodiversität und Klimawandel.

Es ist also zusammenfassend zu konstatieren, dass für den Bereich der allgemeinen professionellen Handlungskompetenz einige empirische Studien für ausgewählte Fächer durchgeführt wurden, aber dass es zu Kompetenzen bei BNE-Multiplikatoren verschwindend wenige empirische Projekte gab. Es finden sich Konzeptionsansätze und Postulate, aber keine empirischen Ergebnisse dazu, über welche Kompetenzen BNE-Multiplikatorinnen und Multiplikatoren verfügen. Somit beschäftigt sich die vorliegende Arbeit mit einem bisher kaum erforschten Thema, welches BNE mit der Forschung zur professionellen Handlungskompetenz verbindet. Ein Desiderat liegt auch darin, dass es für außerschulische Bildungsakteurinnen und -akteure noch kein Kompetenzmodell gibt und hier deutlicher Forschungsbedarf besteht. Ebenso gibt es international zahlreiche Publikationen zum Stand nach der UN-Dekade und Ausblicken, wie es mit dem Weltaktionsprogramm weitergehen möge.

2.9   Zentrale Fragestellung

Aus den aufgezeigten Forschungsdesiderata ergibt sich die Kernfrage dieser Forschungsarbeit. Die Lehrperson spielt im Unterrichtsgeschehen eine zentrale Rolle, somit hängt die Wirksamkeit einer guten BNE in besonderem Maße auch von der Lehrkraft ab, sowohl in formalen als auch in non-formalen Bildungskontexten. Die Studie von HATTIE (2014) hat den Einfluss des Lehrerhandelns in einer umfassenden Studie dargelegt.

Während die relevanten BNE-Kompetenzen für Lernerinnen und Lerner durch die Gestaltungskompetenz (vgl. DE HAAN ET AL. 2008, 183) bereits beschrieben und in Teilkompetenzen gegliedert sind, also ein Kompetenzmodell existiert, gibt es für die Multiplikatorinnen und Multiplikatoren bisher nur wenige Erkenntnisse, die sich auf die professionelle Handlungskompetenz von Lehrkräften oder außerschulischen Kräften im Bereich BNE beziehen. Die wenigen Modelle, die entwickelt wurden, richten sich eher auf soziale Kompetenzen und das Arbeiten im Team (vgl. STEINER 2011) als auf kognitive Kompetenzen (vgl. HELLBERG-RODE & SCHRÜFER 2016). Dies ist eine Herausforderung, die den Forschungsbedarf auch dadurch deutlich macht, dass der Pool an BNE-Akteurinnen und -Akteuren sehr breit gefächert ist. So gehören dazu sowohl Lehrkräfte als auch außerschulische Multiplikatorinnen und Multiplikatoren in Umweltzentren oder sogenannten Weltläden, die sich mit BNE beschäftigen und diese mit großer Motivation in ihren Bildungsveranstaltungen praktizieren. All diese Akteurinnen und Akteure agieren auf einer unterschiedlichen Kompetenzbasis, die wiederum auf verschiedenen Expertisen beruht, was durch die Wahl der Studienfächer oder Berufsausbildungen begründet ist. Bezüglich der schulischen BNE-Kräfte ist der Ausbildungshintergrund im Vorfeld transparenter. Ob sie im Rahmen ihrer Ausbildung jedoch auch Kenntnisse im Bereich BNE bekommen haben, unterscheidet sich vermutlich sehr stark. BNE als fachübergreifendes Bildungskonzept sollte eigentlich in verschiedenen Fachdisziplinen thematisiert und nicht isoliert betrachtet werden.

BNE intendiert, bei den Lernenden eine Gestaltungskompetenz zu fördern, um heutige Lebensstile der Gesellschaft zu beurteilen, nicht nachhaltiges Agieren zu erkennen und zu vermeiden, sowie nachhaltige Handlungsalternativen aufzeigen zu können. Die Gestaltungskompetenz ist über zwölf Teilkompetenzen näher differenziert (vgl. DE HAAN 2008). Inwiefern jedoch deren Aufbau bzw. die Förderung dieser gelingt, ist maßgeblich abhängig von erfolgreicher Bildungsarbeit. Somit ist die Wirksamkeit der BNE an die Ausprägung der spezifischen professionellen Handlungskompetenz dieser Multiplikatorinnen und Multiplikatoren gebunden. Für den Unterricht verschiedener Fächer ist die Bedeutung des kognitiven Fachwissens und fachdidaktischen Wissens bereits durch empirische Studien nachgewiesen (vgl. KUNTER ET AL. 2011), die auf den einschlägigen Theorien zur professionellen Handlungskompetenz basieren. Darüber hinaus umfasst die professionelle Handlungskompetenz noch weitere, nämlich motivationale Aspekte, deren Bedeutung für die Erstellung eines Profils von professioneller Handlungskompetenz wichtig sind und nicht von allen Studien erfasst wurden.

BNE zielt darauf ab, Wissen über nachhaltige und nicht nachhaltige Prozesse zu vermitteln und die Analyse- und Reflexionsfähigkeit zu fördern, womit BNE mehr fordert als rein fachspezifische Kompetenzen. Auch Fächer mit besonders hoher Relevanz für BNE wie die Geographie, die in diesem Projekt im Fokus steht, können diesbezüglich nicht isoliert betrachtet werden. Ein pädagogischer Hintergrund für BNE, der auf einer Ausbildung beruht, ist nicht automatisch gegeben.

Sowohl für Lehrkräfte als auch für die außerschulischen Multiplikatorinnen und Multiplikatoren gibt es keine empirischen Erkenntnisse zur professionellen Handlungskompetenz. Zum einen sind die fachwissenschaftlichen und fachdidaktischen Facetten des Professionswissens zu BNE bisher nicht erfasst; beide Gruppen sollten aber über Wissen bzw. Kompetenzen verfügen, um wirksame BNE-Bildung durchführen zu können. Zum anderen fehlen auch empirische Befunde zu den nicht-kognitiven Komponenten der professionellen Handlungskompetenz für den Bereich BNE. Dazu werden die motivationalen und sozialen Faktoren gezählt, über die bisher hinsichtlich BNE nichts bekannt ist.

Aus den hier dargelegten Grundlagen und Problemstellungen sowie aus dem aktuellen Forschungsstand ergibt sich die zentrale Forschungsfrage des Projektes:

> Über welche professionelle Handlungskompetenz verfügen BNE-Multiplikatorinnen und -Multiplikatoren, zu denen sowohl Lehrkräfte als auch nonformale Kräfte gehören und welche Unterschiede und Gemeinsamkeiten ergeben sich zwischen diesen beiden Akteursgruppen?

Im Rahmen der Studie wird über eine quantitative Befragung mit einem standardisierten Fragebogen bei schulischen und non-formalen BNE-Akteurinnen und -Akteuren erhoben, welches Ausmaß die jeweiligen Komponenten der professionellen Handlungskompetenz bei den Lehrkräften und bei non-formalen Akteuren haben, sodass Unterschiede bzw. Gemeinsamkeiten dargelegt werden können. Die Ergebnisse sollen eine Grundlage für ein empirisch-gestütztes Profil professioneller Handlungskompetenz von BNE-Akteurinnen und -Akteuren bilden, an denen sich die künftige Ausbildung von Lehrkräften und Multiplikatorinnen und Multiplikatoren orientieren kann.

2.10   Herleitung der Hypothesen

Die Literatur zu den relevanten theoretischen Säulen der Arbeit sowie der Stand der Forschung lassen die Herleitung der in dieser Arbeit zu prüfenden Hypothesen zu. Im Folgenden werden diese formuliert und begründet.

> **Hypothese 1a:** Die Lehrkräfte verfügen über besseres BNE-relevantes Fachwissen zum Klimawandel, weil sie während des Studiums Fachwissen in der Domäne erworben haben.

Die Arbeiten zum Professionswissen und zur professionellen Handlungskompetenz von Lehrkräften führen zu der Annahme, dass Studentinnen und Studenten Fachwissen in ihrem jeweiligen Fach erwerben und die verschiedenen Wissensarten wiederum miteinander in Verbindung stehen.
Lehramtsstudierende mit dem Fach Geographie durchlaufen während des Studiums verschiedene fachwissenschaftliche Veranstaltungen, welche sowohl der physischen Geographie als auch der Humangeographie zugeordnet werden können. Demnach bauen Sie Fachwissen aus einer Domäne auf, die hoch affin zu BNE ist (vgl. Kap. 2.3). Das Erhebungsinstrument bezieht sich auf das Beispielthema Klimawandel. Dabei ist jedoch zu beachten, dass die Inhalte der angebotenen Vorlesungen und Seminare je nach institutionellen Schwerpunkten sehr unterschiedlich sein können. Dennoch ist davon auszugehen, dass das Thema Klimawandel allen aktuell unterrichtenden Lehrkräften ein Begriff ist und sie im Studium darüber Kenntnisse erworben haben. Wie intensiv die Thematisierung war, hängt sicherlich auch vom Zeitraum ab, in dem die Lehrkraft studiert hat. Nichtsdestotrotz sind alle Lehrkräfte durch die Einbindung des Themas in die Schulcurricula gezwungen, sich mit dem Klimawandel auseinanderzusetzen. So wird davon ausgegangen, dass Lehrkräfte über mehr Fachwissen verfügen, da sie im Rahmen des Studiums in jedem Fall fachliche Inhalte studiert haben und so von einem gewissen Grundfachwissen zum Thema Klimawandel ausgegangen werden kann und die Lehrkräfte über mehr Wissen zu Themen verfügen, die mit dem Klimawandel in Verbindung stehen.

Der Grund für die Annahme liegt ferner auch darin, dass der Klimawandel im Fach Geographie sowohl in der Sekundarstufe I (in Niedersachsen im Jahrgang 9/10) als auch in der Sekundarstufe II ein Thema ist und die Lehrkräfte auch aus diesem Grunde über Fachwissen dazu verfügen müssen, um das Thema kompetent zu unterrichten. Das Hauptargument geht jedoch auf das Studium zurück, da im Rahmen der fachwissenschaftlichen Ausbildung sicherlich Kenntnisse über die Ursachen, Folgen und Maßnahmen des Klimawandels vermittelt wurden. Bei den non-formalen Kräften ist dieser „sichere Background" nicht zwangsläufig gegeben. Zwar ist anzunehmen, dass sich die Multiplikatorinnen und Multiplikatoren im Vorfeld einer Veranstaltung ausführlich damit beschäftigen und so ebenfalls vertieftes Fachwissen aufbauen, jedoch würde diese Annahme sicherlich nicht auf alle Multiplikatoren zutreffen, sondern nur auf den Personenkreis, der eine Veranstaltung zum Klimawandel durchführt. Dennoch ist der Einwand zu bedenken und sollte im Rahmen der Vorstudie mit in Erfahrung gebracht werden.

Im Gegensatz zu den Lehrkräften wird bei den non-formalen Akteurinnen und - Akteuren deutlich mehr Konzeptwissen angenommen, hierauf bezieht sich die Hypothese 1b:

> **Hypothese 1b:** Die non-formalen Kräfte verfügen über mehr Konzeptwissen zu (B)NE.

Es klang bereits an, dass die Multiplikatorinnen und Multiplikatoren sich aus den unterschiedlichen Berufsfeldern zusammensetzen können, weswegen man davon ausgehen kann, dass das Fachwissen, der fachliche Hintergrund insgesamt sehr diffus ist. Im Hinblick auf die Konzeptualisierung von (B)NE jedoch ist anzunehmen, dass es sich um Personen handelt, welche aus intrinsischer Motivation zu ihrer Tätigkeit gekommen sind und generell Interesse an BNE-Themen mit sich bringen. Sie werden sich aus Eigeninteresse, durch Netzwerk-Fortbildungen und weil es für das Tätigkeitsfeld notwendig ist, intensiv mit dem Konzept BNE beschäftigt haben, dessen Entstehungshintergrund sowie Ziele und Maßnahmen der Dekade oder des Weltaktionsprogramms kennen. In Bezug auf die Lehrkräfte ist nicht davon auszugehen, dass diese das Weltaktionsprogramm beispielsweise kennen, zumindest wird nicht von einer flächendeckenden Kenntnis ausgegangen. Einzelne haben vielleicht eine BNE-Fortbildung besucht. Non-formale Bildungsakteurinnen und - akteure hingegen, welche beispielsweise in Umweltzentren oder entwicklungspolitischen Bildungsinitiativen aktiv sind, befassen sich ausführlich mit Nachhaltigkeit und den Zielen einer BNE, so wird es zumindest angenommen. Die Lehrkräfte denken vermutlich eher aus ihrer Fachperspektive heraus. Dass jede Akteurin und jeder Akteur auch ein eigenes Verständnis von BNE mit sich bringt, wurde zuvor bereits angedeutet. Bei non-formalen Kräften spielt sicherlich auch eine Rolle, welchen beruflichen Hintergrund sie mitbringen, da sich die Auffassung von BNE sicher auch unterscheidet z.B. zwischen zwei BNE-Akteurinnen und -akteuren mit naturwissenschaftlicher oder gesellschaftswissenschaftlicher oder auch kaufmännischer Ausbildung. Dies gilt es zu bedenken; insgesamt wird jedoch angenommen, dass die non-formalen Kräfte über mehr Konzeptwissen zur Nachhaltigkeit und BNE verfügen.

Hypothese Nr. 2 referiert auf das fachdidaktische Wissen von Lehrkräften:

> **Hypothese 2:** Die Lehrkräfte verfügen über besseres fachdidaktisches Wissen, weil sie im Studium darin ausgebildet wurden und unterrichten müssen.

Diese Hypothese liegt im Wesentlichen darin begründet, dass Lehrkräfte während des Studiums eine fachdidaktische Ausbildung in ihrem Unterrichtsfach Geographie genießen, worauf die non-formalen Kräfte nicht zurückblicken können. Nach dem Modell von KUNTER ET AL. (2011) zur professionellen Handlungskompetenz ist das fachdidaktische Wissen eine zentrale Säule des Professionswissens, welches eng verbunden ist mit dem Fachwissen, in welchem die Lehrkräfte Wissen erworben haben. Im Hinblick auf non-formale Akteurinnen und -akteure ist daher anzunehmen, dass Sie explizit kein fachdidaktisches Wissen erworben haben.

Voraussetzung für diese Annahme ist die eingangs formulierte eigene Grundannahme einer BNE, welche umfasst, dass eine BNE eine hohe Konzeptaffinität mit der Geographie aufweist und somit auch im Geographieunterricht sehr präsent sein kann. Lehrkräfte lernen im Laufe des Studiums, wie ein fachlicher Inhalt didaktisch aufbereitet wird, welche didaktischen Grundannahmen und Theorien des Faches bei der Strukturierung des Unterrichts helfen. Dass die Fachstruktur der Geographie BNE dienlich ist, ist an vorheriger Stelle bereits deutlich gemacht. So wird angenommen, dass Lehrkräfte aus diesem Grunde über mehr fachdidaktisches Wissen verfügen, da non-formale Kräfte vermutlich keinen fachdidaktischen Hintergrund haben. Hinzu kommt, dass Lehrkräfte aktiv und regelmäßig unterrichten und somit tagtäglich ihr fachdidaktisches Können anwenden müssen. Dies unterscheidet sich auch von den non-formalen Kräften, welche zwar regelmäßig Workshops geben, jedoch vermutlich nicht in der Stundenzahl, die das Deputat einer Lehrkraft in einem Fach beträgt.

Für die dritte Hypothese gibt es eine ähnliche Grundannahme:

> **Hypothese 3:** Die Lehrkräfte verfügen über besseres pädagogisches Wissen, weil sie darin ausgebildet wurden.

Alle Studentinnen und Studenten des Lehramts müssen in ihrer Ausbildung Veranstaltungen in den Erziehungswissenschaften belegen, somit verfügen sie über Wissen im pädagogischen Bereich, quasi Fachwissen der Domäne Pädagogik. In diesen Fächern werden ebenfalls Prüfungen abgelegt. Es ist möglich, dass non-formale Kräfte auch eine erzieherische Ausbildung oder akademische Ausbildungen im Bereich der Erziehungswissenschaften haben. Dies wird mit einer unabhängigen Variablen erfragt. Generell ist jedoch davon auszugehen, dass selbst in diesem Falle die pädagogischen Kenntnisse weniger auf den Umgang mit größeren Lerngruppen abzielen, wie es im Schulalltag, aber auch in außerschulischen BNE-Institutionen der Fall ist. Lehramtsstudierende absolvieren auch nach dem Studium im Rahmen der zweiten Phase der Lehramtsausbildung noch weitere Veranstaltungen in Pädagogik und gehen in der Regel direkt danach auch in die Unterrichtspraxis über, sodass das pädagogische Wissen abrufbar sein muss. Inwiefern dieses auch als handlungsleitend genutzt wird, ist an anderer Stelle bereits angerissen worden.

Zu den nicht-kognitiven Wissensfacetten, die in dieser Studie ebenfalls einbezogen sind, zählen die Motivation sowie die Selbstwirksamkeit. Die Hypothesen vier und fünf befassen sich mit diesen. Hinsichtlich der Motivation wird zunächst angenommen:

> **Hypothese 4a:** Die non-formalen Kräfte haben mehr Motivation für BNE.

Diese Annahme beruht vorrangig darauf, dass non-formale Kräfte eher ein intrinsisches Interesse an (B)NE mitbringen als Lehrkräfte, welche sich bei der Wahl des Berufes für mindestens zwei Schulfächer entschieden haben. Mit der Wahl der Fächer sind sie bereits ausgelastet und gerade zu Beginn der Schullaufbahn sehr gefordert mit der Einarbeitung in den Unterrichtsstoff. Ein „weiterer" Bildungsauftrag, wie die BNE vielfach noch empfunden wird, ist in dem Falle wenig motivierend - es werden zunächst eher Zusatzaufgaben damit assoziiert. Anders ist dies im non-formalen Bereich, wo BNE quasi handlungsleitend ist und sich die dort tätigen Akteure aus Überzeugung und Interesse mit dem Konstrukt BNE beschäftigen. Dort tätige Multiplikatorinnen und Multiplikatoren sehen ihre Aufgabe in der Vermittlung der BNE, Lehrkräfte gehen mit einem anderen Ziel in ihren Beruf. Bei der Berufswahl zum Beispiel wird BNE keine Rolle gespielt haben.

Im Hinblick auf die Bildungsarbeit wird davon ausgegangen, dass diese bei den Probandengruppen ungefähr gleich ist:

> **Hypothese 4b:** Die Motivation für Bildungsarbeit ist bei beiden Testgruppen gleich.

Lehrkräfte entscheiden sich bei der Berufswahl dafür, für viele Jahre mit Kindern und Jugendlichen zusammenzuarbeiten, sodass hier fest davon ausgegangen werden kann, dass die Lehrkräfte Freude an der Vermittlung von Inhalten und der Förderung von Kompetenzen haben. Hier ist bereits bei der Berufswahl festgelegt, dass sie sich in diesem Tätigkeitsfeld bewegen werden. Dies ist im non-formalen Bildungsbereich etwas anders. Häufig sind Akteurinnen und Akteure hier auch zufällig in die Bildungsarbeit gekommen, haben jedoch Freude daran, da sie diese weiter ausüben und diese Wahl aber auch freiwillig getroffen haben, waren darauf jedoch nicht im Vorfeld festgelegt. Die theoretischen Grundlagen zur Motivation und Selbstwirksamkeit machen deutlich, dass zum Beispiel der Alltag im Lehrberuf sehr unterschiedlich sein kann und von vielen unsicheren Momenten geprägt ist (vgl. Kunter 2008), im Schulgeschehen oft unvorhergesehene Dinge in den Vordergrund geraten und die Begeisterung für eine vielleicht intensiv vorbereitete Stunde geschmälert wird. Es gilt in solchen Momenten, den Schulbetrieb bestmöglich weiterzuführen – eine mögliche Vorfreude zum Thema wird hier zweitrangig sein. Dies wird sich in der non-formalen Bildungsebene jedoch vermutlich anders zeigen, da non-formale Kräfte in der Regel kein Lehramt studiert haben, sondern eine Ausbildung oder ein Studium in einer Fachrichtung absolviert haben. Mit den unterschiedlichen beruflichen Hintergründen könnten sie ja auch einen anderen Beruf wählen. Aus diesem Grund wird davon ausgegangen, dass sich die Motivation für Bildungsarbeit nicht stark unterscheidet. Ferner sind außerschulische Akteurinnen und Akteure mit einem Lehramtsstudium nicht in der Stichprobe.

Die Selbstwirksamkeit wird in der Hypothese mit dem Konzeptwissen vernetzt:

> **Hypothese 5:** Die Selbstwirksamkeit im Hinblick auf die Realisierung von BNE ist bei non-formalen Kräften höher als bei den Lehrkräften.

Die These hängt mit These 1b zusammen, welche besagt, dass die non-formalen Kräfte mehr Konzeptwissen haben. Es wird angenommen, dass diese mit einer höheren Selbstwirksamkeit bezüglich BNE agieren. Nur wer Kenntnisse hat, kann überzeugt sein. Inwiefern diese Annahmen überprüft werden sollen, wird im nun folgenden Kapitel dargelegt. Die Hypothesen zu den nicht-kognitiven Facetten basieren auch auf dem Hintergrund der von Kunter (2008) durchgeführten Studie zum Lehrerenthusiasmus.

2.11 Zwischenfazit

Diese Arbeit ist durch zwei theoretische Grundgerüste gerahmt, welche in der zentralen Fragestellung zusammengeführt sind. Zum einen hat die Beschäftigung mit den Modellen zur NE und der BNE einen Einblick in dieses Forschungsfeld gegeben und den noch offenen Forschungsstand hinsichtlich der tatsächlich vorhandenen Kompetenzen von BNE-Multiplikatorinnen und Multiplikatoren aufgezeigt. Zum anderen haben die theoretischen Grundlagen zum Professionswissen von Lehrkräften und zur professionellen Handlungskompetenz ein anderes Feld abgedeckt, was nun auf die BNE und den vielfältigen Pool an BNE-Akteurinnen und Akteuren übertragen wird. Aus der Literatur zu beiden Feldern haben sich die oben dargestellten Hypothesen abgeleitet, welche es in dieser Arbeit zu prüfen gilt. An dieser Stelle seien sie nochmals kurz notiert:

1a) Die Lehrkräfte verfügen über besseres BNE-relevantes Fachwissen zum Klimawandel, weil sie während des Studiums Fachwissen in der Domäne dazu
erworben haben.
1b) Die non-formalen Kräfte verfügen über mehr Konzeptwissen zu (B)NE.
2) Die Lehrkräfte verfügen über besseres fachdidaktisches Wissen, weil sie im
Studium darin ausgebildet wurden und unterrichten müssen.
3) Die Lehrkräfte verfügen über besseres pädagogisches Wissen, weil sie darin ausgebildet wurden.
4a) Die non-formalen Kräfte haben mehr Motivation für (B)NE und für das
Thema Klimawandel.
4b) Die Motivation für Bildungsarbeit ist bei beiden Testgruppen gleich.
5) Die Selbstwirksamkeit im Hinblick auf die Realisierung von BNE ist bei non-
formalen Kräften höher als bei den Lehrkräften.

3 Methodik

Wie können die entwickelten Hypothesen überprüft werden, um zu validen, empirisch evidenten Ergebnissen hinsichtlich der Fragestellung zu kommen?

Dieses Kapitel beschreibt zunächst das Untersuchungsdesign, bevor nachfolgend knapp auf die Vorstudie und anschließend ausführlich auf die Hauptstudie eingegangen wird. Dabei stehen zunächst die Charakterisierung der Stichprobe sowie die Beschreibung des Messinstruments im Vordergrund. Auf die allgemeine Konstruktion dieses „Paper-Pencil-Tests" wird ausführlich eingegangen, bevor die Skalenbildung sowie die Operationalisierung der Items der einzelnen Facetten im Fokus stehen. Abschließend werden die Gütekriterien des Testinstruments beleuchtet.

3.1 Untersuchungsdesign

Die theoretischen Annahmen sowie die Entwicklung des Modells, welches als Grundlage für das Testkonstrukt dient, sind abgeschlossen und im vorangegangenen Kapitelerläutert worden. Doch wie gelingt nun der Transfer in ein Messinstrument, welches genau jene Merkmale erfasst, die es messen soll? Welche Art der Testung ist zielführend?

Die methodische Konzeption von Wissens- und Kompetenztests führt zu zahlreichen Herausforderungen, welche in diesem Kapitel angesprochen werden. In Bezug auf die hier vorliegende Studie liegt eine solche Herausforderung bereits darin, dass in einer BNE verschiedene Fachdisziplinen vereint sind, die BNE gleichzeitig aber auch eine eigene Domäne darstellt (vgl. Kapitel 2). Während andere Studien zur Wissenserhebung dieser Art häufig auf nur eine Fachdisziplin begrenzt sind, ist bei der aktuellen Untersuchung der fachübergreifende Charakter von BNE zu berücksichtigen. Gleichzeitig liegt der Schwerpunkt dieser Arbeit auf einer geographiedidaktischen Perspektive. Dies erscheint gerechtfertigt durch die enge Beziehung zwischen BNE und Geographie(-didaktik) (vgl. Kapitel 2.3). Neben den Fachdisziplinen spielen in der Forschung noch andere Bezugsdisziplinen eine Rolle. In Anlehnung an Krüger, Parchmann und Schecker (2014) werden daher zunächst Bezugsdisziplinen dieser Forschungsarbeit definiert (vgl. Abb. 5).

Bezugsdisziplinen bilden den inhaltlichen und methodischen Bezugsrahmen einer Forschungsarbeit. Die vorliegende Untersuchung bezieht sich auf die Geographie sowie auf die Geographiedidaktik, in gleichem Maße aber auch auf den Bereich BNE. Darüber hinaus findet notwendigerweise die Lehrerprofession selbst Berücksichtigung in der Untersuchung, weshalb die Erziehungswissenschaften einen weiteren Schwerpunkt der Betrachtung bilden. Die Zielsetzung dieser Arbeit ist es auch, praktische Impulse für die zukünftige Ausbildung von BNE-Akteurinnen und Akteuren zu geben. Sie wird daher aus der (geographie-)didaktischen Perspektive heraus gedacht, leistet aber gleichzeitig auch einen Beitrag zur BNE-Forschung.

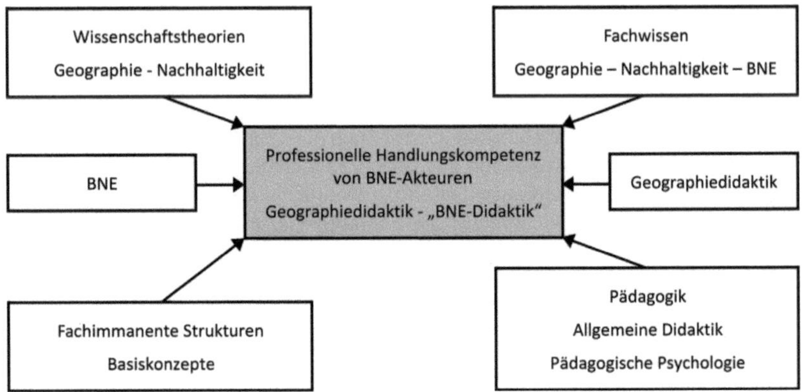

Abb. 5 | Bezugsdisziplinen der Studie (eigene Darstellung in Anlehnung an KRÜGER ET AL. 2014, 5)

Im Rahmen einer fachdidaktischen Forschung sollen generell Grundlagen für eine Optimierung von Lehr- und Lernergebnissen gelegt werden (vgl. KRÜGER ET AL. 2014, 6). Nach den von KRÜGER ET AL. (2014, 8) formulierten Themenbereichen naturwissenschaftsdidaktischer Forschung ist die hier vorliegende Studie in erster Linie dem übergeordneten Bereich der Kompetenzmodellierung zuzuordnen. Dort finden sich zu diesem Stichwort auch die professionelle Kompetenz der Lehrerinnen und Lehrer wieder sowie auch die Kompetenzentwicklung.

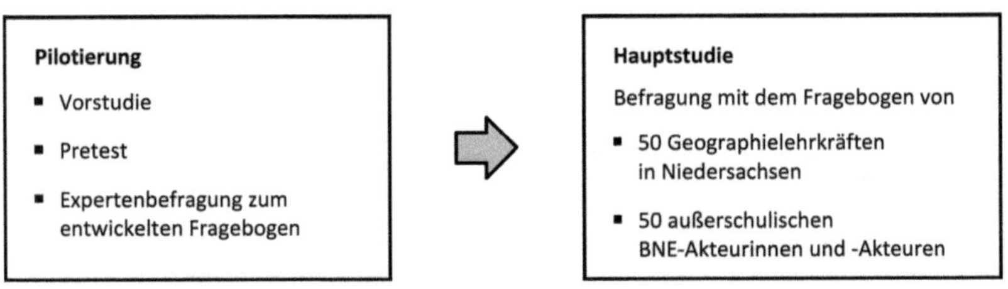

Abb. 6 | Ablauf der Studie (eigene Darstellung)

Diese Arbeit ist eine quantitativ-empirische Querschnittsstudie, die hypothesenprüfend angelegt ist. Es handelt sich um eine explanative Untersuchung, da sich aufgrund der Vorkenntnisse und empirischer Ergebnisse anderer Studien begründete Hypothesen formulieren lassen. Gleichzeitig sind die formulierten Hypothesen nach BORTZ und DÖRING (2006, 52) aber als unspezifisch zu bezeichnen, da „... die Forschung noch nicht genügend entwickelt ist, um genaue Angaben über die Größe des hypothesengemäß erwarteten Zusammenhanges, Unterschiedes oder der Veränderung machen zu können" (BORTZ & DÖRING 2006, 52). Es handelt sich mit Ausnahme der Hypothese 4b ausschließlich um gerichtete Unterschiedshypothesen. Auf der Grundlage der theoretischen Hintergründe wurden durch die Verwendung überwiegend gerichteter Hypothesen mehr Kenntnisse bei der einen oder anderen Gruppe vermutet.

Zur Optimierung der Hypothesen wurde eine Vorstudie (Kapitel 3.2) durchgeführt, der Schwerpunkt der empirischen Arbeit jedoch liegt auf der quantitativen Hauptstudie, welche im restlichen Teil des Kapitels ausführlich betrachtet wird.

3.2 Vorstudie

Bereits zu Beginn des Projektes wurde deutlich, dass das Tätigkeitsfeld der außerschulischen Akteurinnen und Akteure und vor allem deren berufliche Hintergründe sehr stark variieren können. Im Gegensatz dazu ist bei den Lehrkräften nicht nur das Tätigkeitsfeld klar abgrenzbar, sondern auch mit Blick auf ihren beruflichen Werdegang und ihre Ausbildung sind sie eine insgesamt homogenere Gruppe. Daher waren auch diese Aspekte Bestandteil der Untersuchung, um die Tätigkeitsbereiche und beruflichen Hintergründe der außerschulischen Akteurinnen und Akteuren besser einschätzen zu können.

Diese Vorstudie mit sechs außerschulischen Akteurinnen und Akteuren wurde im Zeitraum von Januar 2014 bis Mai 2014 durchgeführt und fand im Rahmen von leitfadengestützten Interviews statt. Drei der befragten Personen waren zu dem Zeitpunkt in Umweltzentren tätig, die anderen drei in entwicklungspolitischen Bildungsinitiativen. Ziel dieser Vorstudie war es, Erkenntnisse über die Arbeitsabläufe in außerschulischen Bildungseinrichtungen sowie über den Ausbildungshintergrund der dort tätigen Akteurinnen und Akteure zu gewinnen. Ferner war ein zentraler Aspekt der Interviews, die Netzwerkstrukturen in Niedersachsen hinsichtlich der außerschulischen Bildungseinrichtungen auch aus der Perspektive der in Zentren arbeitenden Personen zu erfassen. Ein weiteres Ziel der Vorstudie lag darin zu erkennen, wie die Besuche von Lerngruppen in außerschulischen Bildungseinrichtungen in den Schulen vor- und nachbereitet werden.

Da das in COACTIV genutzte Erhebungsinstrument für den Fachunterricht und für Lehrpersonen konzipiert ist, zeigte sich im Laufe der Untersuchung, dass eine vertiefte Betrachtung des Professionswissens von nonformalen Multiplikatorinnen und Multiplikatoren nur mit diesem Modell möglich ist, wenn zuvor das Tätigkeitsfeld und die beruflichen Hintergründe dieser besser eingegrenzt werden können. Ziel dieser Gespräche war es demzufolge, ein klareres Bild von den Expertisen dieser nonformalen Kräfte zu bekommen, um zu prüfen, ob das gewählte Modell in dieser Form verwendet werden kann. Die thematischen Blöcke des Leitfadens orientieren sich daher implizit an den Facetten des Modells. Ziel der Vorstudie war es weiterhin, einen klareren Überblick über das Tätigkeitsfeld der außerschulischen Probanden zu bekommen und so die Items entsprechend ausrichten, aber auch die Hypothesen ggf. generieren oder optimieren zu können. Ferner sollten Kenntnisse gewonnen werden über die Perspektive außerschulischer Lernorte auf die Zusammenarbeit mit Schulen, über Netzwerkstrukturen sowie die Passgenauigkeit der Inhalte mit den Unterrichtsinhalten.

Hinsichtlich des Aufbaus des Leitfadens sind grob drei Schwerpunkte in Form von Frageblöcken zu nennen:

1) Wie sieht das Tätigkeitsfeld der Akteurinnen und Akteure aus und mit welchen Inhalten befassen sie sich?
2) Wie werden die Netzwerkstrukturen in Niedersachsen und die Zusammenarbeit mit Schulen wahrgenommen?
3) Welche beruflichen Hintergründe sind typisch für Akteurinnen und Akteure im außerschulischen Bereich?

3.2.1 Wesentliche Ergebnisse der Vorstudie

Zur 1. Frage: Tätigkeitfeld der Akteurinnen und Akteure sowie inhaltliche Ausrichtung der Bildungszentren

In Bezug auf die **Tätigkeitsbereiche** ist zunächst einzuräumen, dass in fünf von sechs Fällen leitende Personen befragt wurden, welche zu einem großen Teil mit der Administration und der Leitung der Zentren befasst sind. Daher standen diese häufig auch in Kontakt mit Schulen oder der Landesschulbehörde. Dennoch hatten sie auch Erfahrung in der Durchführung von Workshops. Ferner haben die in den Zentren tätigen Akteurinnen und Akteure Vorkenntnisse zu BNE mitgebracht und sich in diesem Themenfeld kontinuierlich weitergebildet. Hinsichtlich der Frage, ob Globales Lernen und Umweltbildung nach wie vor eher separat voneinander laufe, gab es unterschiedliche Reaktionen. Bei den Befragten wurde jedoch übereinstimmend festgelegt, dass nach wie vor Schwerpunkte in den Veranstaltungen überwiegen, also primär einen ökologischen oder sozialen Fokus aufzeigen und das gemeinsame Betrachten der Komponenten noch ausgeprägter sein könnte.

Hinsichtlich der **inhaltlichen Passgenauigkeit** stellte sich heraus, dass die meisten Umweltzentren ihre Inhalte an die Unterrichtsinhalte anpassen oder beispielsweise aktuelle Themen einarbeiten. Ferner bieten die Zentren im Sinne der Regionalität auch immer Workshops im Nahraum an. Generell spiegelt sich hier vom Grundprinzip her häufig noch die Umweltbildung, in der methodischen Aufbereitung jedoch auch die Gestaltungskompetenz. In den Interviews wurde deutlich, dass die befragten Akteurinnen und Akteure sehr gute Kenntnisse über das Konzept BNE haben und wissen, dass das Globale Lernen ein wesentlicher Bestandteil der BNE ist. Dennoch waren viele Bildungsangebote für Schulklassen eher auf ein rein ökologisches Thema ausgerichtet und weisen keine globalen Bezüge auf. Auf der anderen Seite waren in den entwicklungspolitischen Einrichtungen globale

Themen vertreten, von denen sich viele auch um Umweltprobleme drehten. Hier waren die globalen Bezüge eindeutig. Organisatorisch verlief es in den Umweltzentren hauptsächlich so, dass feste Kooperationen mit Schulen im Umkreis bestehen und Bildungsangebote entsprechend angepasst wurden, oft auch gleiche oder ähnliche Inhalte, welche nicht an Aktualität verlieren. Gleichwohl gab es zudem in der Regel oft aktuelle Sonderausstellungen oder regelmäßig neue Themen, die zuvor in den Schulen bekannt gegeben wurden. Die zuständigen Multiplikatorinnen und Multiplikatoren arbeiteten sich entsprechend in die Thematik ein und berieten im Team über methodische Organisation und inhaltliche Schwerpunkte. Da häufig auch Lehrkräfte aus Schulen im gleichen Schulbezirk für wenige Stunden an die Umweltzentren abgeordnet waren, bestand zudem die Möglichkeit der passgenauen Abstimmung hinsichtlich der Curricula. Schulische Einflüsse auf die Organisation wurden also immer berücksichtigt.

Die **Schulfächer** mit der häufigsten Beteiligung von Umweltzentren waren Biologie und Chemie. Geographie wurde in der Vorstudie weniger genannt. In Bezug auf das Globale Lernen waren auch Werte und Normen sowie Religion und Politik vertreten, Geographie vereinzelt ebenso, jedoch war hier keine verallgemeinernde Aussage möglich. Insgesamt weniger genutzt wurden die außerschulischen Bildungszentren von Kursen der Sekundarstufe II. Zwar gab es regelmäßig Anfragen, jedoch in einer deutlich geringeren Zahl als bei der Sekundarstufe I. Dies ist eine mögliche Erklärung dafür, dass viele Angebote eher auf jüngere Schülerinnen und Schüler ausgerichtet waren. Bezogen auf das Fach Geographie, welches in der Sekundarstufe II in Niedersachsen mit Raummodulen arbeitet, muss zudem darauf verwiesen werden, dass die Angebote dann an das regionale Fallbeispiel gebunden wären und sich dazu nicht immer Anbindungsoptionen ergeben. Zum Zeitpunkt der Befragung war jedoch das Raummodul „Weltmeere als Zukunftsraum" abiturrelevant für den Abschlussjahrgang 2015, sodass sich die Angaben der Regionalen Umweltzentren, sich auf den Lehrplan der Schulen einzustellen, bestätigten und einige Angebote zum Thema Plastikmüll im Meer oder auch zum Klimawandel und dessen Auswirkungen auf die Ozeane existierten.

Der Klimawandel war und ist sowohl in den Umweltzentren als auch in den entwicklungspolitischen Bildungsinitiativen ein nach wie vor aktuelles **Thema**, weswegen es auch als Schwerpunkt für die Konstruktion der fiktiven Unterrichtsbeispiele (s. Kapitel 3.4) gewählt wurde. Der Klimawandel bietet sowohl für primär ökologische Zentren als auch für soziale Bildungseinrichtungen Anbindungspunkte und vor allem auch das Potenzial beide zu vernetzen. Dieses BNE-Thema erwies sich somit in der Vorstudie als ein sehr häufiger Themenschwerpunkt.

Die von den befragten Multiplikatorinnen und Multiplikatoren genannten Themenbeispiele waren jeweils sehr unterschiedlich. So kam die Klassenstufe 5/6 in zwei Umweltzentren im Rahmen des Biologieunterrichts in ein Bildungsangebot, welches sich auf den Nahraum und die dortige Flora und Fauna bezog. Ferner waren in den Klassen 9/10 zum Zeitpunkt der Befragung Themen zur Energieversorgung beliebt, hier wurde auch ein Zusammenhang zum Klimawandel hergestellt. Hinsichtlich der entwicklungspolitischen Initiativen trat das Thema „Klimawandel" insbesondere in Zusammenhang mit Migration auf, hierzu gab es mehrere Bildungsangebote. Anders als bei den regionalen Umweltzentren hatten die befragten Personen kaum feste Vereinbarungen mit Schulen: Lediglich eine Person gab an, regelmäßige Anfragen aus der Fachgruppe „Werte und Normen" zu haben. Die anderen befragten Personen hatten zwar ausreichend Anfragen und phasenweise sogar zu viele, jedoch erschien es insgesamt weniger fest strukturiert als bei den regionalen Umweltzentren. Dies erklärt sich aber durch die Netzwerkstrukturen in Niedersachsen, welche sich z.B. durch regelmäßige Treffen zwischen den Zentren und den Schulen und intensiven Austausch charakterisieren. Sowohl BNE als auch das Globale Lernen sind in Niedersachsen durch Fachberaterinnen und Fachberater sowie Koordinatorinnen und Koordinatoren vertreten.

Zur 2. Frage: Wie werden die Netzwerkstrukturen in Niedersachsen und in Zusammenarbeit mit Schulen wahrgenommen?
Im Bundesland gab es zum Zeitpunkt der Erhebung 61 regionale Umweltzentren, welche über die niedersächsische Landesschulbehörde verwaltet wurden. Es fanden regelmäßig Netzwerktreffen statt, sodass hier ein gemeinsamer Rahmen und ähnliche Strukturen geschaffen werden konnten. Ferner wurden auch die an Umweltzentren abgeordneten Lehrkräfte über die niedersächsische Landesschulbehörde koordiniert und diese nahmen an den **Netzwerktreffen** teil. Generell wurde diese Organisation als positiv von den befragten Personen bewertet, da sie nach Aussage der Befragten insbesondere auch die Möglichkeit böten, mit anderen Zentren regelmäßig in Kontakt zu treten. Die generell bestehenden Probleme von teilweise zu wenig Personal oder teilweise zu unsicheren Verträgen seien dadurch jedoch nicht gelöst worden. In diesem Zusammenhang spiegelte sich auch, dass durch die zum Teil auch kurzen Abordnungen von Lehrkräften wenig Kontinuität bestand und es schwierig war, ein Team über lange Zeit aufzubauen. Wesentlich extremer stellte sich jedoch die Situation der Angestellten in Bildungsinitiativen dar, welche oft nur kurze Verträge haben und generell keine hohe Bezahlung erhielten.
ES gibt Dachverbände, in erster Linie ist hier der Verband Entwicklungspolitik Niedersachen (VEN) zu nennen, welche sehr engagiert viele Treffen organisieren und auch über die Fachberaterstelle für BNE/Globales Lernen eng mit dem Kultusministerium zusammenarbeiten. Zum Punkt der **Netzwerktreffen**, die regelmäßig auf verschiedenen Ebenen stattfanden und -finden, äußerten sich die Probandinnen und Probanden überwiegend positiv, insbesondere, was den Austausch unter Kollegen angeht. Über die Landesschulbehörde wurden Treffen koordiniert, auf denen auch regelmäßig fachlicher Input gegeben wurde. Dieser wurde überwiegend als hilfreich empfunden, stellenweise aber auch bereits bekannte Informationen als

„neu verpackt". Es schien ein recht großes Gefälle zwischen Konzeptwissen über BNE auf der Seite der Lehrkräfte und bei den außerschulischen Akteuren zu geben. Letztere hatten sich vermutlich intensiver mit dem Konzeptwissen beschäftigt und die Grundkonzeption von BNE von der Substanz her viel mehr verinnerlicht. Lehrkräfte hingegen argumentierten mehr vor ihrem fachlichen Hintergrund.

In Bezug auf die **Zusammenarbeit mit Schulen** gaben die drei befragten Personen aus Umweltzentren an, feste Kooperationen mit Schulen im Nahraum zu haben, welche bereits zu Beginn des Schuljahres die Termine für das gesamte Schuljahr planen und so über das Jahr verteilt, regelmäßig die verschiedenen Angebote mit Klassen unterschiedlichen Alters durchführen. Die Probanden gaben alle an, wenig bis nichts über den weiteren Verlauf der Aufarbeitung und Vorbereitung im Unterricht zu erfahren, da in der Regel diesbezüglich keine Rückmeldung erfolgte. Wenn ein Bildungsangebot aufgesucht wurde, dann wurde dieses eher als Ausflug genutzt, bei dem die begleitenden Lehrkräfte sich im Hintergrund hielten. Teilweise wurde im Vorfeld vereinbart, welche Themen/Themenbereiche zuvor behandelt sein sollten. Hinsichtlich der relevanten Facetten der professionellen Handlungskompetenz wurde im Rahmen der Vorstudie deutlich, dass alle Befragten über ein hohes Maß an Fachwissen verfügen. Dies gilt insbesondere für den Bereich des Konzeptwissens über BNE.

Bei den entwicklungspolitischen Bildungsinitiativen stellte es sich in vielen Fällen vermutlich anders dar. Eine der befragten Personen war beispielsweise ehrenamtlich als Referentin tätig und wurde bei Bedarf von ihrem Dachverband angefragt. Sofern die Multiplikatorinnen und Multiplikatoren nicht über ein großes Netzwerk organisiert sind, gehen häufig auch Referenten aus den Initiativen in Schulen. Bisher gab es in Niedersachsen nur wenig feste Instanzen, welche große Netzwerke zentral koordinieren, die Zahl der Arbeitskreise steigt jedoch und profitiert von dem sehr gut strukturierten VEN.

Ein weiterer Unterschied war bei der Frequentierung von Schulen zu erkennen. Im Hinblick auf feste außerschulische Einrichtungen werden Umweltzentren direkt am Standort des Zentrums besucht und mögliche zugehörige Exkursionen werden von dort gemacht. Im Hinblick auf die entwicklungspolitischen Workshops waren es häufig Referentinnen und Referenten, die in die Schulen kommen. Diese verfügen häufig/meist über eine **Ausbildung** aus dem sozialwissenschaftlichen Bereich, aber auch Entwicklungszusammenarbeit und reine Erziehungswissenschaften waren häufiger vertreten.

Zur 3. Frage: Welche beruflichen Hintergründe sind im außerschulischen Bereich typisch?
Bezüglich der Kenntnisse in der Pädagogik ist herauszustellen, dass außerschulische Akteurinnen und Akteure auch pädagogische Vorkenntnisse aus anderen Berufen mitbringen, in vielen Fällen aber davon auszugehen ist, dass sie nicht über ein theoretisches Hintergrundwissen verfügen. Dies ist jedoch nicht eindeutig aus

den Interviews ableitbar, da die Gruppe der Akteurinnen und Akteure sehr heterogen ist und keine generellen Aussagen zum Ausbildungshintergrund getroffen werden können. Für das fachdidaktische Wissen kann angenommen werden, dass generell keine Vorkenntnisse in der Facette bestehen, insbesondere kein geographiedidaktisches Wissen.

Im Pool der regionalen Umweltzentren waren Biologinnen und Biologen anzutreffen, ebenso aber auch Erziehungswissenschaftlerinnen/Erziehungswissenschaftler oder Landschaftsarchitektinnen/Landschaftsarchitekten. Der berufliche Hintergrund ist oft vielfältig. Gerade im Bereich der Akteurinnen und Akteure in regionalen Umweltzentren wurde die Annahme bestätigt, dass häufig kein pädagogisches Theoriewissen mit in die Tätigkeit gebracht wird, zumindest keines, das durch ein Studium gelegt wurde. Bei den Akteurinnen und Akteuren der entwicklungspolitischen Richtung stellt es sich etwas anders dar, da häufig auch Pädagoginnen und Pädagogen dabei sind, diese dann aber keine fachdidaktische Ausbildung haben. Überwiegend arbeiten beide Zweige eher mit Schulkassen und demnach Jugendlichen oder Kindern, weniger in der Erwachsenenbildung.

In Bezug auf die nicht-kognitiven Komponenten der professionellen Handlungskompetenz von BNE-Akteurinnen und Akteuren war festzustellen, dass zwar administrative Vorgänge und Reglementierungen die Arbeit auch in außerschulischen Bildungseinrichtungen beeinflussen, generell aber mehr gestalterischer Freiraum besteht, was sich positiv auf die Motivation und die Selbstwirksamkeit auswirkt. Zum einen konnte ein vertieftes Interesse an der BNE festgestellt werden, zum anderen auch die Freude daran, mit Jugendlichen an diesem Thema zu arbeiten. Die Entscheidung für die Arbeit im außerschulischen Bildungsbereich kam bei den in der Vorstudie befragten Personen überwiegend zufällig, generell stand jedoch bei keiner der befragten Personen die Entscheidung zur Debatte, Lehramt zu studieren. Die Gründe hierfür waren in den Antworten vielfältig: Allen voran wurden die Vorgaben am Alltag von Schulen sowie die strikten Lehrpläne als recht enges „Korsett" beschrieben , darüber hinaus wurden die schulische Organisation mit einzelnen Fächern und zum Teil vielen Einzelstunden genannt.

3.2.2   Fazit zur Vorstudie

Die leitfadengestützten Interviews haben sich als zielführend für die Formulierung und Optimierung der Hypothesen erwiesen. Bestehende Unsicherheiten konnten so bereits vor der Konzeption des Messinstruments ausgeräumt werden. Für die Hypothese 2 zum fachdidaktischen sowie für die Hypothese 3 zum pädagogischen Wissen war die Vorstudie sehr gewinnbringend, da im Rahmen dieser bereits die Annahme intensiviert werden konnte, dass an den außerschulischen Bildungszentren nur wenige ausgebildete Lehrkräfte tätig sind. Von der Schule abgeordnete Lehrkräfte wurden bei den Interviews bewusst herausgelassen und wurden auch nicht in die Hauptstudie einbezogen. Auch für die Hypothesen 4a, 4b und 5 zu nicht-kognitiven Aspekten der professionellen Handlungskompetenz waren die Ergebnisse der Vorstudie hilfreich für die Hypothesenoptimierung. Der Pretest vor der Hauptstudie trug dann wiederum dazu bei, dass auch das gewählte Beispielthema als zielführend befunden wurde und bestätigte, dass das Testinstrument so eingesetzt werden konnte.

3.3 Hauptstudie – Stichprobe

Im Folgenden gilt es, die Stichprobe der Hauptstudie zu beschreiben. Sie besteht aus 50 Geographielehrkräften aus niedersächsischen Gymnasien sowie 52 Akteurinnen und Akteuren aus außerschulischen BNE-Bildungseinrichtungen.

Wie eingangs bereits beschrieben, ist der Pool von BNE-Akteurinnen und -Akteuren vielfältig. BNE ist weder eine Aufgabe, die sich ausschließlich auf die Institution Schule begrenzen lässt noch auf ein einzelnes Fach. BNE ist ganz im Gegenteil ein wesentliches konstituierendes Element einer Bildungslandschaft, welches über die Institution Schule hinaus und gerade im außerschulischen Bereich eine höhere Relevanz hat. Ferner ist BNE nicht auf ein Fach beschränkt, sondern eine Querschnittsaufgabe, die über Fachgrenzen hinaus Einzug in die Studiengänge halten sollte. In dieser Arbeit wurde jedoch eine Beschränkung auf die Fachperspektive der Geographie vorgenommen, da diese im Erkenntnisinteresse der Autorin liegt und Geographie eines der Trägerfächer für BNE ist.

Für diese Studie wurden in den Pool der Probanden Geographielehrkräfte an Gymnasien in Niedersachsen sowie außerschulische Bildungsakteurinnen und Bildungsakteure in zertifizierten Umweltzentren oder entwicklungspolitischen Bildungseinrichtungen einbezogen. Bei den Lehrkräften wurde strikt auf das Bundesland geachtet, da mit dem niedersächsischen Kerncurriculum eine gemeinsame Referenzbasis besteht. Zwar sind die außerschulischen Akteurinnen und Akteure auch über ein Netzwerk der Landesschulbehörde vernetzt und haben so ebenfalls einen gemeinsamen Referenzpunkt, jedoch bezieht dieser sich mehr auf koordinatorische Aspekte und weniger auf die inhaltliche Ausgestaltung der Bildungsangebote. Aus diesem Grunde wurde bei den außerschulischen Multiplikatorinnen und Multiplikatoren auch außerhalb des Bundeslandes Niedersachsen befragt.

In den Probandenpool der Lehrkräfte fielen ausschließlich Geographielehrkräfte an niedersächsischen Gymnasien. Die Beschränkung auf die Schulart Gymnasium ist darin begründet, dass die Gymnasiallehrkräfte von der Klasse 5 bis zur Jahrgangsstufe 12 die meisten Altersstufen unterrichten und das Beispielthema „Klimawandel" somit aus diversen Unterrichtskontexten kennen, da es sowohl in der Sekundarstufe I als auch II unterrichtet wird. Zudem war es ein Ziel der Studie, vertieftes Wissen zum Klimawandel zu messen, welches Lehrkräfte in der Sekundarstufe II benötigen, um die Inhalte angemessen didaktisieren und kontextualisieren zu können. Hinzu kommt, dass die Gymnasiallehrkräfte möglicherweise im Studium häufiger mit dem Beispielthema konfrontiert wurden, da viele Universitäten vor dem Bologna-Prozess die Lehramtsausbildung stärker separiert durchgeführt hatten und Lehrkräfte für das Lehramt an Haupt- und Realschulen häufig mit Grundschullehramtsstudierenden ausgebildet wurden, womit sie ggf. weniger Fachinhalte in der Geographie im Studium rezipiert haben. Hinzu kommt, dass die Autorin durch die eigene Tätigkeit im niedersächsischen Gymnasiallehramt in diesen Kreisen auf einige Netzwerke zurückgreifen konnte.

Von der Befragung ausgeschlossen wurden bei der Gruppe der Lehrkräfte diejenigen, die fachfremd Geographie unterrichten. Prämisse war also, dass der Proband oder die Probandin das Fach Geographie studiert hat. Auch sind Quereinstiegslehrerinnen und -lehrer ausgeschlossen, beispielsweise Diplom-Geographinnen und Geographen, die keine pädagogische Ausbildung haben. Die Wahl auf das Fach Geographie bedingt sich durch die in Kapitel 2 bereits angeführte Konzeptaffinität des Faches mit BNE. Es wird zudem davon ausgegangen, dass Geographielehrkräfte im Rahmen ihrer Ausbildung oder auch danach bereits mit BNE in Berührung gekommen sind. Ferner besteht durch die Bildungsstandards für Geographie der Bildungsauftrag, BNE in den Unterricht zu integrieren (DGfG 2020). Hinzu kommen die BNE-Themen und Methoden, welche im Geographieunterricht genutzt werden.

Ein weiterer Grund für die Beschränkung auf Geographielehrkräfte war die Tatsache, dass so konkretere Rückschlüsse für die geographiedidaktische Ausbildung gezogen werden können. Auch wenn BNE ein fachübergreifendes Anliegen ist, ist die Begrenzung auf eine Fachperspektive und somit eine Probandengruppe im Rahmen des Umfangs der Arbeit dienlich und hilft bei der Konkretisierung der Ergebnisse. Geographie als wichtiges Trägerfach einer BNE stellt somit bei den Lehrkräften die 50 schulischen Probanden. Die Ergebnisse der Studie sollen ferner der geographiedidaktischen Forschung dienlich sein.

Auf das zweite oder ggf. dritte Fach der teilnehmenden Lehrkräfte wurde in dieser Studie bei der Auswertung kein besonderes Augenmerk gelegt. Zwar wäre die Fächerkombination bei Lehrkräften insofern interessant, als dass beispielsweise Personen mit dem Zweitfach Biologie evtl. über mehr BNE-Wissen verfügen als Kolleginnen oder Kollegen, welche beispielsweise eine Fremdsprache unterrichten. Dies ist aber lediglich eine Vermutung und kann im Rahmen dieser Forschungsarbeit nicht erhoben werden, da es auch auf der Seite der anderen Probandengruppe kein Äquivalent gibt: Die non-formellen Akteurinnen und Akteure haben vermutlich nur in seltenen Fällen in einer Zwei-Fach-Struktur studiert. Hinsichtlich der Altersgruppe war die gesamte Stichprobe sehr heterogen, so befanden sich darunter Berufsanfänger, aber auch bereits sich im Ruhestand befindende Personen, welche auf Honorarbasis noch in einem Umweltzentrum aktiv waren.

Die Multiplikatorinnen und Multiplikatoren, die nicht aus dem schulischen Bereich stammten, sind überwiegend auch in Niedersachsen tätig, vereinzelt wurden jedoch auch Einrichtungen in Schleswig-Holstein und Mecklenburg-Vorpommern sowie Bremen einbezogen.

Es wurden Personen von der Erhebung ausgeschlossen, die durch eine Abordnung zum Beispiel in einem Umweltbildungszentrum tätig sind, da diese beide Perspektiven – sowohl die schulische als auch die außerschulische – kennen und dies die Ergebnisse der Erhebung hätte verfälschen können. Ziel war es ja, einen Vergleich zwischen Lehrkräften mit pädagogischer und fachdidaktischer Ausbildung durch das Studium durchzuführen. Damit waren auch auf der Seite der außerschulischen Akteure all jene Personen von der Erhebung ausgeschlossen, die ein Lehramtsstudium absolviert hatten oder gar als abgeordnete Lehrkraft in Umweltzentren tätig waren.

Die durchschnittliche Dauer des Unterrichtens war bei den Lehrkräften sehr unterschiedlich. Im Rahmen der Interpretation wird nochmals darauf eingegangen, generell ist jedoch festzustellen, dass die größte Gruppe der befragten Lehrkräfte seit zehn und 20 Jahre unterrichten. Bei den nonformellen Akteurinnen und Akteuren ist es häufig der Fall, dass sie bereits in verschiedenen Initiativen tätig waren und die durchschnittliche Beschäftigung mit BNE sehr unterschiedlich ausfällt.

Im Kapitel 2 ist bereits auf die zentrale Organisation der Regionalen Umweltzentren in Niedersachsen verwiesen worden: Diese stellten eine wichtige Anlaufstelle für die Akquise der außerschulischen Probanden dar. Aktuell befinden sich in dem Netzwerk 61 anerkannte außerschulische Umweltzentren (Stand: Juli 2018). Vertreterinnen und Vertreter aus diesen sowie abgeordnete Lehrkräfte kamen auf Netzwerktagungen, organisiert über die Landesschulbehörde, zusammen, wo sich teilweise Möglichkeiten für eine Akquise ergeben hatten.

Die Akquise war neben den oben angegebenen eher pragmatischen Orientierungspunkten auch daran orientiert, sowohl Lehrkräfte von Schulen mit BNE im Schulprofil als auch solche von „unauffälligen" Schulen ohne jeglichen expliziten BNE-Bezug in die Stichprobe aufzunehmen.

Eine genauere statistische Beschreibung der Stichprobe findet sich im Kapitel 4.

Durchführung

Der Vortest fand innerhalb von vier Monaten statt und schloss außerschulische Multiplikatorinnen und Multiplikatoren ein. Die Befragung mit dem Interviewleitfaden fand unter Anwesenheit der Autorin statt. Im Anschluss daran wurde das Messinstrument entwickelt und nach einem Pretest sowie einer Beratung durch Experten optimiert. Die Interviews der Hauptstudie fanden im Zeitraum von Oktober 2014 bis März 2016 statt. Im Vorfeld der Erhebung wurde ebenfalls von der niedersächsischen Landesschulbehörde die notwendige Genehmigung für die Durchführung der Erhebung eingeholt. Ferner wurden die BNE-Fachberaterinnen und Fachberater der niedersächsischen Schulbezirke über das Vorhaben informiert. Nach der Befragung von insgesamt 102 Personen wurde auf der Grundlage des Auswertungsleitfadens mit der Auswertung durch die Autorin und eine zweite Raterin begonnen und die Ergebnisse in SPSS eingetragen sowie mit dem Experten aus der Pädagogischen Psychologie diskutiert.

3.4 Hauptstudie – Messinstrument

Vor Beginn der Hauptstudie wurde ein Pretest durchgeführt. Zum einen wurde eine Gruppe von Referendarinnen und Referendaren im Fach Geographie befragt, zum anderen eine Lehrergruppe und eine Gruppe von Studentinnen und Studenten aus dem Masterstudiengang „Bildung für nachhaltige Entwicklung" an der Katholischen Universität Eichstätt-Ingolstadt. Nach den Pretest-Durchgängen wurde der Fragebogen erneut gekürzt und an einigen Stellen, welche zu inhaltlichen Fragen führten, überarbeitet, sodass sich im Anschluss nach einer weiteren Testrunde mit wenigen Geographielehrkräften eine durchschnittliche Bearbeitungszeit von 45 Minuten ergeben hat.

Theoretische Grundlage: Testentwurf vor Erhebung	Entwicklung des Messinstrumentes	**Skalenbildung** Gleichmäßige Verteilung der Items Anpassung	**Auswertung** Entwicklung des Auswertungsleitfadens und Testmanuals

Datenerhebung

Testinstrument fertig operationalisiert	1. Objektivität 2. Standardisierung der Befragungssituation	1. Skalierung 2. Reliabilität der Skalen (interne Konsistenz mittels Cronbachs α) 3. Endgültige Skalenbildung	1. Validität des Tests geprüft (Inhaltsvalidität) 2. Zwei Raterinnen

Abb. 7 | Entwicklung und Einsatz des Messinstruments

Wie kann nun also die professionelle Handlungskompetenz von BNE-Akteurinnen und Akteuren gemessen werden? Das Messinstrument wurde auf der Basis des Modells zur professionellen Handlungskompetenz (vgl. KUNTER ET AL. 2011) entwickelt und umfasst die Teilbereiche Fachwissen, fachdidaktisches Wissen, pädagogisches Wissen sowie die nicht-kognitiven Aspekte Motivation und Selbstwirksamkeit. Damit werden sowohl kognitive als auch nicht-kognitive Teilbereiche getestet.

Um einen Wissenstest konstruieren zu können, bedarf es einer klaren Formulierung des Wissensbereichs sowie einer klaren Forschungsfrage und präziser Hypothesen, damit im Anschluss aussagekräftige Ergebnisse anhand der Empirie belegt werden können (vgl. RIESE & REINHOLD 2014, 260).Weiterhin muss entschieden werden, ob vorwiegend mit offenen oder geschlossenen Antwortformaten gearbeitet werden soll. Beide Formate bergen Vor- und Nachteile. Im Vorfeld der Hauptstudie wurde ein Pretest durchgeführt, um mögliche Probleme festzustellen und zu testen, ob sich die Wahl des Oberthemas „Klimawandel" als zielführend erweist.

Begründung für das Oberthema „Klimawandel" im Erhebungsinstrument
Als Basisthema für den Fragebogen wurde der „Klimawandel" gewählt. Im Folgenden wird kurz erläutert, inwiefern sich dieses Thema in der Vorstudie und im Pretest als zielführend erwies. Die Gründe für die getroffene Eingrenzung auf dieses Themenfeld sind vielschichtig.
Erstens ist anzumerken, dass „Klimawandel" bei beiden Probandengruppen ein häufiges Unterrichts-Thema ist. Im außerschulischen Bereich wird es oftmals eingebunden und Workshops zu diesem Themenbereich von Schulen angefragt. Diese durch zuvor erfolgte Recherche der gängigen Themen in den Umweltzentren entstandene Annahmebestätigte sich auch in der Vorstudie. Hinzu kommt, dass „Klimawandel" ein verbindliches Thema im Geographieunterricht ist. Da die Studie in Niedersachsen durchgeführt wurde, kann hier als Referenz das Niedersächsische Kerncurriculum herangeführt werden, welches den Klimawandel verbindlich in der Doppeljahrgangsstufe 9/10 vorsieht. Ferner wird das Thema auch in der Oberstufe in unterschiedlichen Kontexten thematisiert und wird auch im Zuge der Wiederumstellung auf G9 in der Einführungsphase von großer Relevanz sein (vgl. NIEDERSÄCHSISCHES KULTUSMINISTERIUM 2017).
Zweitens bietet das Thema „Klimawandel" weitere Vorteile: Sowohl die regionale und lokale als auch die nationale und internationale Maßstabsebene können einbezogen werden. Zudem können abgeleitete Unterthemen, die in direktem Zusammenhang mit dem Klimawandel stehen, gefunden werden. Auch können sowohl soziale als auch ökologische und ökonomische Aspekte dabei gut bearbeitet werden. Dies ermöglicht den Einbezug der verschiedenen Dimensionen der NE. Hinzu kommt, dass der Klimawandel sowohl in Einrichtungen mit entwicklungspolitischem als auch mit ökologischem Schwerpunkt Berücksichtigung findet. Ferner spielte bei der Auswahl eine Rolle, dass beispielsweise alle Lehrerinnen und Lehrer im Studium mit großer Wahrscheinlichkeit mit dem Thema konfrontiert wurden und somit auch Wissen mitbringen, das über das Alltagswissen hinausgeht. Im Hinblick auf außerschulische Akteurinnen und Akteure liegt es vermutlich in deren Organisation, sich das Wissen über das Thema anzueignen. Möglichweise gibt es aber aufgrund hoher intrinsischer Motivation ein breites Wissen in dem Bereich, sodass die Überprüfung der Hypothese 4a besonders interessant ist. Im Rahmen der Vor-

studie ist u. a. deutlich geworden, dass „Klimawandel" ein nach wie vor sehr präsentes Thema in den außerschulischen Bildungsorten ist. Häufig werden Bildungseinheiten zu Themen gewählt, die sich explizit darauf beziehen, oder zu anderen Themen, die damit in Verbindung stehen. Dies trifft sowohl auf die Umweltzentren als auch auf entwicklungspolitische Bildungsinitiativen zu. Ferner lassen sich Wirkungszusammenhänge und auch das Zusammenspiel von natürlichen und anthropogenen Faktoren sehr gut am Klimawandel thematisieren, da der Prozess durch seinen Ursache-Folgen-Maßnahmen-Komplex auch tiefgehendes Verständnis des Prozesses zeigen kann.

Drittens liegt ein weiterer Mehrwert des Basisthemas „Klimawandel" zudem darin, dass es sehr gut vor dem Hintergrund des BNE-Konzeptes gelehrt werden kann. Das Zusammenwirken ökologischer, ökonomischer und sozialer sowie politischer oder auch kultureller Aspekte kann durch Themen, die den Klimawandel konkret betreffen oder mit diesem in Verbindung stehen, in den jeweiligen Items aufgegriffen werden.

Pretest

Als Teil der Pilotierung ist zunächst der Pretest zu sehen. Dieser wurde vor dem Einsatz des Messinstruments in zwei Gruppen durchgeführt. Zu diesem Zeitpunkt enthielt der Fragebogen einige zusätzliche Items und war auch von der Konzeption her etwas anders, so befanden sich zum Beispiel noch mehr offene Items in dem Bogen, welche auch zu einer längeren Bearbeitungsdauer führten.

Bei der einen Testgruppe handelte es sich um neun Studentinnen und Studenten des Master-Studiengangs Bildung für Nachhaltige Entwicklung an der Katholischen Universität Eichstätt-Ingolstadt, die sich zum Zeitpunkt des Pretests im dritten Semester befanden. Folglich verfügten sie über Vorkenntnisse und sowie über Interesse an BNE. Bewusst wurde diese Gruppe gewählt, um zu testen, ob Probanden mit Vorkenntnissen zum Konzept der BNE den Fragebogen ausfüllen können. Bei diesem Vortest stellte sich heraus, dass die Studierenden Schwierigkeiten hatten bei der Beantwortung der Items im Zusammenhang mit methodischen Ausrichtungen von Workshops oder pädagogischen Entscheidungen. Dies ist jedoch nachvollziehbar, da die Studierenden bisher noch keine oder nur wenige praktische Erfahrungen hatten, was gleichermaßen für junge Lehramtsstudierende gilt.

Die zweite Testgruppe für den Pretest waren fünf bereits seit einigen Jahren tätige Lehrkräfte sowie einige Lehramtsanwärterinnen und -anwärter des gymnasialen Lehramts, die alle Geographie als Fach studiert haben. Die Zweitfächer waren auch hier unterschiedlich. Für die Referendarinnen und Referendare war es – ähnlich wie für die Studierenden – schwierig, methodische und pädagogische Fragen zu beantworten.

Insgesamt war der Pretest sehr hilfreich und zeigte, an welchen Punkten Veränderungen vorgenommen werden mussten. Dazu zählten die folgenden Aspekte.

Erstens war es notwendig, die Bearbeitungsdauer des Fragebogens weiter zu reduzieren, da die Probandinnen und Probanden deutlich länger als angenommen für die Beantwortung brauchten. Dies lag vor allem an offenen Items, welche teilweise durch Bildung von Antwortkategorien zu geschlossenen Items umstrukturiert wurden. Daraufhin wurde geprüft, welche vermutlich auch als geschlossenes Item gut funktionieren würden und entsprechend ummodelliert werden mussten. In der Vorversion des Fragebogens befand sich beispielsweise eine Aufgabe, bei der eine *Concept Map* erstellt werden sollte. Diese Aufgabe nahm eindeutig die meiste Zeit ein und zudem hätte sie große Herausforderungen bei der Auswertung mit sich gebracht. Diese wurde daher nach dem Pretest aus dem Bogen entfernt. Zweitens ergaben sich während des Pretests Fragen bei der Verständlichkeit, die daraufhin umformuliert wurden. Nach der Durchführung des Pretests wurden die Ergebnisse desselben ausführlich gesichtet, um weitere mögliche Hindernisse zu beseitigen.

Drittens stellte sich dabei zum Beispiel heraus, dass fast alle Probandinnen und Probanden bei bestimmten Items anders geantwortet haben als erwartet, da die Frage anders verstanden wurde. So wurde auch hier eine Umformulierung vorgenommen. So wurde der Fragebogen insgesamt gekürzt und teilweise etwas umformuliert. Nach dieser Bearbeitung gingen die Autorin von einer durchschnittlichen Bearbeitungszeit von 45 Minuten aus, was in einer erneuten Testung unter Kolleginnen und Kollegen, die nicht zu BNE arbeiten, nochmals geprüft wurde.

Im Anschluss an die Überarbeitung wurde der Fragebogen nochmals Expertinnen und Experten aus dem außerschulischen Bereich und aus der Fachdidaktik der Geographie vorgelegt. Zudem fand in regelmäßigen Abständen eine Beratung durch einen Experten aus der Pädagogischen Psychologie statt, welcher Expertise in der Itemkonstruktion bei Kompetenzmessungen hat und den Fragebogen ebenfalls begutachtet hat.

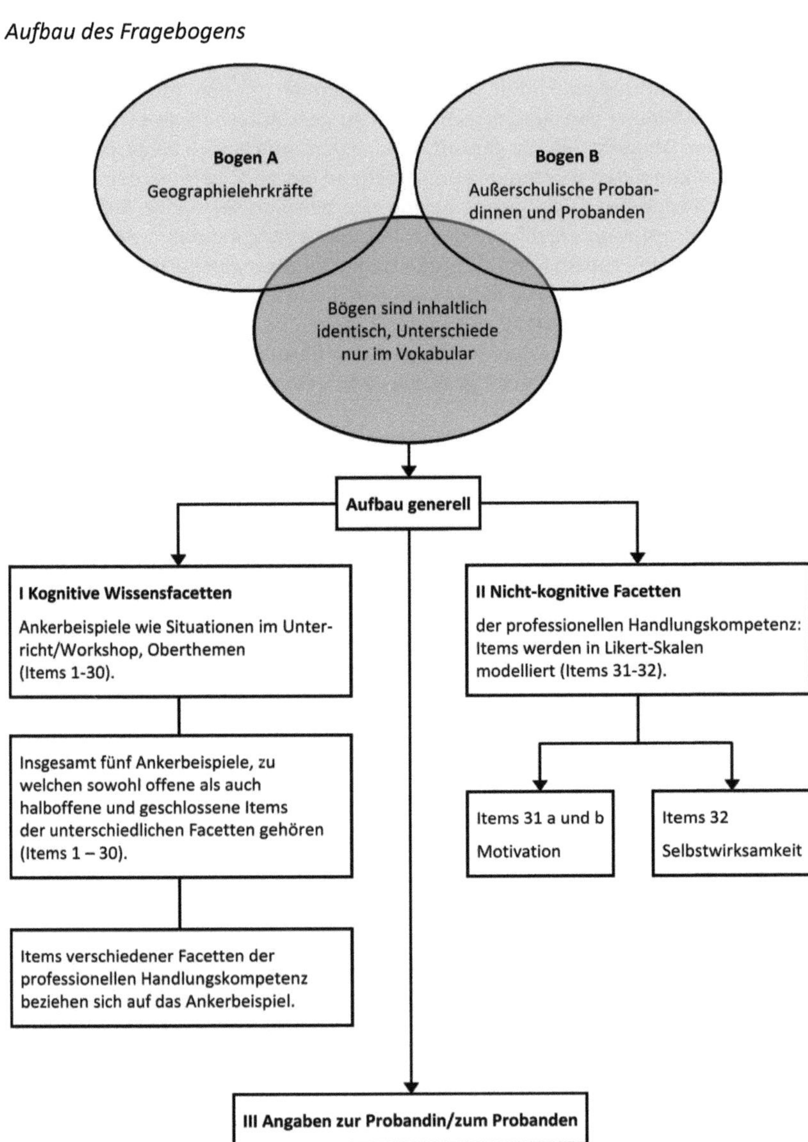

Abb. 8 | Aufbau des Fragebogens

3.4.1 Modellierung des Testinstruments als Messmodell

Das Kompetenzmodell ist hergeleitet und gebildet – doch wie gelingt der Weg vom Kompetenzmodell zum Messmodell? Das Überführen des entworfenen theoretischen empirischen Modells in ein Messmodell kann über verschiedene Zugänge erfolgen, bedarf aber bei jedem Verfahren einer präzisen Abwägung.

Zunächst ist herauszustellen, welche Facetten der professionellen Handlungskompetenz im Testmodell abgeprüft werden. Diese gliedern sich in die kognitiven und nicht-kognitiven Facetten und enthalten jeweils Subfacetten.

Fachwissen	Fachdidaktisches Wissen	Pädagogisches Wissen
Subfacette 1 Allgemeines Wissen eines Erwachsenen zum Klimawandel **Subfacette 2** Forschungswissen zum Klimawandel **Subfacette 3** Konzeptwissen zu (B)NE	**Subfacette 1** Erklären, Repräsentieren, Skizzieren **Subfacette 2** Handlungsorientierung, Schulung der Bewertungskompetenz **Subfacette 3** Lernerfehler, Schülerkognition, Lernumgebung **Subfacette 4** Aufgaben, multiples Lösungspotenzial	**Subfacette 1** Wissen über Organisation von Lernsituationen **Subfacette 2** Wissen über theoretische Konzepte und Lernprozesse **Subfacette 3** Wissen über Methoden

Abb. 9 | Kognitive Facetten im Testinstrument (eigene Darstellung)

Motivation	Selbstwirksamkeit
Subfacette 1 Enthusiasmus für (B)NE und das Thema Klimawandel **Subfacette 2** Enthusiasmus für Bildungsarbeit	Selbstwirksamkeit durch Bildungsarbeit

Abb. 10 | Nicht-kognitive Facetten im Testinstrument (eigene Darstellung)

Bei der Modellierung galt es zunächst einige Entscheidungen zu treffen, die vor dem Einbezug des theoretischen Hintergrunds begründet werden konnten. Generell ist bei Messmodellen zwischen ein- und mehrdimensionalen Messmodellen zu unterscheiden. In der hier vorliegenden Studie handelt es sich um ein mehrdimensionales Messmodell, da die professionelle Handlungskompetenz von BNE-Akteuren hier als theoretisches Konstrukt mit unterschiedlichen Teilkompetenzen modelliert wird. Die jeweils für die Subfacetten gebildeten Items laden auf verschiedenen latenten Dimensionen und stellen unterschiedliche Messwerte dar. Wie das in dieser Arbeit entworfene Modell zur professionellen Handlungskompetenz von BNE-Akteurinnen und Akteuren zeigt, werden die kognitiven Wissensfacetten in Subfacetten ausdifferenziert, was in den nachfolgenden Teilkapiteln näher begründet wird. Bei der Auswertung der Ergebnisse werden die Subfacetten jedoch dann zu einem gemeinsamen Wert zusammengefasst. Im Rahmen der Modellierung des Modells gilt es ferner zu entscheiden, ob *Between-Item-Modelle* oder *Within-Item-Modelle* zielführender für die Studie sind. Durch die zum Teil enge Verknüpfung von Fachwissen und fachdidaktischem Wissen zum Beispiel, war dies eine länger diskutierte Frage im Zuge der Item-Operationalisierung. Die sogenannten *Between-Item-Modelle* sind so konstruiert, dass jedes Item einer Subfacette auf einer separaten Dimension lädt, „die erfolgreiche Lösung der Items sollte demzufolge nur von einer Teilkompetenz abhängig sein" (MAYER & WELLNITZ 2014, 25). So würde ein Item, welches für die Subfacette Fachwissen operationalisiert ist, nur für diese Facette gewertet werden. Gleichermaßen könnte ein Item – insbesondere wegen der großen Schnittmenge und einer damit geringeren Trennschärfe – sowohl für das Fachwissen als auch für das fachdidaktische Wissen zum Beispiel Kompetenzen abbilden. In dem Falle hängt die Lösungswahrscheinlichkeit auch von mehreren Fähigkeiten ab (vgl. MAYER & WELLNITZ 2014, 25). Für die Messung der professionellen Handlungskompetenz von BNE-Akteurinnen und -Akteuren erscheint die Operationalisierung mit *Between-Item-Modellen* letztlich zielführender, um die gebildeten Subfacetten in den Ergebnissen besser differenzieren zu können. Somit werden Items, welche tendenziell auch zwei Subfacetten abdecken könnten, nur für eine Subfacette gewertet, können inhaltlich aber teilweise zwei Facetten abdecken. Die Ergebnisse werden aber nur für eine Facette gewertet. Generell wird darauf geachtet, die Items entsprechend zu operationalisieren, sodass sich klar eine gezielte Teilkompetenz abbildet. In Kapitel 3.4 wurde bereits auf den Pretest eingegangen. Dieser half auch dabei, Optimierungsbedarf zu erkennen und Items entsprechend zu modellieren.

Die Kompetenzerwartungen werden folglich operationalisiert, „indem die Teilkompetenzen, deren Graduierungen und zur Lösung der Aufgaben benötigte kognitive Prozesse durch konkrete Aufgabenstellungen, d.h. durch Testaufgaben, abgebildet werden." (KRÜGER ET AL. 2014, 27).

Einige grundlegende Prämissen für die Modellierung sind im Folgenden festgehalten und knapp erläutert.

- Die unterschiedlichen Aspekte der professionellen Handlungskompetenz sollten so gut wie möglich voneinander getrennt sein. Dies trifft insbesondere für die kognitiven Wissensfacetten zu. Fachwissen (FW), fachdidaktisches Wissen (FWD) sowie pädagogisches Wissen hängen eng miteinander zusammenhängen. Einige Autoren gehen sogar davon aus, dass FW und FDW nicht klar trennbar seien. Daher gilt es zu bedenken, dass hierauf ein besonderes Augenmerk gelegt werden muss.
- Die in der vorherigen Prämisse angesprochenen Kompetenzbereiche haben unterschiedliche Subfacetten. „Je klarer ein Element des Kompetenzmodells in einem spezifischen Aspekt der Testaufgabe operationalisiert wird, desto höher ist die Reliabilität des Instruments." (KRÜGER ET AL. 2014, 27). Aus diesem Grunde wird versucht, die Items auch klar den Subfacetten und der inhaltlichen Dreigliederung in „Ursachen-Folgen-Maßnahmen des Klimawandels" zuordnen zu können (s. Tabelle mit der Itemzuordnung im Anhang).
- In dem Testinstrument befinden sich Items zu verschiedenen Kompetenzniveaus. Für diese Erhebung wird hauptsächlich die Variante gewählt, dass primär über offene Antwortformate die Kompetenzniveaus abgebildet werden, d.h. die Antworten der Probandinnen und Probanden werden entsprechend kodiert sowie anhand eines Codierschemas und eines Auswertungsleitfadens eingestuft. Zudem befinden sich geschlossene Items in dem Fragebogen, die unterschiedlich schwierig sind, hier ist also die Niveaustufe bereits integriert. Ein Vorteil bei dem Vorgehen mit den offenen Antwortformaten ist die Tatsache, dass insgesamt weniger Items notwendig sind, was im Sinne der Autorin und Probandinnen und Probanden ist.
- Fachspezifische Kompetenzen sollten in Anwendungssituationen eingebunden sein. Demzufolge ist bei der Anker-Konstruktion beispielsweise darauf zu achten, dass diese leserfreundlich und gut verständlich sind, damit nicht bereits bei dem Einlesen in die fiktive Unterrichts-/Workshopsituation eine zu große Anstrengung entsteht.
- Um eine einheitliche Probandengruppe zu erhalten, werden in dieser Studie nur Gymnasiallehrkräfte befragt. Dies ermöglicht einen einheitlichen Referenzrahmen bzgl. der curricularen Grundlagen und eine Eingrenzung der Themen. Es wurden überwiegend außerschulische Kräfte aus Niedersachsen befragt. Zuvor wurde sondiert, welche Themen derzeit in den außerschulischen Bildungszentren zum Beispiel aufgegriffen werden. Ferner erleichtert diese Prämisse auch das Formulieren der Items auf relativ einheitlichen Niveaustufen.
- Der Zeitrahmen zur Beantwortung des Fragebogens muss vertretbar sein. Dieser wurde im Pretest getestet und der Bogen entsprechend modifiziert.

- Auf eine detaillierte Schwierigkeitsanalyse der Items wird verzichtet, jedoch wird die interne Konsistenz der Skalen bestimmt. Das Testinstrument wird Expertinnen und Experten zur Sichtung vorgelegt.
- Bei der Itemkonstruktion muss berücksichtigt werden, dass sich sowohl Lehrkräfte als auch außerschulische Bildungsakteure in dem Probandenpool befinden. Das Vokabular der Items muss daher angepasst werden. Dadurch entstanden zwei Fragebögen – einer für die Lehrkräfte, der „schulisches Vokabular" beinhaltet, der zweite, inhaltlich identische, für außerschulische Multiplikatorinnen und Multiplikatoren, arbeitet mit nicht-schulischem Vokabular (zum Beispiel „Workshop" statt „Unterricht").
- Die Items sind auf das Beispielthema „Klimawandel" ausgerichtet und hinsichtlich der Vorstudie und des Pretests modifiziert worden. So ergibt sich eine Kohärenz zwischen der theoretischen Grundlage, der Hypothesenformulierung und der Operationalisierung.
- Die Schwierigkeit der sozialen Erwünschtheit besteht in fast allen Testungen. Der Test wird anonym durchgeführt, was jedoch dieses Problem nicht ganz umgeht.

TEPNER und DOLLNY (2014, 311) stellen heraus, dass insbesondere auch das fachdidaktische Wissen hohe Anforderungen stellt, da diese Items – im Gegensatz zu fachlichen Wissensitems – nicht einfach mit „richtig" oder „falsch" bewertet werden können, weshalb hier primär offene Items konstruiert wurden.

ALISCH, HERMKES und MÖBIUS (2009) machen in Ihrem Beitrag zum Messen von Lehrprofessionalität sehr deutlich, dass es verschiedene Verfahren zur Messung gibt und stellen auch eine mögliche Uneinheitlichkeit zur Diskussion. Dabei beziehen sie sich auf unterschiedliche Messmodelle und Gleichungen sowie auch auf *State-Space-Modelle* (s. hierzu näher ALISCH ET AL. 2009). Diese Ansätze wurden für die hier vorliegende Studie jedoch nach intensiver Abwägung verworfen und die Konzentration wurde auf die sogenannte theoretische Restrukturierung und die theorieabhängige Messung gelegt. Das Messen von Lehrerprofessionalität und -kompetenzen ist damit durch theoretische Annahmen fundiert, so handelt es sich dabei um „abgeleitetes Messen" (ALISCH ET AL. 2009, 264), wie es soeben erwähnte Autoren in einem weiteren Artikel nennen.

Die Messungen dieser Studie sind ebenfalls theorieabhängig angelegt und beziehen sich fast ausschließlich auf proximale Merkmale, da die kognitiven und nicht-kognitiven Facetten des entworfenen Modells in diesen Bereich fallen und den Schwerpunkt bilden. Die ebenfalls erfragten Variablen zur Dauer der Berufstätigkeit, zur Fächerkombination etc. sind primär distal, zunächst aber zweitrangig (vgl. ALISCH ET AL. 2009, 264)

Die Aufgabenentwicklung ist in allen Teilbereichen mit hohem Aufwand verbunden, da das Testinstrument das Herzstück der Studie ist. Die Entwicklungsschritte bei der Itemkonstruktion sollten daher sehr sorgfältig vorgenommen und auch mit

Dritten diskutiert werden. Im Untersuchungsdesgin sind daher auch die Pilotierungen und die Sichtung durch fundamentale Schritte. Die meisten Aufgaben wurden – ausgehend vom konzeptionellen Verständnis der Autorin – speziell für diese Studie von ihr selbst entwickelt. Dies trifft auf alle fachwissenschaftlichen und fachdidaktischen Items zu. Im Bereich des pädagogischen Wissens sind vereinzelt Items in Anlehnung an Vorlagen aus COACTIV übernommen worden, jedoch umformuliert und an den außerschulischen Kontext angepasst.

Bei der Konstruktion ist eine rationale Strategie verwendet worden, welche von einem zuvor erstellten Modell bzw. Konstrukt ausgeht. Die Aufgaben enthalten einen Antwortstamm (Anker) und einen zugehörigen Aufgabentypen (s.o.), die offenen Antworttypen sind fast ausschließlich in Kurzaufsatzform angefertigt worden (vgl. MOOSBRUGGER & KELAVA 2012, 39).

Die Formulierung der Items für die nicht-kognitiven Facetten erfolgte orientiert an bereits zuvor erprobten Skalen zur Lehrerwirksamkeit (vgl. SCHWARZER & JERUSALEM 2002), welche nachfolgend in den Teilkapiteln noch erläutert werden. Hierzu wurde sich auch der weithin populären Rasch-Skalierung bedient, wofür Grundsätze dieser Messmethodik genutzt wurden (vgl. KAUERTZ ET AL. 2010, 350). Daher wurde in den bisherigen Ausführungen der Schwerpunkt auf die Modellierung der kognitiven Wissensfacetten der professionellen Handlungskompetenz gelegt, auf deren Operationalisierung nun nachfolgend eingegangen wird.

3.4.2 Operationalisierung der Items für die kognitiven Wissensfacetten der professionellen Handlungskompetenz

Angelehnt an die COACTIV-Studie (vgl. KUNTER ET AL. 2011) wurden für die einzelnen Facetten Items zu den kognitiven Wissensfacetten mit ihren jeweiligen Subfacetten operationalisiert. Dabei galt es zu beachten, dass es sich bei BNE um eine interdisziplinäre Domäne handelt und sich die Operationalisierung der Items daher nicht ausschließlich an einer Fachkultur orientieren kann.

Generell muss herausgestellt werden, dass bei dem Fachwissen einer Lehrkraft bzw. eines Multiplikators oder einer Multiplikatorin auch von einer Domänenspezifität ausgegangen werden muss. Das beutet, dass stark ausgeprägtes Wissen in der Domäne BNE nicht automatisch auch ein hohes Wissen in einer anderen Domäne mit sich bringt (vgl. TEPNER ET AL. 2012, 9). Diese Grundannahme beeinflusste maßgeblich die Konstruktion der Items und die Wahl des Beispielthemas. Ferner hängen sowohl ökologische, ökonomische als auch soziale Aspekte mit diesem Thema zusammen und die Wahrscheinlichkeit ist hoch, dass die befragten Probanden sich mit dem Klimawandel bereits beschäftigt haben.

Da sich bisherige Studien auf Lehrkräfte beziehen, müssen sie in diesem Modell hinsichtlich der Multiplikatorinnen und Multiplikatoren in außerschulischen Einrichtungen erweitert werden. Es ist nicht gewährleistet, dass nonformelle Akteurinnen und Akteure über ein akademisches Wissen aus dem Fach Geographie oder einem anderen Fach verfügen. Idealerweise sollte daher nicht das Universitätswissen als Bezugsnorm oder zu erhebende Ebene gewählt werden, da sonst keine Vergleichbarkeit gewährleistet ist.

Die einzelnen Facetten der professionellen Handlungskompetenz müssen weiter ausdifferenziert werden, weswegen in diesem Kapitel auch die Operationalisierung der Subfacetten beschrieben wird. In bisherigen Studien gab es hier verschiedene Ansätze (vgl. BALL, HILL & BASS 2001; 2005; TEPNER ET AL. 2012; ROWAN, CHIANG & MILLER 1997). Trotz des empirischen Belegs, dass diese Facetten trennbar sind, können die in obigen Studien vorgenommenen Unterteilungen für die hier vorliegende Studie nicht ohne Modifizierung übernommen werden, da der Probandenpool mit den außerschulischen Multiplikatorinnen und Multiplikatoren zu vielfältig ist. Auf solche Modifizierungen wird im Folgenden bei der Operationalisierung der einzelnen Facetten noch eingegangen.

3.4.2.1 Operationalisierung der Items zum Fachwissen

Das BNE-Fachwissen setzt sich nicht ausschließlich aus einer Fachrichtung zusammen. Aufgrund der hohen Konzeptaffinität des Faches Geographie wird diese Perspektive jedoch dominant sein, da auch die schulischen Probandinnen und Probanden alle Geographielehrkräfte sind.

Es gilt nun, verschiedene Niveaustufen zu bilden, die sich auf das Fachwissen von BNE-Multiplikatorinnen und Multiplikatoren beziehen. Wie auch in der ProwiN-Studie herausgestellt wird, trifft für die BNE ebenfalls zu, dass Wissen vertieft vorhanden sein muss und über die Schulstufe hinausgehen soll (vgl. TEPNER ET AL. 2012, 10). Um einen Sachverhalt didaktisch aufzubereiten, bedarf es einer vertieften Durchdringung des Inhalts, die eine Konstruktion der Zusammenhänge ermöglicht, zum Beispiel bei dem Thema „Klimawandel".

Eine rein fachlich-geographische Perspektive beinhaltet aus Sicht der Autorin bereits Wissen über das Konzept Nachhaltigkeit, da die Geographie ein Trägerfach von BNE ist.

„Fachwissen wird gemeinhin als notwendige Grundlage gesehen, auf der fachdidaktische Beweglichkeit entstehen kann. [...] Für Shulman sollen Lehrerinnen und Lehrer neben Faktenwissen aber auch über Argumentations- und Begründungskompetenz für Zusammenhänge innerhalb des Faches verfügen" (KUNTER ET AL. 2011, 137). Diese Annahme harmoniert mit dem Gedanken, dass Zusammenhänge klar erfasst und begründet werden müssen. Ferner muss Wissen gut organisiert sein.

In anderen Kontexten wird auch von „domänenbezogener Professionalität" gesprochen. Inhaltbezogene Professionalität kann hier auch auf Schulfächer bezogen sein.

Shulman differenzierte das Fachwissen in verschiedene Ebenen, dies ist (teilweise modifiziert) auch von einschlägigen Studien so übernommen worden (vgl. z.B. KUNTER ET AL. 2011):

1) akademisches Forschungswissen,
2) profundes Verständnis, d.h. auf Universitätsniveau der in der Schule unterrichteten Fachinhalte,
3) Beherrschung des Schulstoffes auf einem zum Ende der Schulzeit idealerweise zu erreichenden Niveau,
4) fachliches Alltagswissen von Erwachsenen.

Diese Differenzierung ist auch maßgeblich für die Bildung der Subfacetten in dieser Arbeit. So wurden in Anlehnung an SHULMAN (1987) und KUNTER ET AL. (2011) verschiedene Subfacetten gebildet und auf die Geographie/BNE hin spezifiziert. Somit ergaben sich diese drei Subfacetten für BNE-Fachwissen in dieser Studie:

1) Forschungswissen (FW1 FoW)
2) allgemeines Wissen eines Erwachsenen zum Thema „Klimawandel" (FW2 AE)
3) Konzeptwissen zur (B)NE (FW3 KN)

Die gebildeten Kompetenzfacetten müssen in Kategorien übersetzt werden, die messbar sind. Zwar wurde bei der Erstellung des Fragebogens teilweise angelehnt an die COACTIV-Studie gearbeitet, überwiegend jedoch sind neue, selbst hergeleitete Items gebildet worden. Dies war notwendig aufgrund der inhaltlichen Ausrichtung, um gezielt das BNE-Wissen in den unterschiedlichen Ausprägungen zu messen. Dabei ist wichtig, auf die Reliabilität und Validität der Skalen zu achten (s. 3.4.4).

Das Festlegen auf einen Testinhalt ist hierbei von großer Bedeutung und trug ganz maßgeblich zur Einschränkung auf das Basisthema Klimawandel war. Es muss ein Bezugsrahmen definierbar sein, der auf klare Konstrukte zurückgeht (vgl. WESCHENFELDER 2014, 163; ECK & WEIßENO 2009, 25-26).

Die hier vorliegende Studie zur Professionellen Handlungskompetenz von BNE-Akteurinnen und -Akteuren wurde bewusst auf allen drei gebildeten Ebenen erhoben, da diese Wissenssubfacetten gerade im Vergleich zwischen den Probandengruppen interessante Unterschiede ergeben können. Insbesondere das Konzeptwissen ist von hoher Relevanz. Im Erhebungsinstrument wurde das Fachwissen zunächst durch 13 Items operationalisiert, in die Auswertung gingen aber nicht alle ein. Dabei sind die Items relativ gleichmäßig auf die Subfacetten verteilt. Inhaltlich reichen die Items dabei von Aufgaben, welche nach Ursachen, Folgen und Maßnahmen des Klimawandels fragen, zu solchen, die sich auf das Konzept der Nachhaltigkeit fokussieren (s. tabellarische Zuordnung).

Tab. 2 | Zuordnung der Items zu den Subfacetten in der Facette Fachwissen. Eigene Darstellung.

Fachwissen	Ursachen	Folgen	Maßnahmen
FW1 FoW	6, 26	9, 29	30
FW2 AE	3, 7	8, 14	
FW3 KN	19, 20, 21, 22		

Für die dritte Subfacette zum Konzeptwissen wurde keine Differenzierung in Ursachen, Folgen und Maßnahmen vorgenommen. Diese Items konzentrieren sich nicht ausschließlich auf das Thema „Klimawandel", sondern sind rein auf BNE ausgerichtet. Insgesamt befinden sich zwölf Items in der Facette zum Fachwissen. Die drei Subfacetten werden nun näher betrachtet.

FW1 FoW: Forschungswissen
In der Übersicht abgekürzt mit FW1 FoW umfasst das Forschungswissen alle Items, die vertieftes Wissen über den Klimawandel abfragen. Dabei kann es zwar – wie der Wortbestandteil „Forschung" schon andeutet – auch Universitätswissen sein, dies ist jedoch nicht notwendigerweise der Fall. So können sich die Probandinnen und Probanden dieses Wissen auch in Eigenregie und im Selbststudium angeeignet haben. Dies kann selbstverständlich auch bei Universitätswissen der Fall sein, jedoch dient die Betitelung der Facette dazu, dass nicht zwangsläufig von einem Universitätsstudium auszugehen ist. Anders als in Studien, die sich einzig und allein auf eine Fachdisziplin beschränken, kann hier kein einzelnes Studienfach für den gesamten Probandenpool angenommen werden. Nur für die Lehrkräfte ist zu pauschalisieren, dass alle Geographie als Fach studiert haben. Bei den außerschulischen Multiplikatorinnen und Multiplikatoren kann aber angenommen werden, dass sie sich im Zuge der Vorbereitungen für Bildungsveranstaltungen intensiv mit Forschungswissen auseinandersetzen und sich somit Wissen aneignen und in das Thema einarbeiten.
Bei dem Fachwissen sind von den elf Items sieben Items offene. Zu der Subfacette „Forschungswissen" zählen insgesamt fünf Items, eines hiervon ist offen, was als Beispiel einbezogen werden soll:

Item Nr. 29: Nennen Sie Ihnen bekannte Rückkopplungseffekte zum Klimawandel.

In diesem Falle müssen die Probanden nicht viel Text produzieren, sondern sollen die ihnen bekannten Effekte nennen. Die Auswertung erfolgt über die Zählung der richtig genannten Rückkopplungseffekte.

Da das Thema der Rückkopplungseffekte nicht in allen Schulbüchern aufgegriffen wird, ist anzunehmen, dass auch solche Lehrkräfte, welche sich nicht weiter mit neuen Erkenntnissen im Themenbereich „Klimawandel" auseinandergesetzt haben, nicht zwingend etwas mit dem Begriff verbinden.

FW2 AE: Allgemeines Wissen eines Erwachsenen zum Thema „Klimawandel"
Diese Subfacette ist in der obigen Tabelle mit FW2 AE abgekürzt und in vier Items operationalisiert: Zwei davon beziehen sich auf Ursachen, zwei weitere auf die Folgen des Klimawandels. Bei diesen vier Items wurden sowohl geschlossene als auch offene Formate gewählt. Item Nr. 3 zum Beispiel zeigt eine Skizze, in welche die relevanten Begriffe, die den natürlichen Treibhauseffekt beschreiben, ergänzt werden. Diese Aufgabe wird zum allgemeinen Wissen gezählt, da dies zur allgemeinen Bildung gehören sollte und zudem auch so in Schulbüchern abgebildet wird.
Als Beispiel wird an dieser Stelle noch auf das Item Nr. 8 verwiesen.

> **Item Nr. 8:** Auswirkungen des Klimawandels werden seit 1950 beobachtet. Welche generellen Auswirkungen sind Ihnen bekannt?

Dieses Item soll zeigen, wie umfassend die Kenntnisse zu der Frage sind. Im Codierleitfaden ist für dieses Item ein Punktesystem angelegt worden, welches entsprechend der Qualität der Antwort eine Punktzahl vergibt.

FW3: Konzeptwissen zur (B)NE
Wie eingangs bereits erläutert, spielt in dieser Studie das Konzeptwissen eine wesentliche Rolle. Das Verständnis von Nachhaltigkeit und BNE wird über offene Items operationalisiert, da sie einen tieferen Einblick in die Gedankengänge und den Wissensstand über die Zusammenhänge, zum Beispiel von GL und BNE gewähren. Hierfür sind insgesamt auch vier Items generiert, welche alle offen sind.

> **Item Nr. 20:** Lernen für globale Entwicklung – Bildung für nachhaltige Entwicklung – Umweltbildung: Wie stehen diese drei Konzepte im Zusammenhang?

Auch hier wurden die Antworten je nach Qualität entsprechend codiert und bepunktet und von zwei Ratern eingestuft. In den Antworten sollen die Kenntnisse über die Entwicklung des Konzeptes und die Zusammenhänge ermittelt werden.

3.4.2.2 Operationalisierung der Items zum fachdidaktischen Wissen

Auch beim fachdidaktischen Wissen von BNE-Akteurinnen und Akteuren besteht die Herausforderung, dass es sich bei BNE um eine Domäne handelt, welche sich aus unterschiedlichen Disziplinen zusammensetzt. So wurde bei der Operationalisierung der Items für diese Facette ähnlich wie beim Fachwissen verfahren, sodass hier zwar die Geographie als Fachperspektive dominant ist, aber neben den Fachkompetenzen auch die Gestaltungskompetenz (vgl. de Haan, 2008) bei der Formulierung der Items einbezogen wurde. Dies war insbesondere deshalb wichtig, da es primäres Ziel ist, die professionelle Handlungskompetenz von BNE-Akteurinnen und -Akteuren zu messen. Dazu gehören auch außerschulische Probandinnen und Probanden, welche sich primär am Konzept der Gestaltungskompetenz orientieren dürften.

So existiert als Bezugsrahmen für das fachdidaktische Wissen neben den Fachkompetenzen die *Gestaltungskompetenz,* die es bei den Schülerinnen und Schülern auszuprägen gilt und – wie die Vorstudie bestätigt hat – für nonformelle Akteurinnen und Akteure die Hauptgrundlage bildet. BNE-Akteurinnen und Akteure lehren nicht nur spezifische Lehrinhalte, sondern gerade in Bezug auf die Gestaltungskompetenz ist einzubeziehen, wer die Lernenden sind (Adressaten), in welchem Rahmen agiert wird und welche Teilkompetenzen dabei besonders fokussiert werden (vgl. SEIFRIED & ZIEGLER 2009, 85).

Sie sollten die Fähigkeit besitzen, innerhalb ihres Lehrumfeldes einen BNE-relevanten Sachverhalt zielgruppenorientiert aufzubereiten, wobei sie auf fachspezifische Vermittlungsstrategien für das Lehren zurückgreifen. Nach Shulman sind dies fachspezifische Vermittlungsstrategien (vgl. SHULMAN 1986, 9).

Wegen des besonderen interdisziplinären Charakters der BNE muss der BNE-Multiplikator/die BNE-Multiplikatorin „fachdidaktisch" denken, indem er/sie auf das Wissen zurückgreift, das ihm/ihr für die Vermittlung des Gegenstandes nützlich ist. Die Definition von Shulman wäre hiermit zu erweitern um die von SEEBER und MINNAMEIER (2010) auch genutzte Komponente des *fachdidaktischen Denkens* (vgl. SEEBER & MINNAMEIER 2010, 133). Dies ist dadurch begründet, dass es bei der BNE zunächst eher um die Denkfähigkeit geht als um deklaratives Wissen.

Hinsichtlich der Operationalisierung der Items für die fachdidaktische Wissensfacette galt es auch zu bedenken, dass eine Bewertungs- und Argumentationskompetenz eine hohe Bedeutung hat, welche wiederum deklaratives Wissen aus unterschiedlichen Domänen erfordert. Ebenso war zentral, das Wissen einzubeziehen, welches Denkprozesse initiiert, um eine Handlung zu erzeugen. In dem Moment, in dem der Multiplikator einen BNE-relevanten Gegenstand aufbereitet, *denkt* er fachdidaktisch und bedient sich des oben genannten Wissens, in das er auch – wie SHULMAN (1986) es in seinem Modell beschreibt – mögliche Verständnisfehler von Lernerinnen und Lernern einbezieht und durch die Wahl seiner Vermittlungsstrategie abwägt, was den Gegenstand leicht oder schwer verständlich macht. Das deklarative Wissen ist demnach eine Art Grundlage, die für den Bereich „Fachwissen" bedeutender ist.

Da *Methoden* in der BNE eine zentrale Rolle spielen und die Gestaltung der Lernsituation den Verstehensprozess beeinflusst, sollte dies in die Operationalisierung des fachdidaktischen Wissens und Denkens einbezogen werden (vgl. KROMNEY & RENFROW 1991).

Um einen BNE-relevanten Sachverhalt effektiv zu vermitteln, sollte die BNE-Multiplikatorin oder der BNE-Multiplikator zudem Konzepte der Lernerinnen und Lerner kennen, um geeignete Methoden auszuwählen. Ein hohes Maß an Antizipations- und Abstraktionsfähigkeit ist maßgeblich.

In dieser Studie wird daher mit einem Kategoriensystem gearbeitet, anhand dessen die Antworten nach Qualität eingestuft werden. Ferner werden proximale Indikatoren verwendet, welche das Konstrukt über das fachdidaktische Wissen abbilden. Dafür bieten sich sogenannte Unterrichtsvignetten an, welche fiktive Situationen schildern und der Proband gibt seine Einschätzung dazu ab (s. oben, Bildung von Ankern). Das Antwortformat wird hier bewusst überwiegend offengehalten, um eine mögliche Beeinflussung hinsichtlich des Antwortverhaltens zu unterbinden (vgl. TEPNER & DOLLNY 2014). Eine weitere Option, die sich bei der Operationalisierung fachdidaktischer Items anbietet, ist die Arbeit mit Rankings, in denen die Probandinnen und Probanden verschiedene Lösungsoptionen ranken müssen. Auch wenn die Auswertung bei diesem Verfahren generell leichter ist, wurde den offenen Frageformaten der Vorzug gegeben. Der Grund liegt darin, dass die Sorge zu groß war, durch mögliche Vorgaben bereits zu viel vorwegzunehmen oder zu sehr zu polarisieren zwischen Probandinnen und Probanden, die eher in der Fachstruktur denken, und Probandinnen und Probanden, die zusätzlich zur Fachstruktur auch das Konzept der Nachhaltigkeit kennen und verinnerlicht haben. Daher werden die Aufgaben der Fachdidaktikitems überwiegend im offenen Format formuliert. Der Aufgabenentwicklung in dieser Studie liegt ein dreidimensionales Modell der fachdidaktischen Wissenskomponente zugrunde, welches sich wie folgt zusammensetzt:

- unterschiedliche Wissensarten: prozedural, deklarativ.
- Themenbereiche: Es geht in den Aufgabenstämmen um den Klimawandel. Dieses Thema wird jedoch weiter ausdifferenziert in Ursachen, Folgen, Maßnahmen.
- Facetten: Unterschiedliche Subfacetten werden gebildet.

Bei den Facetten hat zum Teil eine Anlehnung an COACTIV stattgefunden, jedoch wurden die Facetten auf die Fachstruktur der Geographie/Nachhaltigkeit angepasst.

Anders als bei Grossmann, welcher zwar das fachdidaktische Wissen auch als eigene Subfacette sieht, wird die Lernumgebung, die in dem viergliedrigen Modell von Grossmann eine eigenständige Facette ist, im Modell für die professionelle Handlungskompetenz von BNE-Akteuren in eine Facette integriert (vgl. hierzu GROSSMANN 1990).

Auf diesen Prämissen basiert die Differenzierung in die Subfacetten. Insgesamt finden sich im Testinstrument zehn Items, welche für die fachdidaktische Facette operationalisiert wurden. Aufgrund des hohen Zeitaufwandes bei der Befragung konnten nicht mehr Items einbezogen werden.

Die für die Facette „fachdidaktisches Wissen" ausdifferenzierten Subfacetten sind:

- FDW1a ERS: Erklären, Repräsentieren, Skizzieren
- FDW1b HASB: Handlungsorientierung der Lerner, Schulung der Bewertungskompetenz
- FDW2 LSU: Lernerkognition, Schülerfehler, Lernumgebung
- FDW3 AML: Aufgaben, multiples Lösungspotenzial.

Tab. 3 | Zuordnung der Items in der Facette zum fachdidaktischen Wissen.

Facette Fachdidaktisches Wissen	Ursachen	Folgen	Maßnahmen
FDW1a ERS	4	18	
FDW1b HSB	13		17
FDW2 LSU		27, 28	10
FDW3 AML	2		11, 16

Nachfolgend werden die einzelnen Subfacetten näher beschrieben.

Subfacette FDW1a: Erklären, Repräsentieren und Skizzieren
Diese Subfacette greift das „Verständlich machen" des fachlichen Inhalts für Schülerinnen und Schüler auf, folglich jenen Prozess, der das Fachwissen in für die Schülerinnen und Schüler verständliche Schritte der Erklärung zerlegt. Die Multiplikatorinnen und Multiplikatoren verfügen über Instruktionsstrategien und über das Wissen, wie sie Inhalte zugänglich machen. Diese Annahme findet sich in einigen oben genannten Modellen wieder. Hinsichtlich der BNE ist anzumerken, dass bewusst auch das „Skizzieren" in die Facette einbezogen wurde, da es im Kontext nachhaltiger Entwicklung ebenfalls um zukünftige Planungen und Szenarien geht, welche mit den Lernenden thematisiert werden. Daher gilt es hier, auch ein Augenmerk darauf zu legen, dass die Multiplikatorinnen und Multiplikatoren in der Lage sind, perspektivische Themen für die Lerngruppen aufzubereiten und sie zu einem zukunftsfähigen Denken befähigen.
Ein Beispiel für diese Subfacette ist das Item mit der Nummer vier:

> **Item Nr. 4:** Sie arbeiten im Plenum und erklären den Treibhauseffekt.
> Bitte nennen Sie drei besonders geeignete Materialien, die Sie zur Unterstützung der Erklärung heranziehen würden.

Ziel dieses Items ist es, zu sehen, inwiefern die Multiplikatoren über Wissen verfügen, wie sie den Treibhauseffekt durch den Einsatz von Materialien für die Lernerinnen und Lerner zugänglicher machen können. Es bezieht sich somit sowohl auf das Erklären als auch auf das Repräsentieren. Wegen des engen Zeitrahmens bei der Befragung wurde auf eine Begründung für die Nennung der Materialien verzichtet. Im Pretest hatte dies zum Teil zu einem sehr großen Zeitaufwand geführt. Die gegebenen Begründungen gingen aber häufig nur darauf ein, dass es für die Schülerinnen und Schüler dann besser zu notieren sei (Arbeitsblatt zum Beispiel) oder eine Zeitersparnis gesehen wurde. Ferner wird von der Annahme ausgegangen, dass außerschulische Akteure und Akteurinnen generell sehr anschaulich und weniger klassisch „verschult" arbeiten. Möglicherweise verfügen sie auch über mehr Materialien oder die Möglichkeit, Experimente oder Modelle zu nutzen, was vielleicht nicht in allen Klassenräumen gegeben ist. Hinzu kommt, dass für die Lehrkräfte nach wie vor das Schulbuch das zentrale Medium ist. Dieses beinhaltet in der Regel in den Jahrgangsstufen 9/10 ein Schaubild zum Treibhauseffekt.

Auch das Item mit der Nummer 18 gehört zu der Subfacette „ERS 1a". Es bezieht sich auf Prognosen des Klimawandels und wie diese am besten im Unterricht aufgearbeitet werden können. Hier ist vor allem das Methodenrepertoire der einzelnen Probandinnen und Probanden interessant, da es durchaus Methoden gibt, welche sich gezielt auf zukünftige Entwicklungen beziehen.

> **Item Nr. 18:** Sie möchten in erster Linie mit Prognosen zum Klimawandel arbeiten. Welche Methoden eignen sich hierfür?
> Bitte nennen Sie drei.

Analog zum vorherigen Item Nr. 4 wurde nach dem Pretest die Version ohne Erläuterungen gewählt, ebenfalls aus zeitökonomischen Gründen. Bei diesem Item sollte jedoch bereits anhand der Antworten erkennbar sein, ob die Probandinnen und Probanden Methoden kennen, um mit zukünftigen Themen zu arbeiten. Dies kann auch ein Hinweis darauf geben, ob sie Möglichkeiten kennen, vernetztes Denken zu schulen und einen Schwerpunkt darauf zu legen.

Das Item Nr. 4 bezieht sich auf Ursachen des Klimawandels, während das zweite Beispielitem Nr. 18 den Maßnahmen zugeordnet wurde. Somit wurde bei der Auswahl der Items darauf geachtet, der Ursache-Folge-Maßnahmen-Struktur zu folgen und die Items entsprechend auszusuchen.

Subfacette FDW1b HSB: Handlungsorientierung der Lerner, Schulung der Bewertungskompetenz

Diese Subfacette gehört ebenso zu Instruktionsstrategien, intendiert jedoch gezielt die sowohl für das raumverantwortliche Verhalten als auch für die Gestaltungskompetenz bedeutende Handlungsorientierung. Ebenso intendiert BNE, die Lernerinnen und Lerner zu befähigen, nachhaltige bzw. nicht nachhaltige Handlungsmuster zu beurteilen. Aus diesem Grund wurde diese Facette separat gefasst und mit zwei Items in den Fragebogen einbezogen.

Das Item mit der Nummer 13 bezieht sich zum Beispiel auf die Bewertungskompetenz.

Item Nr. 13: Eine Teilnehmergruppe wählt als Raumbeispiel Bangladesch mit der Überschwemmungsproblematik. Die Jugendlichen erstellen dazu ein Thesenpapier und halten einen Kurzvortrag. Im Anschluss erfolgt eine Diskussion, in der die anderen Teilnehmer über schlechtere Lebensbedingungen, die Problematik der Textilfabriken u. Ä. diskutieren, weniger über den Zusammenhang zum Klimawandel.
Würden Sie die Diskussion weiterlaufen lassen? Begründen Sie bitte kurz.

Die Antwort des Items soll einen Einblick darüber geben, inwiefern die Multiplikatoren zum Beispiel eher den zeitlichen Druck und das Erreichen des Unterrichtsziels vor Augen haben oder ob sie auch erkennen, dass sehr wohl ein Zusammenhang besteht, welcher von den Schülerinnen und Schülern weiter diskutiert werden sollte.

Subfacette FDW2 LSU: Lernerkognition, Schülerfehler, Lernumgebung
Diese Subfacette fokussiert die Gedankengänge der Schülerinnen und Schüler und ist mehr auf die Lernerinnen und Lerner ausgerichtet, also die Rezipienten, aber auch auf die aktiven Teilnehmerinnen und Teilnehmer des Unterrichts. Lehrkräfte jedoch müssen über Denkprozesse der Schülerinnen und Schüler Kenntnisse haben, ebenso über mögliche Fehlvorstellungen. Die Lernumgebung spielt ebenfalls eine Rolle bei der Gestaltung des Unterrichts. Für die Facette FDW LSU 2 sind drei Items in das Erhebungsinstrument aufgenommen worden (Nr. 27 und 28 (Folgen) und Nr. 10 (Maßnahmen)).
Zwei der Items sind in diesem Falle im geschlossenen Format. Ein Beispiel ist das Item Nr. 28:

Item Nr. 28: Welche Inhalte im Hinblick auf Folgen des Klimawandels bringen Jugendliche selten mit dem Klimawandel in Verbindung?
Bitte kreuzen Sie an (Mehrfachnennung):

O   Überschwemmungen
O   Extremwetterereignisse
O   verstärkte UV-Strahlung
O   soziale Folgen
O   ökonomische Folgen
O   Temperaturanstieg
O   Anstieg des Meeresspiegels

Bei dem Item Nr. 10 handelt es sich ebenfalls um ein solches Format. An dieser Stelle wird nach dem Grundlagenwissen gefragt, über welches Schülerinnen und Schüler verfügen sollten.

Item Nr. 10: Bitte kreuzen Sie an, welches Grundlagenwissen vorher behandelt werden sollte, damit die Teilnehmer der Bildungsveranstaltung den Themenaspekt „Maßnahmen gegen den Klimawandel" möglichst tiefgehend bearbeiten können (Mehrfachnennung möglich).

- ○ Auswirkungen des Klimawandels in verschiedenen Räumen der Erde
- ○ Klima- und Vegetationszonen
- ○ Anpassungskapazitäten bei Naturgefahren
- ○ Vulnerabilitätsbegriff
- ○ Entwicklungsstand
- ○ Desertifikation

Bei der Antwort müssen die Probandinnen und Probanden zeigen, dass Sie in der Lage sind zu antizipieren, welches Vorwissen für das tiefgehende Verständnis notwendig wäre.

Das Item Nr. 27 wiederum ist in einem offenen Format gehalten.

> **Item Nr. 27:** Die Kollegin / der Kollege möchte als Fallbeispiel prüfen, ob die „Weltmeisterschaft in Katar" zu einer nachhaltigen Entwicklung in der Region beiträgt.
> Welche Aspekte sollte er/sie hierbei unbedingt behandeln?

Das offene Format wurde hier gewählt, um unvoreingenommene Reaktionen auf die Frage zu erhalten.

In den Antworten zu diesen Items soll also transparent werden, ob die Probanden Kenntnisse darüber haben, was von den Lernerinnen und Lernern selten mit dem Klimawandel assoziiert wird. Das Item wurde auf der Annahme konstruiert, dass Lehrkräfte gegebenenfalls mehr Einblick in Gedanken der Schülerinnen und Schüler haben, da sie die Lerngruppe über einen längeren Zeitraum kennen. Außerschulische Akteurinnen und Akteure sehen die Schülerinnen und Schüler immer nur kurz, jedoch sehen sie häufig verschiedene in der gleichen Altersstufe.

Subfacette FDW3 AML: Aufgaben, multiples Lösungspotenzial
Die letzte Subfacette zum fachdidaktischen Wissen bezieht sich auf Aufgabenstellungen und das Wissen darüber, welche unterschiedlichen Lösungswege bei der Bearbeitung möglich sind, denn auch dies ist entscheidend für die Gestaltung des Unterrichts.

Für diese Wissensfacette gibt es drei Items im Erhebungsinstrument, welche alle im (halb-)offenen Format gehalten sind.

Item Nr. 11 fragt nach geeigneten Methoden, um über Gewinner und Verlierer des Klimawandels zu sprechen, drei Vorschläge sollen gemacht werden. In diesem Item wird ein Einblick in das Methodenrepertoire der Probandinnen und Probanden deutlich.

Item Nr. 11: Welche Methoden bieten sich an, um über „Gewinner und Verlierer" des Klimawandels zu sprechen?
Bitte notieren Sie drei Vorschläge.

Beide Items erfordern hier eine vorgegebene Anzahl an Antworten, sind aber ansonsten offengehalten. Die Antworten wurden entsprechend der Qualität anhand des Auswertungsleitfadens kategorisiert.
Während das Item 11 zu den Maßnahmen geordnet wird, bezieht sich das Item Nr. 2 eher auf die Ursachen des Klimawandels, da es hier um eine Situation am Anfang der Unterrichtseinheit / eines Workshops zum Thema „Klimawandel" geht.
In Anbetracht des höheren Zeitaufwandes für die Beantwortung des Fragebogens wurde darauf geachtet, die Anzahl der Items zu begrenzen.

3.4.2.3 Operationalisierung der Items zum pädagogischen Wissen

Anders als bei den Komponenten „Fachwissen" und „Fachdidaktisches Wissen" handelt es sich bei diesem Bereich des kognitiven Professionswissens um einen, der nicht an ein Fach oder an eine Domäne gebunden ist, sondern fachungebunden in Bildungsbereichen eingesetzt wird.
Die Basis bilden hier die Pädagogik, ebenso gehören aber auch die Erziehungs- und Bildungswissenschaften zum theoretischen Bezugsrahmen.
Gerade im Hinblick auf diese Studie zum Professionswissen von BNE-Akteuren, zu denen sowohl Lehrkräfte als auch außerschulische Akteurinnen und Akteure zählen, sollte bedacht werden, dass unter den nonformellen Kräften viele Personen sein könnten, die keine pädagogische Ausbildung haben. Das unterscheidet sie von den Lehrkräften, welche im Laufe des Studiums Pädagogikseminare und Elemente aus den Erziehungs- und Bildungswissenschaften sowie der Psychologie belegt haben müssten. Diese Tatsache bedeutet aber nicht automatisch, dass sie dadurch ein höheres pädagogisches Wissen aufweisen. Auch außerschulische Akteurinnen und Akteure verfügen sicherlich über pädagogisches Wissen.
Was für BNE-Multiplikatorinnen und -Multiplikatoren relevant ist, ist primär die Fähigkeit, den Klienten Inhalte zu vermitteln, aber auch den Lernprozess zu gestalten und zu organisieren, auf Probleme zu reagieren und solche Konflikte zu lösen.
Die „Vermittlungskompetenz" (SCHRITTESSER 2011, 102) steht im Vordergrund als Kernkompetenz. Diese erinnert nun auch an das fachdidaktische Wissen, generell gibt es in der Tat Überschneidungen.
Die Differenzierung nach REYNOLDS (1992) ist an dieser Stelle zu nennen, da sie sowohl für den schulischen als auch für den außerschulischen Bildungsbereich pragmatisch erscheint. Reynolds gliedert das pädagogische Wissen auf allgemein pädagogischer Ebene in

- Wissen über Strategien zur Schaffung und Erhaltung lernförderlicher Bedingungen
- Wissen über die Bedeutung echter Lernzeit
- Wissen über Regeleinhaltungen

(vgl. REYNOLDS 1992, 26).

Diese drei Ebenen wurden nachfolgend noch weiter detailliert ausgearbeitet und in Prinzipien formuliert (s. hierzu RENKL 2008), welche für die hier vorliegende Arbeit aber zu sehr ins Detail gehen und einen starken Fokus auf den Schulunterricht legen.

KUNTER ET AL. (2011) orientieren sich zudem an den Kriterien nach Kounin, die aus den 1970er-Jahren stammen und sich auf bestimmte typische Situationen im Unterricht beziehen, in denen die Lehrkraft agieren muss: Als Beispiel sei hier auf das *overlapping* verwiesen, welches die Aufmerksamkeit der Lehrkraft für die verschiedenen Aktivitäten im Unterricht umfasst. Dieses sowie weitere Aspekte werden in die Itemformulierung aufgenommen (s. u.), so auch die Fähigkeit von Lehrkräften, in der Lerngruppe für einen reibungslosen Ablauf und schlüssige Übergänge zu sorgen.

Es gibt international verschiedene Ansätze zur Erfassung des pädagogischen Wissens. So verweisen KUNTER ET AL. (2011) zum Beispiel auf die standardisierten Instrumente aus den USA wie den Test „Praxis Principles of Learning and Teaching" des Educational Testing Service in Princeton (ETS), der auf allgemeines pädagogisches Wissen von Lehrkräften am Ende der Universitätsausbildung abzielt. Daraus ergaben sich die folgenden Kernkompetenzen: Klassenführung und Orchestrierung des Lernprozesses, allgemeines Wissen über Entwicklung und Lernen, Diagnostik und Leistungsbeurteilung, professionelles Verhalten im Kontext von Schule und schulischer Umwelt (vgl. KUNTER ET AL. 2011, 38). Diese Differenzierung ähnelt der Taxonomie SHULMANS (1987), jedoch bezieht er zudem „foundations of education" ein, womit das erziehungsphilosophische, bildungstheoretische, schultheoretische und bildungssoziale sowie bildungshistorische Wissen gemeint ist. Diese werden für die hier vorliegende Studie nicht weiter konkretisiert, da viele der außerschulischen Probandinnen und Probanden möglicherweise darüber kein Wissen haben und es für die Praxis in Bildungsveranstaltungen zunächst nicht als besonders wichtig erscheint.

Fasst man die in der Literatur doch sehr differenzierten Ansätze zur Operationalisierung zusammen, so kann man auf die Systematisierung von KUNTER ET AL. (2011) zurückgreifen.

Fest steht, dass das pädagogische Wissen über ein rein theoretisches Wissen hinausgehen sollte und auch Facetten einbeziehen muss, welche sich auf Handlungen während des Unterrichts und Reaktionen auf Schüleräußerungen sowie die passende Strukturierung von Unterricht beziehen müssen. Einige Prämissen für die Erstellung der Items zum pädagogischen Wissen können aufgestellt werden.

- Prämisse 1: Aufgrund der außerschulischen Perspektive im Probandenpool steht fest, dass der Unterricht/Workshop nicht immer im geschlossenen Unterrichtsraum stattfindet, sondern auch im außerschulischen Rahmen. Die Lernenden sind folglich nicht in der klassischen Unterrichtssituation und werden von einer zusätzlichen Person geleitet.
- Prämisse 2: Außerschulische Akteurinnen und Akteure können im Vorfeld keine Kenntnisse über die Heterogenität der Lerngruppe generieren, da sie diese oft nur einmalig sehen.

Die Konsequenz ist, dass in dieser Studie das Hauptaugenmerk in dieser Facette auf allgemeine Aspekte wie zum Beispiel die Planung und Organisation von Lernarrangements gelegt wird. Ebenso steht das Wissen über Lernprozesse im Fokus, weniger also die Kompetenzen, auf individuelle Lernfähigkeiten der Schülerinnen und Schüler einzugehen.

Auf der Grundlage der theoretischen Annahmen und der herausgestellten Prämissen sowie vor dem Hintergrund des heterogenen Probandenpools sind zwei Subfacetten für die Facette zum pädagogischen Wissen operationalisiert worden. Die Subfacetten lauten:

- Subfacette PW1 WOL: Wissen über Lernorganisation
- Subfacette PW2 TKLP: Wissen über theoretische Konzepte und Lernprozesse

Tab. 4 | Zuordnung der Items in der Facette zum pädagogischen Wissen

Pädagogisches Wissen	
PäW1 WOL	5, 15, 23, 24
PäW2 TKLP	1, 12, 25

Insgesamt befinden sich sieben Items in dieser Facette. Im Folgenden werden die beiden Subfacetten näher beschrieben.

Subfacette PW1 WOL: Wissen über Lernorganisation
Die vier Items zu dieser Subfacette beziehen sich auf die Strukturierung und Organisation von Unterricht bzw. Bildungsveranstaltungen. Dabei ist maßgeblich, welche Entscheidungen in Unterrichtssituationen getroffen werden und wie beispielsweise geplant wird. Insgesamt sind für diese Facette vier Items konzeptualisiert worden.

Das Item mit der Nummer fünf ist ein Beispiel für ein offenes Item.

> **Item Nr. 5:** Ein Mädchen zeigt auf. Sie hat in einem Buch den Begriff „anthropogen" gelesen und fragt, was er bedeute, viele andere Teilnehmer wissen es auch nicht.
> Bitten geben Sie an, wie Sie den Begriff an dieser Stelle in den Verlauf einbinden würden.

Zur Beurteilung der Antworten wurde im Codierleitfaden ein Bewertungssystem festgelegt. Die Antworten sollen zeigen, inwiefern diese Situation von der Lehrkraft / dem Bildungsakteur als Gelenkstelle genutzt wird oder ob möglicherweise ein Bruch entsteht.

Ein weiteres Item dieser Facette – nun im geschlossenen Format – ist das Item mit der Nummer 15, welches sich auf die Planung bezieht.

> **Item Nr. 15:** Sie möchten zunächst den Ablauf erklären.
> Welche der hier vorgeschlagenen Einstiegssituationen würden Sie vermutlich wählen (Einfachnennung)?
>
> - O   Folie mit Arbeitsplan auflegen (Organisation der Vormittage bereits festgelegt)
> - O   Folie mit relevanten Inhalten auflegen (ohne Organisation)
> - O   Ideen mit den Jugendlichen sammeln und Plan erstellen
> - O   Mindmap zum Klimawandel
> - O   Film zur Polschmelze zeigen
> - O   Die Jugendlichen eine Definition im Internet suchen lassen

Diese Antworten sollen zeigen, ob die Akteure schülerinnen- oder schülerorientiert planen und die Lernerinnen und Lerner mit in die Planung einbeziehen.

Item Nr. 24 hingegen fragt eher nach theoretischem Wissen, was in der Praxiserfahrung möglicherweise schon gefestigt wurde:

> **Item Nr. 24:** Sie haben es geschafft, die Jungen und Mädchen in eine Gruppenarbeitsphase zu entlassen. Beim Einsatz von Gruppenarbeit wird häufig beobachtet, dass einzelne Personen innerhalb der Gruppe sich nicht optimal anstrengen.
> Nennen Sie Möglichkeiten, wie man Gruppenarbeit strukturieren kann, damit diese Problematik nicht auftritt.

Es wurden ebenfalls ein Kategoriensystem zur Bewertung entworfen und die Antworten entsprechend bepunktet.

Subfacette PW2 TKLP: Wissen über theoretische Konzepte und Lernprozesse
In dieser Facette sind insgesamt drei Items gebildet worden. Ein Beispiel ist die Nummer 25.

> **Item Nr. 25:** Bitte geben Sie an, nach welchen Grundprinzipien bzw. Kriterien Sie den Inhalt Ihrer Bildungsveranstaltungen auswählen und strukturieren.

Auch hier wurde mit dem Codierleitfaden und einem Punktesystem gearbeitet. Auch die anderen Items zu dieser Facette beziehen sich auf mögliche Präkonzepte von Lernerinnen und Lernern.

Die zweite Raterin ist eine Lehramtsstudentin, weshalb sie ebenfalls Vorkenntnisse aus der Pädagogik und Psychologie mitbringt.

An dieser Stelle der Arbeit wird deutlich, dass in den Facetten des kognitiven Wissens mehr eigene Operationalisierungen auf Basis der theoretischen Grundlagen vorgenommen wurden. Dies stellte sich bei den nicht-kognitiven Facetten etwas anders dar.

3.4.3 Operationalisierung der nicht-kognitiven Facetten der professionellen Handlungskompetenz

Neben den kognitiven Aspekten zählen auch nicht-kognitive Bestandteile zur professionellen Handlungskompetenz. Im Modell für diese Arbeit sind sie differenziert in die Motivation und die Selbstwirksamkeit.

Kunter (2011a) macht deutlich, dass ungefähr ab der Jahrtausendwende ein Wandel in der Motivationsforschung bei Lehrkräften eingetreten ist und nun mehr der Anschluss an die generisch-psychologischen Theorien zur Motivation gesucht wurde. Ferner macht Kunter auf eine Veränderung bei den Methoden aufmerksam, da in den letzten Jahren verstärkt Fragebogenstudien eingesetzt wurden und weniger populationsbeschreibend gearbeitet wurde. Ziel dieses Wandels ist unter anderem, Unterschiede innerhalb der Gruppe von Lehrkräften feststellen und unterschiedliche Verhaltensmuster erklären zu können (vgl. Kunter 2011a, 531). Diese Merkmale, die sich unterscheiden können, sind gegliedert in affektiv-evaluative Merkmale, selbstbezogene Kognitionen sowie Ziele und Selbstregulationen. Hinsichtlich der Studie zu BNE-Akteurinnen und -Akteuren liegt der Fokus bei den affektiv-evaluativen Merkmalen. Ein klassisches Merkmal dafür ist der Enthusiasmus. Selbstwirksamkeit wiederum ist den selbstbezogenen Kognitionen zuzurechnen.

Von den drei großen Themenbereichen der Lehrermotivationsforschung Motive, Enthusiasmus und Selbstwirksamkeit stehen aufgrund der Probandengruppe der Enthusiasmus sowie die Selbstwirksamkeit im Zentrum der Betrachtung. Es ist anzunehmen, „dass intrinsisch motivierte Lehrkräfte insgesamt mehr Engagement im

Beruf zeigen, was sich zum Beispiel in der Weiterbildungsbereitschaft, in intensiver Vorbereitung auf den Unterricht und in einer größeren Offenheit, neue Methoden zu nutzen, manifestieren könnte" (KUNTER 2011b, 266).

Anders als bei den vorherigen Operationalisierungen zum Fachwissen, fachdidaktischen und pädagogischen Wissen erfolgt bei den nicht-kognitiven Aspekten eine stärkere Anlehnung an bereits existierende Skalen zur Messung von Motivation und Selbstwirksamkeit, auf die im Folgenden näher eingegangen wird.

3.4.3.1 Operationalisierung der Items zur Motivation

Motivation ist ein unerlässlicher Bestandteil der professionellen Handlungskompetenz, schließlich hängt es von motivationalen Faktoren ab, wie viel kognitive Ressourcen Lehrkräfte im Unterricht investieren und inwiefern sie bereit sind, sich auch im Beruf weiterzubilden und die Motivation aufrechtzuerhalten.

Enthusiasmus an sich ist ein weitgreifender Begriff, Kunter spricht gar von der „völlig uneindeutigen Bedeutung des Konstrukts" (KUNTER 2008, 35). Basierend auf den Theorien zur intrinsischen Motivation von RHEINBERG und VOLLMEYER (2012) sowie SCHIEFELE (2008) und der Interessentheorie nach KRAPP (2002) wird auch in der COACTIV-Studie in zwei Dimensionen von Enthusiasmus differenziert. Zum einen existiert ein tätigkeitsbezogener Enthusiasmus, zum anderen ein Enthusiasmus für das Fach. Enthusiasmus wird als eine intrinsisch motivationale Disposition verstanden.

Übertragen auf BNE lassen sich somit folgende Subfacetten für die Motivation von BNE-Akteurinnen und -Akteuren bilden:

1) Subfacette MO1 ENEKWE: Enthusiasmus (B)NE und Klimawandel
2) Subfacette MO2 EBA: Enthusiasmus für Bildungsarbeit

In der vorliegenden Studie wurden hierzu folglich zwei Skalen gebildet. Es wurden konstruierte Skalen eingesetzt, welche aus der COACTIV-Studie adaptiert und hinsichtlich BNE und der nonformellen Unterrichtssituation umformuliert wurden. Die Trennung der in der COACTIV-Studie verwendeten Skalen war empirisch nachweisbar (vgl. KUNTER 2011b).

Die erste Skala umfasst neun Items zur Subfacette 1, welche sich auf den Enthusiasmus für (B)NE und Klimawandel bezieht, die zweite Skala beinhaltet acht Items, die sich wiederum auf die Subfacette 2 konzentrieren, welche den Enthusiasmus für Bildungsarbeit allgemein misst. In beiden Skalen wurden die Items über eine Likert-Skala in vier Stufen operationalisiert.

Subfacette MO1 ENEKWE: Enthusiasmus (B)NE und Klimawandel

Tab. 5 | Skala zum Enthusiasmus für (B)NE und Klimawandel. Auszug aus dem Testinstrument.

	Item	Stimmt nicht	Stimmt eher nicht	Stimmt eher	Stimmt
1	Ich finde das Thema Klimawandel interessant.				
2	Eine nachhaltige Entwicklung ist mir ein wichtiges Anliegen.				
3	Inhalte, die mit nachhaltiger Entwicklung zu tun haben, unterrichte ich gerne.				
4	Der nachhaltigen Entwicklung wird zu viel Gewicht beigemessen.				
5	Bildung für nachhaltige Entwicklung ist für mich ein wichtiges Anliegen.				
6	Ich glaube, dass Jugendliche sich bei Themen der nachhaltigen Entwicklung langweilen.				
7	Ich bin überzeugt, gemeinsam mit jungen Menschen etwas in Richtung nachhaltigere Entwicklung bewirken zu können.				
8	Ich glaube, dass wir als Multiplikatoren letztlich schon dazu beitragen können, dass Jugendliche ihr Verhalten überdenken.				
9	Ich denke, dass in außerschulischen Bildungsveranstaltungen die Denkanstöße in Richtung einer nachhaltigen Entwicklung geliefert werden, die eine Verhaltensänderung initiieren können.				

Im Testinstrument befinden sich die Skalen im hinteren Teil des Fragebogens unter der Itemnummer 31.

Subfacette MO2 EBA: Enthusiasmus für Bildungsarbeit

Tab. 6 | Skala zum Enthusiasmus für Bildungsarbeit. Auszug aus dem Testinstrument.

	Item	Stimmt nicht	Stimmt eher nicht	Stimmt eher	Stimmt
10	Ich bin gerne im Bildungsbereich tätig.				
11	Ich vermittle gerne wichtige Inhalte.				
12	Wenn ich eine Arbeit außerhalb des Bildungsbereiches finden würde, würde ich sie annehmen.				
13	Mir macht es Freude, neue Methoden und Medien auszuprobieren.				
14	Die Bildungsarbeit macht mir keinen Spaß.				
15	Ich arbeite mich gern in neue Inhalte ein und strukturiere sie.				
16	Es ist der Umgang mit Kindern und Jugendlichen, der mir an meiner Tätigkeit gefällt.				
17	Es sind vor allem die Themen, die mir Spaß machen.				

Die unterschiedlichen Items sollen möglichst breit abdecken, was die Probandinnen und Probanden motiviert. Die Items zur Selbstwirksamkeit ähneln den obigen etwas, was sich dadurch erklärt, dass sowohl Enthusiasmus als auch Selbstwirksamkeit Teile der Motivation sind.

3.4.3.2 Operationalisierung der Items zur Selbstwirksamkeit

Das Konzept der individuellen und kollektiven Selbstwirksamkeit ist hier von besonderem Interesse. Daher liegt bei der Operationalisierung der Items zu dieser Facette der Schwerpunkt auf dem Bereich der Selbstwirksamkeit. Diese Skala umfasst zwölf Items.

SCHMITZ und SCHWARZER (2002) verweisen in ihrem Artikel darauf, dass die individuelle Lehrer-Wirksamkeit zum Beispiel im Rahmen des Modellversuchs „Verbund selbstwirksamer Schulen" untersucht wurde und beziehen sich dabei auf die „deutsche Lehrer-Selbstwirksamkeitsskala" (SCHMITZ & SCHWARZER 2002, 194), welche in der sozial-kognitiven Theorie, also in den Ansätzen BANDURAS (1997) wurzelt. Diese Skala umfasst vier Bereiche der beruflichen Tätigkeiten von Lehrkräften:

1) allgemeine berufliche Leistung,
2) berufsbezogene soziale Interaktion,
3) Umgang mit Stress und Emotionen,
4) spezifische Selbstwirksamkeit von innovativem Handeln.

Bei der Konstruktion der Skala für die hier vorliegende Studie boten diese vier Kategorien eine gute Grundlage. Die oben genannte Lehrer-Selbstwirksamkeitsskala wurde ursprünglich für die individuelle Selbstwirksamkeit konstruiert. „Bei der kollektiven Selbstwirksamkeit geht es um überindividuelle Überzeugungen von der Handlungskompetenz einer bestimmten Bezugsgruppe." (SCHMITZ & SCHWARZER 2002, 195). Dabei ist die kollektive Selbstwirksamkeit aber nicht die Summe der individuellen Selbstwirksamkeit der Gruppe – dies gilt es bei der Formulierung der Items zu bedenken. Da die Probandinnen und Probanden dieser Studie zu BNE-Akteurinnen und -Akteuren sich untereinander aber nicht kennen, kann somit nicht von einer Bezugsgruppe ausgegangen werden, da es sich lediglich um eine sich untereinander unbekannte Gruppe handelt. Aus diesem Grund wurde in dieser Studie zwar die Bedeutung der kollektiven Selbstwirksamkeit bei BNE-Akteuren für wichtig erkannt, jedoch ist es nicht möglich, diese mit einer feststehenden Bezugsgruppe zuverlässig zu messen. Es ist lediglich möglich, generelle Aussagen zu formulieren, bei denen das Individuum als Erhebungseinheit gesehen wird und die eigene Bezugsgruppe bei der Beantwortung der Fragen bedenkt. Dies würde bedeuten, dass ein Proband zum Beispiel generell davon ausgeht, dass er oder sie in dem jeweiligen Team sehr viel erreichen kann.

Da die Items zu den kognitiven Wissensfacetten sich jedoch auf Situationen beziehen, welche den Multiplikator / die Multiplikatorin in dem Moment als einzeln agierenden Menschen sehen, werden die Items weitestgehend auf die individuelle Selbstwirksamkeit ausgerichtet. Bei der Formulierung der Items boten die in der Publikation von SCHMITZ und SCHWARZER (2002) einsehbaren Skalen eine hilfreiche Grundlage. Auf Basis dieser wurden die Items zur Selbstwirksamkeit in einer Likert-

Skala operationalisiert. Darum wurde hier auf eine weitere Ausdifferenzierung in Subfacetten verzichtet.

Anregungen für diese Skala gehen auf Schwarzer und Jerusalem sowie auf Schmitz und Schwarzer und die Ausführungen von RHEINBERG zurück (2004, 108).

Tab. 7 | Skala zur Selbstwirksamkeit. Auszug aus dem Testinstrument.

	Item	Stimmt nicht	Stimmt eher nicht	Stimmt eher	Stimmt
1	Ich weiß, dass ich es schaffe, selbst problematischen Stoff zu vermitteln.				
2	Ich bin mir sicher, dass ich auch mit problematischen Lernern in guten Kontakt kommen kann, wenn ich mich bemühe.				
3	Selbst wenn meine Bildungsveranstaltung gestört wird, bin ich mir sicher, dass ich noch gut auf meine Teilnehmer eingehen kann.				
4	Selbst wenn es mir mal nicht so gut geht, bin ich mir sicher, dass ich noch gut auf die Teilnehmer meiner Veranstaltungen eingehen kann.				
5	Auch wenn ich mich noch so sehr für die Entwicklung meiner Lerner engagiere, weiß ich, dass ich nicht viel ausrichten kann.				
6	Ich bin mir sicher, dass ich kreative Ideen entwickeln kann, mit denen ich ungünstige Strukturen in der Veranstaltung ändern kann.				
7	Ich traue mir zu, Jugendliche für ein Projekt zu begeistern.				

	Item	Stimmt nicht	Stimmt eher nicht	Stimmt eher	Stimmt
8	Ich kann Veränderungen im Rahmen neuer Konzepte auch gegenüber skeptischen Kollegen durchsetzen.				
9	Auch bei der Planung von Veranstaltungen kann ich Methoden kooperativen Lernens systematisch einbinden.				
10	Unabhängig vom Thema weiß ich, wie ich Lerner einbeziehen kann.				
11	Es tut mir gut, wenn ich weiß, dass Jugendliche gerne in meine Veranstaltung kommen.				
12	Ich bin überzeugt, gemeinsam mit Jugendlichen etwas bewirken zu können.				

Die Skala umfasst ebenfalls eine vierstufige Antwortoption und ist somit eine verbalisierte Intervallskala. Es sind bewusst nur vier Optionen eingetragen, um die sonst häufig vorkommende Neigung, eine mittlere Variante anzukreuzen, zu vermeiden (vgl. PORST 2014, 83).

Die Skala ist von der Grundlage her stark angelehnt an die von SCHWARZER und SCHMITZ (1999), jedoch so angepasst, dass sie sowohl für non-formelle Multiplikatorinnen und Multiplikatoren als auch für Lehrkräfte passend ist. Unter Betrachtung der Items und der vier Bereiche der Lehrer-Selbstwirksamkeitsskala (s. o.) sind drei Items der allgemeinen beruflichen Leistung zuzuordnen (Nr. 1, 5, 7, 9 und 12). Nr. 12 kann gleichzeitig auch auf kollektive Selbstwirksamkeit bezogen werden. Die Konstrukte werden in dieser Skala aber nicht getrennt. Grund ist die zuvor beschriebene Schwierigkeit bei der Bezugsgruppe der Probandinnen und Probanden. Bei dem Item Nr. 5 findet eine Umpolung als Kontrollmechanismus statt. Es bezieht sich inhaltlich aber auf allgemeine berufliche Leistungen. Die berufsbezogene soziale Interaktion wird mit den Items 2, 3, 10, 11 abgefragt. Beispielhaft sei hier das Item Nr. 2 rausgegriffen, welches sich explizit auf soziale Interaktion bezieht. Teilweise sind die Bereiche nicht immer eindeutig abzugrenzen und manche Items können sicherlich auch anderen Facetten zugerechnet werden. Nr. 11 ist ebenfalls ein Item, was auch dem Bereich „Umgang mit Stress und Emotionen" zugeordnet werden könnte. Eindeutig für die Kategorie ist jedoch das Item Nr. 4 konstruiert, das sich explizit auf das Befinden des Probanden bezieht. Der letzte Bereich umfasst die spezifische Selbstwirksamkeit von innovativem Handeln und wird mit den Items Nr. 6 und 8 abgedeckt.

3.4.4 Gütekriterien

Die Erstellung des Erhebungsinstruments bildet einen sehr wichtigen Teil der Studie. Anhand der Hauptgütekriterien der empirischen Forschung lassen sich sozusagen die zuvor erläuterten Strukturannahmen überprüfen. Zu den Hauptgütekriterien zählen die Objektivität, die Reliabilität sowie die Validität. In dieser Arbeit wird die Darstellung der Überprüfung relativ knapp gehalten und aufgrund der zeitlichen und personellen Ressourcen erfolgt an dieser Stelle keine detaillierte Prüfung nach allen möglichen Kriterien.

3.4.4.1 Objektivität

Die Befragung wurde im standardisierten Paper-Pencil-Verfahren unter Anwesenheit der Autorin durchgeführt, wobei keine Hilfsmittel zur Verfügung standen. Die Befragung wurde weder durch die Autorin noch durch die Probandinnen und Probanden beeinflusst, wodurch eine Durchführungsobjektivität gewährleistet war. Ferner handelt es sich bei den Items und den dann gegebenen Antworten um quantifizierbare Werte. Über das entwickelte Kategoriensystem sind den Antworten Zahlenwerte zuzuordnen.
Für die Auswertung der Ergebnisse wurde eine zweite Raterin hinzugezogen, welche die Antworten getrennt anhand des Auswertungskatalogs eingestuft hat, sodass auch hier eine Interpretationsobjektivität gegeben war.

3.4.4.2 Reliabilität

Für diese Studie ist es zielführend, eine Konsistenzanalyse durchzuführen, die die interne Konsistenz einer Skala über den Koeffizienten Cronbachs α berechnet. Je stärker die Korrelation zwischen den einzelnen Teilen des Tests ist, desto höher fällt die interne Konsistenz aus. Dieses Reliabilitätskriterium eignet sich zudem für Messungen, die nur einen Messzeitpunkt erfassen. Es beruht auf der durchschnittlichen Korrelation zwischen den Items.
Im Folgenden werden daher die Werte für die interne Konsistenz im Rahmen der Testoptimierung dargestellt. Die Darstellung erfolgt unter Einbezug des Optimierungsprozesses und gegliedert nach den einzelnen Facetten der professionellen Handlungskompetenz. Die Berechnungen wurden mit der Software SPSS 23 durchgeführt. Ebenso erfolgte eine methodische Beratung durch einen Experten der pädagogischen Psychologie, der Expertise in der Kompetenzmessung aufweist.

Skalen der kognitiven Komponenten der professionellen Handlungskompetenz

Skala zum Fachwissen
Mit allen elf Items in der Analyse der internen Konsistenz liegt *Cronbachs Alpha bei .48*. Dieser Wert ist zunächst nicht sehr positiv zu werten, sodass es einer Optimierung der Skala bedarf. Einige Items ergaben bei der Auswertung schlechte Mittelwerte und wurden von der Gesamtauswertung ausgeschlossen. Durch das Weglassen des Items Nr. 3 erhöht sich *Cronbachs Alpha bereits auf .519*. Ebenfalls wurden die beiden Items Nummer 6 und 7 weggelassen. Dieses Auslassen erhöht ebenfalls Cronbachs Alpha, weswegen die Skala mit den Item-Nummern 8, 9, 20, 22, 29, 30, 21, 26 gebildet wurde. Bei der Reliabilitätsanalyse ergab sich dann ein *Cronbachs Alpha von .545*. Da die Subfacetten nach wie vor alle abgedeckt sind, ist die Auslassung der Items 3, 6, 7 inhaltlich vertretbar.
Die Skala für die Wissensfacette zum gesamten Fachwissen besteht folglich aus acht Items und ergibt ein Cronbachs Alpha von .545.
Ferner ist bei dieser Wissensfacette eine differenziertere Reliabilitätsanalyse im Hinblick auf die Subfacetten des Fachwissens vorgenommen worden, welche in „Fachwissen zum Klimawandel" sowie „Konzeptwissen zur Nachhaltigkeit" unterteilt ist. Die Subskala für das Konzeptwissen besteht aus den Items Nr. 20, 21 und 22. Die Reliabilitätsanalyse für diese Subfacette ergab ein Cronbachs Alpha von .568.
Die Subskala zum Fachwissen zum Klimawandel umfasst bei der endgültigen Berechnung noch fünf Items. Cronbachs α liegt bei .488. Hier wurden die Subskalen „Allgemeines Wissen eines Erwachsenen zum Klimawandel" sowie „Forschungswissen zum Klimawandel" zusammengefasst, da ausreichend Items verfügbar waren, welche inhaltlich sowohl die Skalen als auch die Ursachen, Folgen und Maßnahmen des Klimawandels abdecken. Cronbachs α liegt bei allen drei Skalen in einem mittleren Bereich. Es gilt jedoch zu bedenken, dass es sich um eine sehr geringe Itemanzahl handelt, was automatisch zu einem niedrigeren Wert führt. Die Ergebnisse der Reliabilitätsanalyse wurden ebenfalls mit dem Experten aus der Pädagogischen Psychologie diskutiert, der für die Beibehaltung der Skalen votierte.

Tab. 8 | Ergebnisse der Reliabilitätsanalysen zum Fachwissen

Skalen	Einbezogene Items (Gesamtanzahl der Items)	Cronbachs α
Gesamtskala Fachwissen ursprünglich	3,6,7,8,9,20,21,22,26,29,30 (11)	.482
Endgültige Skala Fachwissen gesamt	8,9,20,21,22,26,29,30 (8)	.545

Skalen	Einbezogene Items (Gesamtanzahl der Items)	Cronbachs α
Subskala Fachwissen Klimawandel	8,9,26,29,30 (5)	.488
Subskala Konzeptwissen (B)NE	20,21,22 (3)	.568

Skala zum fachdidaktischen Wissen
Die Gesamtskala „Fachdidaktisches Wissen" umfasst ursprünglich zehn Items. Die Reliabilitätsanalyse mit den zehn Items ergibt ein Cronbachs Alpha von .68. Auch hier verschlechtern einige Items den Wert, weswegen sie von der Analyse ausgeschlossen wurden.

Tab. 9 | Ergebnisse der Reliabilitätsanalyse zum fachdidaktischen Wissen

Skalen	Einbezogene Items (Gesamtanzahl der Items)	Cronbachs α
Gesamtskala fachdidaktisches Wissen ursprünglich	4,10,11,13,14,17,18,19,27,28 (10)	.680
Endgültige Skala zum fachdidaktischen Wissen	4,11,13,14,17,18,19,27 (8)	.746

Inhaltlich ist auch hier nach dem Ausschluss zweier Items noch die Vollständigkeit gegeben, da die Subfacetten abgedeckt werden. Auf eine Differenzierung in die Subfacetten wurde verzichtet, da es sich sowieso um eine kleine Skala handelt und die interne Differenzierung in erster Linie der Interpretation dient.

Skala zum pädagogischen Wissen
Die Skala zum pädagogischen Wissen umfasst acht Items. Bei der Berechnung der Reliabilitätsanalyse ergab sich ein Cronbachs Alpha von .419. Es werden nicht alle Items in die Endberechnung einbezogen, da sie sich nicht eigneten. Erhalten bleiben die Items 5, 25, 15, 24, 16.
Mit den fünf verbleibenden Items ergibt sich ein Cronbachs Alpha von .543.

Tab. 10 | Ergebnisse der Reliabilitätsanalyse zum pädagogischen Wissen

Skalen	Einbezogene Items (Gesamtanzahl der Items)	Cronbachs α
Gesamtskala pädagogisches Wissen ursprünglich	1,5,12,15,16,23,24,25 (8)	.419
Endgültige Skala zum pädagogischen Wissen	5,15,16,24,25 (5)	.543

Diese Skala ist damit die kleinste der drei kognitiven Wissensfacetten. Zwar weist auch diese Skala einen nur mittleren Wert auf, für die Anlage und Größe der Studie jedoch sind dies nach Ansicht des psychologischen Experten realistische Werte.

Skalen der nicht-kognitiven Facetten der professionellen Handlungskompetenz
Diese beiden Skalen unterscheiden sich im Aufgabenformat von den Items der kognitiven Wissensfacetten, da sie in Form einer Likert-Skala formuliert sind.

Skala zur Motivation
Auch für die nicht-kognitiven Wissensfacetten sind die Skalen auf ihre Reliabilität geprüft worden. Die Motivation ist in zwei Facetten unterteilt worden, da gemessen werden sollte, inwiefern sich Unterschiede zwischen den Lehrkräften und außerschulischen Kräften bei der Motivation für das Thema Klimawandel (Motivation 1) und für das Unterrichten (Motivation 2) ergeben. Diese Motivationen wurden getrennt voneinander erhoben.
Die erste Facette der Motivation 1 umfasst alle Items, die auf den Enthusiasmus für das Thema Klimawandel allgemein abzielen. Sowohl die Lehrkräfte als auch die außerschulischen Akteure sind im Bildungsbereich tätig und konnten daher die Fragen gleichermaßen beantworten. Die Skala „Motivation 1: Enthusiasmus (B)NE und Thema Klimawandel" umfasst neun Items. Die Reliabilitätsanalyse ergibt ein Cronbachs Alpha von .703.
Bei der zweiten Subfacette, die auch mit Enthusiasmus für die Bildungsarbeit bezeichnet wird, wurden insgesamt sieben Variablen in die Berechnung einbezogen. Die Reliabilitätsanalyse für diese Skala zur Facette „Motivation 2: Enthusiasmus für Bildungsarbeit" ergab insgesamt ein Cronbachs Alpha von .651.

Tab. 11 | Ergebnisse der Reliabilitätsanalyse zur Motivation

Skalen	Einbezogene Items (Gesamtanzahl der Items)	Cronbachs α
Subskala Motivation 1	Itemblock 31 a-i (9)	.703
Subskala Motivation 2	Itemblock 31 j-p (7)	.651

Skala zur Selbstwirksamkeit

Neben der Motivation wurde die Selbstwirksamkeit als eine weitere nicht-kognitive Facette der professionellen Handlungskompetenz in die Berechnung einbezogen. Insgesamt bilden zwölf Items die Skala für die Selbstwirksamkeit. Die Reliabilitätsanalyse für die Skala „Selbstwirksamkeit" ergibt ein Cronbachs Alpha von .748. Die Werte für die nicht-kognitiven Facetten fallen somit gut aus.

Tab. 12 | Ergebnisse der Reliabilitätsanalyse zur Selbstwirksamkeit.

Skalen	Einbezogene Items (Gesamtanzahl der Items)	Cronbachs α
Gesamtskala Selbstwirksamkeit	Itemblock 32 a-l (12)	.748

Zwar ergeben die Berechnung des Cronbachs Alpha insbesondere bei den kognitiven Wissensfacetten keine sehr hohen Werte, doch dies ist insbesondere der geringen Anzahl der Items geschuldet, was wiederum mit der Größe der Stichprobe und auch der Zumutbarkeit der Dauer der Befragung in Zusammenhang steht. Für die Studie handelt es sich um angemessene Werte und das Testinstrument wurde auch nach Rücksprache mit Experten für reliabel befunden.

3.4.4.3 Validität

Neben den Gütekriterien der Objektivität und Reliabilität wird der Validität eines Testinstruments die größte Bedeutung beigemessen. „Validität bezieht sich auf die Frage, ob ein Test wirklich das Merkmal misst, was er messen soll bzw. zu messen vorgibt. Die Validität bezieht sich dabei auf die Gültigkeit verschiedener möglicher Interpretationen von Testergebnissen" (PROSPESCHILL 2010, 24).
Die Validität wird in der Literatur (vgl. z. B. PROSPESCHILL 2010; MOOSBRUGGER & KELAVA 2012) in vier verschiedene Typen differenziert: Inhalts-, Konstrukt-, Kriteriums- und Augenscheinvalidität. Zur genaueren Beschreibung der einzelnen Validitätstypen

sei hier auf die oben angegebene Literatur verwiesen. Da sich für die Studie zur professionellen Handlungskompetenz von BNE-Akteuren die Inhaltsvalidität am besten eignet, wird im Folgenden lediglich darauf eingegangen.

Der Inhalt bestimmt hier, was er messen soll – so auch nach der Definition von MURPHY und DAVIDSDORFER (2001), welche sich ebenso ausführlich mit der Inhaltsvalidität befassen. Die Frage, die der Inhaltsvalidität zugrunde liegt, ist, inwiefern Items eines Tests eine repräsentative Stichprobe aus allen Items sind, welche sich auf das zu erfassende Merkmal beziehen. Übertragen auf den Kontext der BNE würde dies folgende Frage bedeuten: Erfassen die Items zum Fachwissen auch wirklich das Fachwissen von BNE-Akteurinnen und -Akteuren?

Die Inhaltsvalidität wird nicht mit numerischen Werten berechnet und angegeben, sondern über intensive Inhaltsanalysen und Beurteilungen bestimmt. Damit gibt es für die Inhaltsvalidität keine objektive Überprüfbarkeit.

Das Messinstrument dieser Studie wurde ausführlich diskutiert und beschrieben. Dies erfolgte durch Beratung von Experten sowie anhand der schriftlichen Dokumentation in Form dieser Arbeit. Im Rahmen der Diskussion über das Instrument wurde zum Beispiel erörtert, ob die Items tatsächlich den jeweiligen Facetten zugeordnet werden können und inwiefern sie repräsentativ sind für den in der Studie eingegrenzten Bereich des Fachwissens.

Die Inhaltsvalidität kann zudem weiter ausdifferenziert betrachtet werden: So wird in der Literatur unterschieden in

- logische und empirische Validität und
- operational und theoretisch definierte Merkmale

(vgl. PROSPESCHILL 2010, 178).

Für diese Studie wurde eine Inhaltsvalidierung über operational und theoretisch definierte Merkmale gewählt. „Bei operational definierten Merkmalen bezieht sich die Inhaltsvalidität auf die Generalisierung von Interpretation von Testresultaten über die Inhalte des Tests hinaus" (PROSPESCHILL 2010, 179). Die Beurteilung der Experten mit verbalen Kriterien bietet eine Möglichkeit, die Inhaltsvalidität entsprechend zu evaluieren. Dies ist ein generalisierendes Vorgehen.

Theoretisch definierte Merkmale rücken das Konstrukt in den Vordergrund, welches sich aus der Theorie ableitet. Die Items definieren sich hier als Teil des theoretischen Konstrukts, wobei der Inhalt auf Itemebene relevant ist. Die theoretische Merkmalsdefinition zielt auf die erklärende Interpretation von Unterschieden ab (vgl. PROSPESCHILL 2010, 180). Die Experten bewerteten, inwiefern die Items des entwickelten Testinstruments Rückschlüsse auf das dahinterliegende Konstrukt ermöglichen. Somit wurde die Inhaltsvalidität über dieses Vorgehen geprüft.

Folglich steht bei dieser Form der Validität eine kritische Prüfung der Testinhalte im Vordergrund, sie wird durch aus der Theorie abgeleitete Argumente gestützt (vgl. HARTIG, FREY & JUDE 2012, 148-151). Nach MURPHY und DAVIDSDORFER (2001) gilt auch das Expertenrating nicht als absolut und endgültig. Schmiemann und Lücken (2014) schlagen eine Maßnahme vor, um die Inhaltsvalidität darüber hinaus transparent für den Rezipienten einer Studie zu machen, welche darin besteht, repräsentative Items in die Testbeschreibung einzubinden und zu erläutern (vgl. Kapitel zur Operationalisierung).

Das entworfene Testinstrument hat somit alle Phasen der vorherigen Prüfung durchlaufen und erweist sich als objektiv, reliabel und valide. Im Rahmen der Pilotierung haben sich sowohl die Pretests als auch die Optimierung über die Skalenbildung als sehr hilfreich erwiesen. Dabei sind bereits einige Items für die Auswertung ausgeschlossen worden. Dennoch ermöglicht der Fragebogen eine Messung der professionellen Handlungskompetenz von BNE-Akteurinnen und -Akteuren.

4　Ergebnisse der Studie

In diesem Kapitel erfolgen zunächst genauere statistische Angaben zur Stichprobe, bevor die Ergebnisse für die Facetten der professionellen Handlungskompetenz dargestellt werden. Diese werden nach den jeweiligen kognitiven Facetten Fachwissen, fachdidaktisches Wissen und pädagogisches Wissen gegliedert aufgeführt. Daran schließen sich die Ergebnisse der nicht-kognitiven Facetten zur Motivation und Selbstwirksamkeit an. Anfangs werden die Ergebnisse für die jeweilige Facette gebündelt in Skalen dargestellt, bevor auf die einzelnen Items eingegangen wird. An dieser Stelle sei nochmals darauf verwiesen, dass die Erhebung im Zeitraum von 2014-2016 stattfand und ein entsprechendes Bild über das Wissen zu diesem Zeitpunkt darstellt. In die Stichprobe sind ausschließlich ausgebildete Geographielehrkräfte sowie außerschulische Bildungsakteurinnen und -akteure einbezogen worden. Lehrkräfte, welche fachfremd unterrichten, wurden nicht in die Erhebung einbezogen. Lehrkräfte, welche über eine Abordnung in Umweltzentren tätig sind, wurden ebenfalls ausgeschlossen. Der Schwerpunkt liegt hier auf der Darstellung der gemessenen Unterschiede zwischen den beiden Akteursgruppen. Zudem werden die diesbezüglich aufgestellten Hypothesen verifiziert bzw. falsifiziert. Die Unterschiede zwischen den Lehrkräften und außerschulischen BNE-Kräften werden mit dem t-Test für unabhängige Stichproben berechnet. Ein zentrales Maß in dieser Studie ist die Signifikanz. Diese wird mit dem Signifikanzkoeffizienten p *(probability)* angegeben, welcher verdeutlicht, inwiefern die gemessenen Unterschiede zwischen den beiden Gruppen auch statistisch signifikant sind (Signifikanzniveau 5 %). Die Ergebnisse sollen eine Antwort auf die zentrale Fragestellung der Arbeit geben: Über welche professionelle Handlungskompetenz verfügen BNE-Akteurinnen und -Akteure und welche Unterschiede ergeben sich zwischen den Akteursgruppen?

4.1　Statistische Angaben zur Stichprobe

Die nachfolgenden Daten charakterisieren die Stichprobe genauer. Im Rahmen der Befragung wurden die Auskünfte auf der letzten Seite des Testinstruments gewonnen. Die Werte sind in tabellarischer Form dargestellt.

Geschlechterverteilung gesamt

Tab. 13 | Geschlechterverteilung in der Stichprobe

Probandengruppe (n = 102)	Weiblich	Männlich
Lehrkräfte (n= 50)	24	26
Außerschulische BNE-Kräfte (n= 52)	18	34

Damit sind die männlichen Probanden insgesamt in beiden Gruppen in der Mehrzahl, bei den außerschulischen Akteurinnen und Akteuren zeichnet sich dies besonders stark ab.

Angaben zur Dauer der Unterrichtszeit der Lehrkräfte
Bei den befragten Lehrkräften interessiert ebenfalls die Erfahrung als Lehrkraft, welche mit dem Erhebungsinstrument anhand der Dauer der Unterrichtsjahre erfragt wurde. Hier wurde deutlich, dass die meisten befragten Personen erst wenige Jahre Unterrichtserfahrung vorweisen können.

Tab. 14 | Anzahl der Unterrichtsjahre der Lehrkräfte (n = 50)

Unterrichtet seit	Anzahl der Probanden
0-5 Jahren	19
6-10 Jahren	8
11-15 Jahren	6
16- 20 Jahren	7
21-25 Jahren	4
26-30 Jahren	3
mehr als 30 Jahren	3

Die meisten Lehrkräfte befanden sich demnach zum Zeitpunkt der Befragung noch am Anfang ihrer beruflichen Laufbahn. Die Mehrzahl der Personen verfügt über eine 6- bis 20-jährige Berufserfahrung. Zehn Personen der Stichprobe weisen 21 und mehr Dienstjahre auf. Zwar wurde im Fragebogen auch das zweite Fach abgefragt, mögliche Zusammenhänge zwischen der Fächerkombination und BNE-Affinität des Zweitfaches wurden in dieser Studie aber nicht berücksichtigt.

Bei den außerschulischen Akteurinnen und Akteuren wurden die sehr vielfältigen beruflichen Hintergründe erfragt. Diese sind aufgrund der Vielseitigkeit schwer zusammenzufassen. Die folgende Übersicht zeigt jedoch, welche Berufsausbildung die Probandinnen und Probanden absolviert haben.

Tab. 15 | Liste der beruflichen Hintergründe der außerschulischen Probanden (n = 52)

Berufsausbildung	Anzahl Nennungen
Diplom Geographie	4
Magister Geographie und Pädagogik	2
Studium BWL/VWL	2
Ökotrophologie	2
Pädagogik	7
Erwachsenenbildung	2
Maschinenbau	1
Ingenieurswesen (Gartenbau)	3
Politik	2
Soziologie	5
Agrarökologie	1
Diplom Biologie	3
Religionspädagogik	2
Geschichte	1
Magister Chemie, Soziologie	1
Umweltwissenschaften	3
Umweltbildung	2
Musikpädagogik	2
Physik	2
Fortwirtschaft	3
Kulturwissenschaft	2

Angaben zur bisherigen Beschäftigung mit BNE der außerschulischen Probanden
Im Zusammenhang mit dem Konzeptwissen, worauf Hypothese 1b abzielt, war es relevant zu wissen, inwiefern die Probanden sich schon im Vorfeld mit BNE beschäftigt haben und somit ggf. Vorkenntnisse mitbringen. Das Ergebnis ist hier relativ ausgeglichen, wie die nachfolgende Tabelle zeigt.

Tab. 16 | Vorherige Beschäftigung der außerschulischen Kräfte mit BNE (n = 52)

Beschäftigung mit BNE	Anzahl der Probanden
Ja	29
Nein	22
Keine Angabe	1

Beschäftigung der Lehrkräfte mit BNE im Vorfeld

Tab. 17 | Vorherige Beschäftigung der Lehrkräfte mit BNE (n = 50)

Beschäftigung mit BNE	Anzahl der Probanden
Ja	30
Nein	16
Keine Angabe	20

Mithilfe dieser Frage wird geprüft, ob die Probandinnen und Probanden aus dem Lehramt sich im Vorfeld bereits mit (B)NE auseinandergesetzt haben. Das Maß der Auseinandersetzung kann hier jedoch nicht eingeschätzt werden.
Zusätzlich wurde die Frage gestellt, ob die Lehrkräfte bereits im Rahmen von Fortbildungen o. Ä. mit BNE in Verbindung kamen. Diese Ergebnisse zeigen im Zusammenhang mit der Frage nach der generellen Beschäftigung von Lehrkräften, dass diese sich eher über informelles oder non-formales Lernen mit BNE auseinandergesetzt haben.

*Angaben zu möglichen bereits absolvierten Fortbildungen zu BNE bei den Lehr-
kräften*

Tab. 18 | Angaben über bereits absolvierte Fortbildungen zu BNE (n = 50)

Fortbildung zu BNE absolviert	Anzahl der Probanden
Ja	10
Nein	33
Sonstiges	5
Keine Angabe	2

Zu „Sonstiges" zählen in diesem Falle Aussagen, welche ausschließlich „ja" oder
„nein" zugeordnet werden können, z. B. „BNE war mal Gegenstand, aber in Verbindung mit anderem Thema". Viele Probanden haben sich jedoch bereits im Studium mit BNE beschäftigt, was ebenfalls erfragt wurde. Hier zeigte sich folgendes
Bild.

*Angabe zu der Frage, ob bereits zuvor, z. B. im Studium, von BNE gehört wurde
(bei Lehrkräften)*

Tab. 19 | Vorherige Beschäftigung mit BNE im Studium (n = 50)

Im Studium bereits von BNE gehört	Anzahl der Probanden
Ja	27
Nein	19
Keine Angabe	4

*Angaben zu der Dauer der Beschäftigung mit BNE und den Fragen nach dem Glo-
balen Lernen der außerschulischen Probandinnen und Probanden*

Tab. 20 | Übersicht über die Dauer der Beschäftigung mit BNE und die Antworten auf die
Fragen nach dem Globalen Lernen der außerschulischen Probandinnen und Probanden (n =
52)

Dauer der Beschäftigung	Anzahl der Nennungen
Zuvor noch keine Beschäftigung	1

Dauer der Beschäftigung	Anzahl der Nennungen
0-5 Jahre	18
6-10 Jahre	12
11-15 Jahre	4
16-20 Jahre	5
Mehr als 20 Jahre	9
Keine Angabe	3

Aus diesen Ergebnissen geht jedoch nicht hervor, was die Probanden unter dem Maß der Beschäftigung mit BNE verstehen. Diese kann im Studium sowohl durch formelles, non-formales als auch informelles Lernen erfolgt sein.

Aus der Sicht der Lehrkräfte: Zusammenarbeit mit einem Umweltzentrum im Fach Erdkunde

Alle Lehrkräfte wurden am Ende des Fragebogens gefragt, ob im Rahmen des Faches Erdkunde mit Umweltzentren zusammengearbeitet wird. Die Antwortmöglichkeiten waren hier in vier Stufen gegliedert: nie, selten, regelmäßig, fester Bestandteil des Curriculums. Die überwiegende Mehrheit äußerte, dass nur selten eine Kooperation im Fach Erdkunde mit einem Umweltzentrum besteht. Weniger als zehn Personen gaben an, eine feste Kooperation als Teil des Schulcurriculums zu haben. Bei der Frage „Arbeiten Sie mit außerschulischen Bildungszentren im Rahmen des Faches Erdkunde zusammen? Bitte kreuzen Sie Zutreffendes an!" ergab sich folgendes Bild.

Tab. 21 | Zusammenarbeit im Fach Erdkunde mit außerschulischen Lernorten aus der Sicht der Lehrkräfte (n = 50)

Häufigkeit	Anzahl der Nennungen
Nie	14
Selten	23
Regelmäßig	10
Bestandteil des schulinternen Curriculums	3

Im Anschluss folgte die Frage, ob eine feste Kooperation mit einem außerschulischen Bildungszentrum besteht, welches sich mit BNE befasst.

Aus der Sicht der Lehrkräfte: Fest vereinbarte Kooperation mit einem außerschulischen Lernort

Tab. 22 | Feste Kooperation mit einem außerschulischen Lernort aus der Sicht der Lehrkräfte (n = 50)

Antwort	Anzahl der Nennungen
Ja	8
Nein	42

Aus der Sicht der außerschulischen Multiplikatorinnen und Multiplikatoren: Zusammenarbeit mit der Fachschaft Erdkunde

Tab. 23 | Zusammenarbeit im Fach Erdkunde mit außerschulischen Lernorten aus der Sicht der außerschulischen Akteurinnen und Akteure (n = 52)

Häufigkeit	Anzahl der Nennungen
Nie	11
Selten	21
Regelmäßig	14
Bestandteil des schulinternen Curriculums	5
Keine Angabe	1

Hier schloss sich ebenfalls die Frage an, ob eine feste Kooperation zwischen der Bildungseinrichtung und Schulen besteht. Die Frage war jedoch nicht auf das Fach Erdkunde reduziert.

Aus der Sicht der außerschulischen Multiplikatorinnen und Multiplikatoren: Fest vereinbarte Kooperation mit einem außerschulischen Lernort

Tab. 24 | Feste Kooperation mit einem außerschulischen Lernort aus der Sicht der außerschulischen Multiplikatorinnen und Multiplikatoren (n = 52)

Antwort	Anzahl der Nennungen
Ja	35
Nein	17

4.2 Ergebnisse der Facette Fachwissen

Nach KUNTER ET AL. (2011) bildet das Fachwissen, über welches Lehrkräfte verfügen, eine wesentliche Säule ihres Professionswissens. Die Hypothesen 1a und 1b beziehen sich daher auf diese Facette der professionellen Handlungskompetenz und unterscheiden sich hinsichtlich des reinen Wissens über den Klimawandel (Hypothese 1a) und des Konzeptwissens zu NE und BNE (Hypothese 1b):

> **Hypothese 1a:** Die Lehrkräfte verfügen über besseres BNE-relevantes Fachwissen zum Klimawandel, weil sie während des Studiums Fachwissen in der Domäne dazu erworben haben.
>
> **Hypothese 1b:** Die non-formalen Kräfte verfügen über mehr Konzeptwissen zu (B)NE.

Ergebnisse bezüglich des Fachwissens zum Thema Klimawandel
Zunächst gilt es, die Hypothese 1a anhand der Ergebnisse näher zu beleuchten. Das Erhebungsinstrument umfasst fünf Items, mit deren Hilfe die Hypothese 1a geprüft werden soll, da diese sich auf das Forschungswissen zum Klimawandel und das allgemeine Wissen eines Erwachsenen zum Klimawandel beziehen. Die beiden gebildeten Subfacetten „Forschungswissen zum Thema Klimawandel" sowie „Allgemeines Wissen eines Erwachsenen zum Thema Klimawandel" sind hier zusammengefasst worden.

Tab. 25 | Skala zum Fachwissen zum Thema Klimawandel

Skala Subfacette 1: Fachwissen zum Klimawandel $\alpha = .545$		
Item	**Mittelwert (M)**	**Standardabweichung (SD)**
Nr. 8 FW Auswirkungen	4.14	.856
Nr. 9 FW Intensität Dürre	1.16	.887
Nr. 26 FW Tropischer Wirbelsturm	1.99	.777
Nr. 29 FW Rückkopplungseffekte	1.25	1.029
Nr. 30 FW Permafrost	.98	.660

Für die Hypothese 1a ist die obige Skala relevant. Um die Unterschiede zwischen den Akteursgruppen zu messen, wurde zunächst ein t-Test für die gesamte Skala zum Fachwissen über Klimawandel gerechnet, um zu ermitteln, ob es einen signifikanten Unterschied gibt.

Die Ergebnisse für das Fachwissen zum Klimawandel sind in der Tabelle dargestellt.

Tab. 26 | Ergebnisse des t-Tests für die Skala zum Fachwissen zum Thema Klimawandel

t-Test Subskala 1: Fachwissen zum Klimawandel		
Akteursgruppe	**M (Skalensummenmittelwert)**	**SD**
Lehrkräfte	9.48	2.695
Außerschulische BNE-Kräfte	9.54	2.227
p-Wert	p = .904	
df-Wert	df = 100	
t-Wert	t = -.121	

Dieses Gesamtergebnis der Skala zum Fachwissen über den Klimawandel zeigt bei den außerschulischen Akteurinnen und Akteuren ein geringfügig höheres Fachwissen. Der Mittelwert ist bei den außerschulischen Akteurinnen und Akteuren höher ausgeprägt, was bedeutet, dass sie über etwas mehr Fachwissen zum Klimawandel verfügen. Die Ergebnisse bezüglich des Fachwissens sind insgesamt bei beiden Gruppen gut ausgefallen, was deutlich wird, wenn die einzelnen maximal zu erreichenden Werte bei den Items mit den tatsächlich erreichten Mittelwerten abgeglichen werden. Summiert man die maximalen Punktzahlen der Items, welche zur Skala „Fachwissen zum Thema Klimawandel" gehören, so zeigt sich, dass die Mittelwerte der Gesamtskala ebenfalls sehr dicht am aufsummierten maximal zu erreichenden Punktwert liegen. Die geringe Streuung unterstützt diesen Eindruck, die Standardabweichung ist gering.

Bei Hypothese 1a handelt sich um eine einseitig gerichtete Hypothese und einen einseitigen Test. Es wird davon ausgegangen, dass ein Unterschied vorhanden ist, und zwar zugunsten der Lehrkräfte.

> **Hypothese 1a:** Die Lehrkräfte verfügen über besseres BNE-relevantes Fachwissen zum Klimawandel, weil sie während des Studiums Fachwissen in der Domäne dazu erworben haben.

Die Prüfung mithilfe des t-Tests ergibt jedoch keinen signifikanten Unterschied zwischen den beiden Akteursgruppen (p = .904). Die Hypothese 1a wird demzufolge durch die Ergebnisse nicht bestätigt.

Doch welche Items zeigten hier die größten Unterschiede? Dieser Frage soll in den folgenden Abschnitten nachgegangen werden, indem ausgewählte Ergebnisse der Einzelitemanalyse dieser Skala aufgezeigt werden, die offene und geschlossene Items unterschiedlicher Schwierigkeitsgrade umfassen.

Analyse des Items Nr. 8 FW Auswirkungen des Klimawandels
Das Item Nr. 8 beinhaltet eine offene Frage nach den generellen Auswirkungen des Klimawandels. Für die Bewertung dieses Items wurden die Antworten kategorisiert und deren Güte entsprechend qualitativ bewertet. Diese Frage zählt zu den eher leichter zu beantwortenden, wo verhältnismäßig wenig falsche Aussagen getätigt wurden. Demzufolge sind die richtigen Nennungen gezählt und entsprechend einer Punktekategorie zugeordnet worden. Die Antworten wurden von Raterin 1 und Raterin 2 unabhängig bewertet und anschließend eingegeben sowie die Interrater-Reliabilität berechnet. Der t-Test zeigt folgendes Ergebnis:

Tab. 27 | Ergebnisse des t-Tests für Item Nr. 8

Akteursgruppe	M	SD
Lehrkräfte	4.12	.895
Außerschulische BNE-Kräfte	4.15	.826
p-Wert	p = .843	
df-Wert	df = 100	
t-Wert	t = -.199	

Hier ist ersichtlich, dass die außerschulischen Akteurinnen und Akteure ein minimal besseres Ergebnis erzielen, der Unterschied aber nicht signifikant ist (p = .843). Anhand dieser offenen und relativ leichten Frage würde sich die Hypothese, dass Lehrkräfte über ein besseres Wissen über die Folgen des Klimawandels verfügen, demnach nicht verifizieren lassen. Zudem liegt das arithmetische Mittel bei beiden Gruppen dicht am Maximalwert von 5, sodass auch dies belegt, dass beide Probandengruppen hier über gutes Wissen verfügen, was die insgesamt niedrige Standardabweichung SD mit dem Wert von SD= .895 ebenfalls zeigt, da die überwiegende Mehrheit der Probanden hier einen hohen Wert erzielte und nur eine sehr geringe Streuung bei beiden Gruppen gegeben ist.
Der Schwierigkeitsgrad bei dem nächsten Item liegt bereits etwas höher.

Analyse des Items Nr. 9 FW Intensität Dürre
Hinter dem Item Nr. 9 steht eine Frage, welche sich auf das Phänomen der Zunahme und Intensität von Dürren bezieht und eine Nennung von maximal drei richtigen Antworten aus sieben Antwortoptionen fordert. Dieses Item ist insofern anspruchsvoller, als dass es solide Kenntnisse in diesem Themenbereich voraussetzt. Da zum Erhebungszeitpunkt in der gymnasialen Oberstufe in Niedersachsen das Raummodul Nordafrika/Vorderasien mit einem thematischen Schwerpunkt auf Dürregefahren unterrichtet wurde, bestand Anlass zu der Vermutung, dass die Lehrkräfte hier bessere Ergebnisse erzielen würden.

Der t-Test ergab folgende Werte.

Tab. 28 | Ergebnisse des t-Tests für Item Nr. 9

Akteursgruppe	M	SD
Lehrkräfte	.90	.953
Außerschulische BNE-Kräfte	1.40	.748
p-Wert	p = .004	
df-Wert	df = 100	
t-Wert	t = -2.977	

Hier ist der Unterschied viel deutlicher ausgeprägt als bei dem vorherigen Item: Auch hier verfügen die außerschulischen Akteurinnen und Akteure über deutlich mehr Wissen, das Ergebnis ist signifikant (p = .002), aber in die andere Richtung. Das Ergebnis bestätigt die Hypothese 1a auf der Einzelitemebene nicht. Der maximal zu erreichende Wert bei diesem Item liegt bei 2, die Lehrkräfte erreichen hier folglich nicht den mittleren Wert des Maximus, wie das arithmetische Mittel angibt, ebenso ist die Streuung hier größer. Im Vergleich mit den Lehrkräften liegt das arithmetische Mittel der außerschulischen Kräfte schon deutlich näher am zu erreichenden maximalen Punktwert, zudem ist hier die Streuung noch geringer.

Analyse des Items Nr. 26 FW Tropischer Wirbelsturm
Bei diesem Item können die Probandinnen und Probanden drei Antworten auswählen, die im Hinblick auf den Zusammenhang zwischen Klimawandel und tropischen Wirbelstürmen zutreffend sind.

Tab. 29 | Ergebnisse des t-Tests für Item Nr. 26

Akteursgruppe	M	SD
Lehrkräfte	1.98	.795
Außerschulische BNE-Kräfte	2.00	.767
p-Wert	p = .897	
df-Wert	df = 100	
t-Wert	t = -.129	

Hier besteht kein signifikanter Unterschied, die Testgruppen erzielen recht ähnliche Werte, die außerschulischen Kräfte liegen mit dem Ergebnis nur leicht vorne. Maximal konnten die Probandinnen und Probanden hier 3 Punkte erzielen. Das arithmetische Mittel zeigt zwar, dass beide Gruppen über dem mittleren Wert der maximalen Punktzahl liegen, jedoch sind die Standardabweichungen bei beiden nicht so gering.

Analyse des Items Nr. 29 FW Rückkopplungseffekte
Das Item Nr. 29 beinhaltet eine offene Frage zu Rückkopplungseffekten des Klimawandels. Dieses Item ist der Subfacette zum Forschungswissen über den Klimawandel zugeteilt und fragt offen nach Rückkopplungseffekten, die den Probandinnen und Probanden bekannt sind. Die richtigen Antworten wurden gezählt und entsprechend bepunktet.
Der t-Test für dieses Item ergab folgendes Ergebnis.

Tab. 30 | Ergebnisse des t-Tests für Item Nr. 29

Akteursgruppe	M	SD
Lehrkräfte	1.26	1.046
Außerschulische BNE-Kräfte	1.23	1.022
p-Wert	p = .887	
df-Wert	df = 100	
t-Wert	t = .143	

Hier liegen die Mittelwerte der beiden Akteursgruppen nicht weit auseinander. Sie verfügen über einen ähnlichen Kenntnisstand. Der Wissensunterschied erweist sich als nicht signifikant (p = .444). Dieses Item wurde von beiden Akteursgruppen nicht gut gelöst. Das Maximum der zu erreichenden Punktzahl bei der Auswertung der Antworten liegt hier bei 4, beide Gruppen sind mit ihrem arithmetischen Mittel weit davon entfernt. Wissen über Rückkopplungseffekte ist damit nur in geringem Umfang vorhanden.
Anders verhält es sich beim Ergebnis der letzten Einzelitemanalyse der Facette „Fachwissen zum Klimawandel".

Analyse des Items Nr. 30 FW Permafrost
Dieses Item fragt nach den Gründen für das tiefgründige und dauerhafte Auftauen des Permafrostbodens und fordert die Probandinnen und Probanden zu einer Mehrfachnennung auf, bei der sie maximal vier Antworten ankreuzen können. Somit ist es eine geschlossene Frage.
Hier ergaben sich deutlich größere Unterschiede.

Tab. 31 | Ergebnisse des t-Tests für Item Nr. 30

Akteursgruppe	M	SD
Lehrkräfte	1.22	.764
Außerschulische BNE-Kräfte	.75	.437
p-Wert	p = .000	
df-Wert	df = 77.369	
t-Wert	t = 3.795	

Die Mittelwerte der Lehrkräfte liegen deutlich höher als die der außerschulischen BNE-Akteurinnen und -Akteure. Der t-Test ergibt einen hochsignifikanten Unterschied (p = .000). Die Lehrkräfte verfügen in diesem Bereich über hochsignifikant höheres Wissen in diesem Teilbereich als die außerschulischen Akteurinnen und Akteure, was die getätigte Annahme aus der Einzelitemanalyse bestätigt. Auch hier zeigen die Mittelwerte einen deutlichen Abstand zum Maximalwert von 3, wobei die Lehrkräfte schon wesentlich besser abschneiden. Die Standardabweichung bei den außerschulischen Akteurinnen und Akteuren verdeutlicht eine geringere Streuung als bei den Lehrkräften, sodass für diese Gruppe mit diesem Item deutlich wird, dass das Wissen zu Prozessen des Permafrostes sehr verschieden ist.

Die Analyse der Gesamtskala Fachwissen zum Klimawandel sowie deren Einzelitemanalysen zeigen, dass die Lehrkräfte entgegen der Annahme nicht über besseres Fachwissen verfügen als die außerschulischen BNE-Akteurinnen und -Akteure. Die Hypothese 1a kann demzufolge nicht verifiziert werden. Die vier Einzelitemanalysen haben jedoch gezeigt, dass es auf der Skala verschieden stark ausgeprägte Unterschiede zwischen den Akteursgruppen gibt.

Mit dem Blick auf die zu erreichenden Maximalwerte bei den Items kann festgestellt werde, dass die Ergebnisse bei vertieftem Wissen bei beiden Gruppen nicht so hoch sind und beim Fachwissen zum Klimawandel noch Wissenslücken bestehen.

Im Folgenden wird die zweite Hypothese zum Fachwissen mit dem Schwerpunkt auf dem Konzeptwissen und deren Bestätigung oder Widerlegung beleuchtet.

Ergebnisse zum Konzeptwissen über NE und BNE

Die zweite Hypothese bezieht sich auf das Konzeptwissen, welches die Probandinnen und Probanden zu NE und BNE haben.

> **Hypothese 1b:** Die non-formalen Kräfte verfügen über mehr Konzeptwissen zu (B)NE.

Die Skala zum Konzeptwissen umfasst drei Items.

Tab. 32 | Skala zum Konzeptwissen NE und BNE

Skala Subfacette 2: Konzeptwissen α = .568		
Item	**M**	**SD**
Nr. 20 FWK Zusammenhang Konzepte	1.54	1.248
Nr. 21 FWK BNE-Kompetenzen	2.46	.941
Nr. 22 FWK BNE-Themen	3.39	1.268

Um die Hypothese 1b zu verifizieren oder zu falsifizieren, wurde auch hier der t-Test gerechnet, welcher folgende Ergebnisse brachte (vgl. Tab. 33).

Tab. 33 | Ergebnisse des t-Tests für die Skala zum Konzeptwissen

t-Test Subskala 2: Konzeptwissen		
Akteursgruppe	**M (Skalensummen- mittelwert)**	**SD**
Lehrkräfte	6.34	2.759
Außerschulische BNE-Kräfte	8.40	1.860
p-Wert	p = .000	
df-Wert	df = 85, 493	
t-Wert	t = -4.411	

Die außerschulischen Akteurinnen und Akteure verfügen über deutlich höhere Mittelwerte und damit über wesentlich mehr Konzeptwissen als die Lehrkräfte. Das Ergebnis des t-Tests zeigt, dass die Hypothese 1b verifiziert werden kann, denn der p-Wert liegt hier bei p = .000. Es handelt sich demnach um einen hochsignifikanten Unterschied zwischen den Akteursgruppen. Bei einer Aufsummierung der maximal zu erreichenden Punkte der drei Items wären 11 Punkte möglich. Davon liegen die außerschulischen Probanden nicht so weit entfernt, insbesondere unter Berücksichtigung der Standardabweichung, sodass hier von einem insgesamt guten Ergebnis bei dieser Gruppe gesprochen werden kann. Im Hinblick auf die Lehrkräfte zeigt sich neben dem deutlich geringeren Wert eine höhere Streuung, was sich in der Standardabweichung widerspiegelt.

Inwiefern einzelne Items der Facette „Fachwissen-Konzeptwissen" hier besonders aussagekräftige Werte ergeben haben, soll im Folgenden näher beleuchtet werden.

Analyse des Items Nr. 20 FWK Zusammenhang Konzepte
Dieses Item beinhaltet eine offene Frage zum Zusammenhang der Konzepte „Lernen für globale Entwicklung – Bildung für nachhaltige Entwicklung – Umweltbildung". Die Probandinnen und Probanden sollen diesen erläutern oder skizzieren, was auch ein Großteil getan hat. Ausgewertet wurde dieses Item nach der Richtigkeit und Ausführlichkeit der Beantwortung, da die Antworten sowohl inhaltlich als auch hinsichtlich der Ausführlichkeit sehr unterschiedlich ausgefallen sind. Die Tabelle 34 gibt Aufschluss über die Ergebnisse des t-Tests.

Tab. 34 | Ergebnisse des t-Tests für das Item 20

Akteursgruppe	M	SD
Lehrkräfte	1.04	1.106
Außerschulische BNE-Kräfte	2.02	1.196
p-Wert	p = .000	
df-Wert	df = 99.849	
t-Wert	t = -4.295	

Hier fällt sofort auf, dass die Lehrkräfte über deutlich weniger Konzeptwissen verfügen. Der Unterschied zwischen den beiden Akteursgruppen ist hochsignifikant (p = .000). Auf der Einzelitemebene würde dieses Ergebnis die aufgestellte Hypothese 1b unterstützen. Das Wissen über die Zusammenhänge der Konzepte ist bei beiden Gruppen dennoch deutlich optimierbar, was die Entfernung des Mittelwertes vom maximal zu erreichenden Wert von 4 zeigt. Die Standardabweichung ist jedoch im Verhältnis zu anderen Items relativ hoch, sodass es innerhalb beider Gruppen auch Unterschiede gibt.
Weniger deutlich ist der Unterschied bezüglich des Konzeptwissens bei dem zweiten Item der Subfacette „Konzeptwissen".

Analyse des Items Nr. 21 FWK BNE-Themen
Dieses Item zeigt deutlich höhere Mittelwerte bei den außerschulischen BNE-Akteurinnen und -Akteuren (vgl. Tab. 35). Das Ergebnis verdeutlicht, dass die außerschulischen Akteurinnen und Akteure mehr konkretere BNE-Themen nennen konnten als die Lehrkräfte.

Tab. 35 | Ergebnisse des t-Tests für das Item 21

Akteursgruppe	M	SD
Lehrkräfte	2.16	1.057
Außerschulische BNE-Akteure	2.75	.711
p-Wert	p = .001	
df-Wert	df = 85.364	
t-Wert	t = -3.296	

Wie der t-Test zeigt, ist der Unterschied mit p= .000 hochsignifikant. Auch dieses Item stützt auf der Ebene der Itemanalyse somit die Hypothese 1b, da die außerschulischen Lehrkräfte über ein höheres Konzeptwissen verfügen. Der maximal zu erreichende Wert liegt hier bei 3, so wird deutlich, dass die Gruppen bei diesem Item insgesamt ganz gute Werte erzielen, die außerschulische Gruppe sogar sehr gute, ebenso ist hier die Standardabweichung deutlich geringer als bei den Lehrkräften.

Analyse des Items Nr. 22 FWK BNE-Kompetenzen
Die Probandinnen und Probanden wurden hier gebeten, vier BNE-Themen zu nennen, deren Behandlung sie für besonders wichtig erachten. Diese Themen wurden von beiden Raterinnen geprüft und entsprechend bepunktet.

Tab. 36 | Ergebnisse des t-Tests für das Item 22

Akteursgruppe	M	SD
Lehrkräfte	3.14	1.485
Außerschulische BNE-Kräfte	3.63	.971
p-Wert	p = .026	
df-Wert	df = 83.934	
t-Wert	t = -1.983	

Der t-Test ergibt einen signifikanten Unterschied. Die Kenntnisse der beiden Gruppen unterscheiden sich hier, die außerschulischen Akteurinnen und Akteure verfügen über deutlich mehr Wissen zu den BNE-Kompetenzen. Diese drei Items in der Subfacette stützen folglich die Hypothese 1b, welche bestätigt wird. Sie befinden sich mit den Mittelwerten auch nicht so weit entfernt vom maximal zu erreichenden Punktwert 4. Die Standardabweichung fällt hier bei den Lehrkräften deutlich höher aus als bei den außerschulischen Kräften, was die größere Streuung innerhalb der Gruppe zeigt.

Zwischenfazit
Die Berechnungen mittels t-Test für die Facette „Fachwissen" erlauben die Prüfung der für diese Facette aufgestellten Hypothesen 1a und 1b. Hierfür wurden wiederum zwei Skalen gebildet. Für die Hypothese 1a sind die Items relevant, welche das Fachwissen zum Klimawandel (Forschungswissen und allgemeines Wissen) testen, die zweite Hypothese bezieht sich auf die kleinere Subskala zum Konzeptwissen über NE und BNE.
An dieser Stelle soll festgehalten werden:

- Die **Hypothese 1a** *„Die Lehrkräfte verfügen über besseres BNE-relevantes Fachwissen zum Klimawandel, weil sie während des Studiums Fachwissen in der Domäne dazu erworben haben"* kann nicht verifiziert werden. Die außerschulischen Akteurinnen und Akteure erzielten hier deskriptiv geringfügig bessere Ergebnisse als die Lehrkräfte. Der Unterschied ist allerdings laut p = .904 nicht signifikant.
- Die **Hypothese 1b** *„Die non-formalen Kräfte verfügen über mehr Konzeptwissen zu (B)NE"* kann verifiziert werden. Sowohl der t-Test über die gesamte Subskala als auch die Einzelitemanalysen stützen diese Hypothese. Der Unterschied ist mit p = .000 bei der Berechnung über die Gesamtskala signifikant.

4.3   Ergebnisse der Facette Fachdidaktisches Wissen

Das Modell zum Test der professionellen Handlungskompetenz von BNE-Akteurinnen und -Akteuren umfasst im Bereich der kognitiven Wissenskomponenten auch die Facette des fachdidaktischen Wissens. Da alle Lehrkräfte mit einem examinierten Abschluss fachdidaktische Kenntnisse im Laufe der Ausbildung erworben haben, wurde die folgende Hypothese zu dieser Facette formuliert:

> **Hypothese 2:** Die Lehrkräfte verfügen über besseres fachdidaktisches Wissen, weil sie im Studium darin ausgebildet wurden und unterrichten müssen.

Zum Erfassen der Kenntnisse in dieser Wissensfacette wurden insgesamt zehn Fragen bzw. Aufgaben für das Erhebungsinstrument entwickelt. Die Facette wurde in vier Subfacetten differenziert, um unterschiedliche Arten des fachdidaktischen Wissens abzubilden. Im Folgenden werden diese aufgelistet, dabei sind die Abkürzungen genutzt, welche auch in der Dateneingabe verwendet wurden. FDW steht hier jeweils für fachdidaktisches Wissen:

1) **FDW1a ERS:** Erklären, Repräsentieren, Skizzieren.
2) **FDW1b HSB:** Handlungsorientierung der Lerner, Schulung der Bewertungskompetenz.
3) **FDW2 LSU:** Lernerkognition, Schülerinnen- und Schülerfehler, Lernumgebung.
4) **FDW3 AML:** Aufgaben, multiples Lösungspotenzial.

Die Items sind folglich auf diese vier Subfacetten verteilt (s. Tabelle Zuordnung zu den Facetten im Anhang), bilden insgesamt aber eine Skala zum fachdidaktischen Wissen mit zehn Items. In die Berechnung sind jedoch nur acht der Items einbezogen worden. Inhaltlich sind dennoch alle Facetten und Aspekte abgedeckt und die Gesamtskala für das fachdidaktische Wissen umfasst acht Items.

Tab. 37 | Skala zum fachdidaktischen Wissen

Skala zum fachdidaktischen Wissen $\alpha = .746$		
Item	**M**	**SD**
Nr. 4 FDW Erklärung Treibhauseffekt	2.20	.809
Nr. 11 FDW Gewinner und Verlierer	2.19	1.012
Nr. 13 FDW Bewertungskompetenz	1.88	1.111
Nr. 14 FDW Verwundbarkeit	2.12	.848
Nr. 17: FDW Handlungsmotivation	1.92	.992
Nr. 18 FDW Prognosen Klimawandel	1.82	.959
Nr. 19 FDW Erklärung Nachhaltigkeit	2.17	.976
Nr. 27 FDW Weltmeisterschaft Katar	2.27	.846

Um die Unterschiede zwischen den Akteursgruppen über die Gesamtskala zum fachdidaktischen Wissen festzustellen, wird auch hier der t-Test angewendet.

Tab. 38 | Ergebnisse des t-Tests für die Skala zum fachdidaktischen Wissen

t-Test Skala zum fachdidaktischen Wissen		
Akteursgruppe	**M (Skalensummen-mittelwert)**	**SD**
Lehrkräfte	15.42	4.091
Außerschulische BNE-Kräfte	17.67	4.739
p-Wert	p = .012	
df-Wert	df = 100	
t-Wert	t = -2.566	

Die außerschulischen BNE-Akteurinnen und -Akteure erzielten deskriptiv einen deutlich höheren Mittelwert als die Lehrkräfte. Die Hypothese ist verworfen worden. In Bezug auf die außerschulischen Akteurinnen und Akteure konnte ein deutlich besserer Wert gemessen werden. Wäre die Hypothese in die andere Richtung gerichtet gewesen, wäre das Ergebnis des einseitigen Tests mit p = .006 signifikant. Die ursprüngliche Hypothese 2 kann somit nicht bestätigt werden. Anders als bei der Facette zum Fachwissen sind die Subskalen hier nicht separat berechnet worden, da sie jeweils nur sehr wenige oder nur ein Item enthalten. Im folgenden Abschnitt werden jedoch ausgewählte Einzelitemanalysen dargestellt. Bei Betrachtung der maximal zu erreichenden Punktwerte der einzelnen Items in der Summe (aufsummierte maximal zu erreichende Punkte auf der Skala sind 25) zeigt sich bei beiden Gruppen noch Optimierungsbedarf, die außerschulischen Kräfte schneiden jedoch besser ab und auch im Hinblick auf die Standardabweichung wird deutlich, dass es Personen in dieser Gruppe gibt, welche dem Maximalwert deutlich näherkommen, als dies bei den Lehrkräften der Fall ist.

Analyse des Items Nr. 4 FDW Erklärung Treibhauseffekt
Dieses Item beinhaltet eine Aufgabe zum Thema Treibhauseffekt. Die Probandinnen und Probanden werden gebeten, drei Materialien zu nennen, welche sie zur Unterstützung bei der Erklärung heranziehen würden. Das Item wurde der Subfacette „Erklären, Repräsentieren, Skizzieren" zugeordnet. Die Ergebnisse fielen hier insgesamt recht ähnlich aus und es wurden gängige Materialien genannt, was sich auch in den Werten des t-Tests widerspiegelt (vgl. Tab. 39).

Tab. 39 | Ergebnisse des t-Tests für das Item Nr. 4

Akteursgruppe	M	SD
Lehrkräfte	2.08	.752
Außerschulische BNE-Akteure	2.31	.853
p-Wert	p = .156	
df-Wert	df = 100	
t-Wert	t = -1.429	

Die außerschulischen Akteurinnen und Akteure erreichten einen höheren Mittelwert bei diesem Item. Das Ergebnis des t-Tests zeigte jedoch mit p = .156 keinen signifikanten Unterscheid. Der Maximalwert dieses Items liegt bei 3. Wie das arithmetische Mittel zeigt, schneiden beide Gruppen hier relativ gut ab, jedoch weisen die Ergebnisse bei den außerschulischen Kräften eine recht hohe Standardabweichung auf.

Analyse für des Items Nr. 11 FDW Gewinner und Verlierer des Klimawandels
Dieses Item wird der Subfacette „Aufgaben, multiples Lösungspotenzial" zugeordnet. Die Probandinnen und Probanden wurden gebeten, drei Vorschläge zu Methoden zu unterbreiten, welche sich anbieten, um über Gewinner und Verlierer des Klimawandels zu sprechen. Der t-Test für dieses Item ergab folgende Werte (vgl. Tab. 40).

Tab. 40 | Ergebnisse des t-Tests für das Item Nr. 11

Akteursgruppe	M	SD
Lehrkräfte	2.00	1.069
Außerschulische BNE-Kräfte	2.37	.929
p-Wert	p = .068	
df-Wert	df = 100	
t-Wert	t = -1.844	

Die außerschulischen BNE-Akteurinnen und -Akteure erreichten bezüglich dieses Items deutlich höhere Mittelwerte. Dieses Item stützt die Hypothese folglich auch nicht. Wäre die Hypothese anders gerichtet bei diesem einseitigen Test, wäre der Unterschied mit p = .034 signifikant. Dem maximal zu erreichenden Wert von 3 kommen die außerschulischen Kräfte mit dem erzielten Mittelwert deutlich näher.

Analyse des Items Nr. 13 FDW Bewertungskompetenz
Hierbei handelt es sich um ein relativ offenes Item, welches eine fiktive, aber realistische Unterrichtssituation vorstellt, in welcher die Schülerinnen und Schüler ein Thesenpapier erstellen und einen Kurzvortrag zur Überschwemmungsthematik in Bangladesch halten. Daran schließt sich eine Diskussion an, welche die Lebensbedingungen in Bangladesch und die Problematik der Textilproduktion in den Fokus rückt und weniger auf den Klimawandel abzielt. Dies ist jedoch nicht das ursprüngliche Lernziel. Das Item ist der Subfacette „Handlungsorientierung der Lerner, Schulung der Bewertungskompetenz (HSB)" zugeordnet, was bei der Bewertung berücksichtigt wird. Die Probandinnen und Probanden sind aufgefordert zu begründen, warum sie die Diskussion weiterlaufen lassen würden. Ausgewertet wurde dieses Item anhand des Auswertungsleitfadens mit einem Kriterienkatalog. Die Qualität der Antworten wurde von beiden Raterinnen jeweils unabhängig bewertet.
Der t-Test für dieses Item zeigt folgendes Ergebnis (vgl. Tab. 41).

Tab. 41 | Ergebnisse des t-Tests für das Item Nr. 13

Akteursgruppe	M	SD
Lehrkräfte	1.60	1.161
Außerschulische BNE-Kräfte	2.15	.998
p-Wert	p = .011	
df-Wert	df = 100	
t-Wert	t = -2.588	

Der Mittelwert der außerschulischen BNE-Kräfte liegt hier deutlich höher als der Mittelwert der Lehrkräfte. Auch dieses Item unterstützt die Hypothese nicht. Wäre diese in die andere Richtung gerichtet, würde sich mit p = .007 sogar ein signifikanter Unterschied abzeichnen. Das Ergebnis dieses Items trägt somit ebenfalls stark zur Widerlegung der Hypothese bei. Der maximal zu erreichende Wert liegt hier bei 3. Diesem kommen die außerschulischen Kräfte mit dem arithmetischen Mittel deutlich näher.

Analyse des Items Nr. 14 FDW Verwundbarkeit
Dieses offene Item bezieht sich auf eine Lernsituation mit Jugendlichen zwischen 16 und 18 Jahren, den Verwundbarkeitsbegriff und ein passendes Raumbeispiel zur Erläuterung. Die Antworten sollten Aufschluss über die (tieferen) Kenntnisse bezüglich des Konzeptes sowie die Fähigkeit zur passenden Erläuterung geben.

Tab. 42 | Ergebnisse des t-Tests für das Item Nr. 14

Akteursgruppe	M	SD
Lehrkräfte	2.08	.829
Außerschulische BNE-Kräfte	2.15	.872
p-Wert	p = .662	
df-Wert	df = 100	
t-Wert	t = -.438	

Beide Gruppen erzielen ähnlich hohe Werte. Es zeichnet sich kein signifikanter Unterschied ab.

Analyse für das Item Nr. 17 FDW Handlungsmotivation
Dieses Item zählt zu der oben genannten Subfacette „HSB". Bei diesem Item werden die Probandinnen und Probanden gefragt, welche Arbeitsweisen sich am besten anbieten, um die Handlungsmotivation zu steigern. Dabei wurde das Thema Klimawandel nicht explizit genannt, sondern die Frage ist allgemein gehalten und hat ein offenes Antwortformat. Dieses Item brachte beim t-Test folgendes Ergebnis (vgl. Tab. 43).

Tab. 43 | Ergebnisse des t-Tests für das Item Nr. 17

Akteursgruppe	M	SD
Lehrkräfte	1.72	1.051
Außerschulische BNE-Kräfte	2.12	.900
p-Wert	p = .044	
df-Wert	df = 100	
t-Wert	t = -2.044	

Auch hier zeichnet sich ein recht großer Unterschied zwischen den Mittelwerten der Akteursgruppen zugunsten der außerschulischen Gruppe ab. Das Ergebnis unterstützt die Hypothese nicht. Im Hinblick auf die außerschulischen Akteurinnen und Akteure zeigt sich ein deutlich höherer Wert, bei umgekehrter Richtung der Hypothese wäre es ebenfalls ein signifikanter Unterschied mit p = .022. Während die offenen Fragen bei der Facette „Fachwissen" häufig keine großen Unterschiede zeigten, ist dies bei der fachdidaktischen Wissensfacette anders. Auch hier wird deutlich, dass die außerschulischen Werte mit Blick auf das Maximum von 3 deutlich besser sind.

Analyse des Items Nr. 18 FDW Prognosen Klimawandel
Dieses Item wird der Subfacette „ERS" zugeordnet und bezieht sich auf die Thematisierung von Prognosen zum Klimawandel. Die Probandinnen und Probanden werden gebeten, drei geeignete Methoden zu nennen, um diese in Bezug auf die Prognosen im Unterricht oder in einem Workshop zu thematisieren. Auch hier wurden bei der Auswertung Richtigkeit und Qualität bewertet.

Tab. 44 | Ergebnisse des t-Tests für das Item Nr. 18

Akteursgruppe	M	SD
Lehrkräfte	1.76	.771
Außerschulische BNE-Kräfte	1.88	1.114
p-Wert	p = .512	
df-Wert	df = 90.959	
t-Wert	t = -.659	

Die Ergebnisse des t-Tests zeigen einen geringen Unterschied beim Mittelwert zwischen den beiden BNE-Akteursgruppen (vgl. Tab. 44). Hier haben sich keine signifikanten Unterschiede ergeben, der Kenntnisstand zu möglichen Methoden ist hier offenbar ähnlich stark ausgeprägt. Dieses Item würde die aufgestellte Hypothese nicht bestätigen. Hinsichtlich des Maximalwertes von 3 ist hier zu sehen, dass beide Gruppen nicht so gut abschneiden, zudem fällt die verhältnismäßig hohe Standardabweichung auf.

Analyse des Items 19 FDW Erklärung Nachhaltigkeit
Das offene Item fragt nach der Reaktion auf eine Schülerfrage, wie die befragte Person den Begriff „Nachhaltigkeit" bzw. „nachhaltige Entwicklung" erklären würde. Als Antwort waren sowohl Stichpunkte als auch Skizzen möglich. Die Antworten wurden nach Korrektheit und somit nach Qualität bewertet.

Tab. 45 | Ergebnisse des t-Tests für das Item Nr. 19

Akteursgruppe	M	SD
Lehrkräfte	1.82	.850
Außerschulische BNE-Kräfte	2.50	.980

p-Wert	p = .000
df-Wert	df = 98.958
t-Wert	t = -3.748

Die außerschulischen Kräfte wissen auf diese Frage eine deutlich hochwertigere Antwort, können sie mit ihrem Konzeptwissen deutlich besser beantworten und wissen, wie die Begriffe „Nachhaltigkeit" und „nachhaltige Entwicklung" einem Jugendlichen zu erklären sind. Somit unterstützt auch dieses Item die verworfene Hypothese nicht. Wäre die Hypothese so gerichtet, dass sie mehr Wissen bei den außerschulischen Akteurinnen und Akteuren vermutet, läge ein signifikanter Unterschied mit p = .000 vor. Während die außerschulischen Kräfte mit einem Mittelwert von 2,50 deutlich dichter am maximal erreichbaren Wert von 4 sind, besteht bei den Lehrkräften eine größere Distanz zur höchstmöglichen Punktzahl und somit verfügen sie über weniger Wissen zur Erklärung von NE.

Analyse des Items Nr. 27 FDW Weltmeisterschaft Katar
Das letzte Item zur fachdidaktischen Facette ist der Subfacette „LSU" zugeordnet. Nr. 27 stellt offen die Frage, ob eine Fußball-Weltmeisterschaftsaustragung in Katar positiv zu einer nachhaltigen Entwicklung beitragen kann. Die Probandinnen und Probanden hatten diesbezüglich überwiegend ähnliche Ansichten, die Antworten wurden nach der Argumentation und Begründung bewertet. Das Ergebnis des t-Tests ist der Tab. 46 zu entnehmen.

Tab. 46 | Ergebnisse des t-Tests für das Item Nr. 27

Akteursgruppe	M	SD
Lehrkräfte	2.36	.776
Außerschulische BNE-Akteure	2.19	.908
p-Wert	p = .319	
df-Wert	df = 100	
t-Wert	t = 1.001	

Die Lehrkräfte haben bei diesem Item einen etwas höheren Mittelwert erreicht als die außerschulischen BNE-Akteurinnen und -Akteure. Beim t-Test erwies sich der Unterscheid jedoch als nicht signifikant mit p = .159. Die Hypothese wird durch die Ergebnisse dieser Einzelitemanalyse nicht unterstützt. Das Item wurde mit Blick auf das zu erreichende Punktmaximum von drei von beiden Gruppen recht gut beantwortet.

Zwischenfazit

Die Ergebnisse bezüglich dieser Facette überraschen und zeigen bei den außerschulischen Akteurinnen und Akteuren ein höheres fachdidaktisches Wissen. Damit ist die Hypothese 2 nicht bestätigt worden. Wäre die Hypothese in die andere Richtung gerichtet, so würde der Test zum Beispiel bei den Items 13 und 17 einen signifikanten Unterschied zugunsten der außerschulischen Akteurinnen und Akteure ergeben. Die theoriegeleitete Annahme, dass im Studium BNE-relevantes fachdidaktisches Wissen erworben wurde, bestätigt sich hier also nicht, auch wenn einzelne Items bessere Werte für die Lehrkräfte ergeben, aber keinen signifikanten Unterschied zeigen. Der t-Test über die Gesamtskala des fachdidaktischen Wissens hat ergeben, dass die außerschulischen Kräfte, entgegen der Annahme, über mehr fachdidaktisches Wissen verfügen. Hier fällt ebenfalls auf, dass bei der Richtung der Hypothese auf die andere Seite ein signifikanter Unterschied gemessen wurde. Inwiefern sich dies auch bei der Wissensfacette „Pädagogisches Wissen" zeigt, bei welcher die Herleitung der Hypothese ähnlich ist, wird das nachfolgende Kapitel verdeutlichen.

4.4 Ergebnisse der Facette Pädagogisches Wissen

Die letzte zentrale Säule der kognitiven Facetten zum Professionswissen von BNE-Akteurinnen und -Akteuren bildet das pädagogische Wissen. Diese Facette ist in zwei Subfacetten differenziert worden: Wissen über die Organisation von Lernsituationen und Wissen über theoretische Konzepte und Lernprozesse. Insgesamt gab es in der Facette sieben Items, in die Berechnung wurden letztlich fünf Items einbezogen.

Die Gesamtskala bildet sich nun mit fünf Items wie folgt ab.

Tab. 47 | Skala zum pädagogisches Wissen

Skala zum pädagogischen Wissen $\alpha = .543$		
Item	**M**	**SD**
Nr. 5 PW Gelenkstelle	1.85	.709
Nr. 15 PW Ablauf	2.05	.937
Nr. 16 PW Aufgabenstellung	2.25	.898
Nr. 24 PW Gruppenarbeit	2.20	.821
Nr. 25 PW Grundprinzipien	2.04	.889

Für die Wissensfacette „Pädagogisches Wissen" ist ebenfalls eine Hypothese hergeleitet worden.

> **Hypothese 3:** Die Lehrkräfte verfügen über besseres pädagogisches Wissen, weil sie darin ausgebildet wurden.

Diese Hypothese folgt der Argumentationslinie der Annahme zum FDW, da davon ausgegangen wird, dass die Lehrkräfte während ihres Studiums pädagogische Grundkenntnisse erworben haben. Beide Gruppen verfügen insgesamt über recht gutes pädagogisches Wissen, was die erreichten Mittelwerte im Verhältnis zum jeweiligen Maximum zeigen.

Ergebnisse des t-Test über die Gesamtskala zum pädagogischen Wissen
Zunächst werden wieder die Ergebnisse des t-Tests für die Unterschiede zwischen den Lehrkräften sowie den BNE-Akteurinnen und -Akteuren im Hinblick auf die gesamte Skala berechnet (vgl. Tab. 48).

Tab. 48 | Ergebnisse des t-Tests für die Skala zum pädagogischen Wissen

t-Test Skala zum pädagogischen Wissen		
Akteursgruppe	**M (Skalensummenmittelwert)**	**SD**
Lehrkräfte	9.42	2.596
Außerschulische BNE-Kräfte	11.33	2.121
p-Wert	p = .000	
df-Wert	df = 100	
t-Wert	t = -4.070	

Aus der obigen Tabelle geht hervor, dass die außerschulischen Lehrkräfte einen deutlich höheren Mittelwert verzeichnen können als die Lehrkräfte, sodass sie über mehr pädagogisches Wissen verfügen. Die Hypothese 3 wird folglich nicht bestätigt. Wäre diese in die andere Richtung gerichtet, so ergäbe sich ein signifikanter Unterschied mit p = .000. Welches der fünf Items besonders aussagekräftig für das Ergebnis gewesen ist, soll im Folgenden näher betrachtet werden.

Analyse des Items Nr. 5 PW Gelenkstelle
Das Item bezieht sich inhaltlich auf den Umgang mit sogenannten Gelenkstellen im Unterricht, um den Unterrichtsfluss bestmöglich aufrechtzuerhalten und zum Beispiel Äußerungen von Schülerinnen und Schülern gut nutzen zu können. Die

Antwortmöglichkeit ist hierbei offengehalten und die Antworten wurden nach Qualität in verschiedenen Kategorien mit Punkten bewertet. Das Item ist der Subfacette „WOL" zugeordnet.

Der t-Test für dieses Item brachte folgendes Ergebnis.

Tab. 49 | Ergebnisse des t-Tests für das Item Nr. 5

Akteursgruppe	M	SD
Lehrkräfte	1.84	.618
Außerschulische BNE-Kräfte	1.87	.793
p-Wert	p = .858	
df-Wert	df = 100	
t-Wert	t =-.180	

Die Mittelwerte der beiden Akteursgruppen unterscheiden sich nur minimal. Die Antworten fielen hier qualitativ recht ähnlich aus. Beide Gruppen liegen vom maximal zu erreichenden Punktwert 3 noch relativ weit entfernt, jedoch in der positiveren Hälfte.

Analyse des Items Nr. 15 PW Ablauf

Dieses Item gehört ebenfalls in den Bereich der Subfacette „WOL". Hier geht es um die Strukturierung einer Unterrichtsstunde/eines Workshops und die Information der Schülerinnen und Schüler über den Ablauf. Die Probandinnen und Probanden sollen hier entscheiden, welche der sechs Einstiegsoptionen sie wählen würden, es ist eine Einfachnennung möglich. Für dieses Item ergibt sich im t-Test das folgende Ergebnis (vgl. Tab. 50).

Tab. 50 | Ergebnisse des t-Tests für das Item Nr. 15

Akteursgruppe	M	SD
Lehrkräfte	1.34	.717
Außerschulische BNE-Kräfte	2.73	.528
p-Wert	p = .000	
df-Wert	df = 89.924	
t-Wert	t = -11.114	

Die Lehrkräfte weisen hier einen deutlich niedrigeren Mittelwert auf als die außerschulischen BNE-Akteurinnen und -Akteure. Sie verfügen über deutlich weniger

Kenntnisse, dieses Item stützt die Hypothese also auch nicht. Bei einer Richtung der Hypothese zugunsten der außerschulischen Akteurinnen und Akteure würde sich mit p = .000 ein signifikanter Unterschied abzeichnen. Mit dem Blick auf das mögliche Punktmaximum von 3 ist bei den Lehrkräften noch eine größere Wissenslücke festzustellen, während die außerschulischen Akteurinnen und Akteure hier über viel Wissen verfügen und auch nur eine geringe Streuung aufzeigen. Die Unterschiede innerhalb der Gruppe der Lehrkräfte sind hier recht groß.

Analyse des Items Nr. 16 PW Aufgabenstellung
Dieses offene Item fordert die Probandinnen und Probanden dazu auf, eine Aufgabenstellung für eine relativ offengehaltene Unterrichtssituation zu entwickeln.

Tab. 51 | Ergebnisse des t-Tests für das Item Nr. 16

Akteursgruppe	M	SD
Lehrkräfte	2.18	.896
Außerschulische BNE-Kräfte	2.33	.901
p-Wert	p = .411	
df-Wert	df = 100	
t-Wert	t =-.825	

Auch dieses Item stützt die Hypothese nicht. Die erzielten Mittelwerte liegen aber nicht weit auseinander, sodass die Antworten hier insgesamt auf einem ähnlichen Niveau ausfielen, welches aufgrund der Nähe zum Maximalwert von 3 mit geringer Streuung gut ist.

Analyse des Items Nr. 24 Gruppenarbeit
Das Item fragt nach Strukturierungsoptionen von Gruppenarbeitsphasen und ist im offenen Format gehalten.

Tab. 52 | Ergebnisse des t-Tests für das Item Nr. 24

Akteursgruppe	M	SD
Lehrkräfte	2.16	.912
Außerschulische BNE-Kräfte	2.23	.731
p-Wert	p = .667	
df-Wert	df = 93.836	
t-Wert	t = -.432	

Bei diesem Item ergaben sich nur minimale Unterschiede, die außerschulischen Akteurinnen und Akteure erzielen hier sogar leicht höhere Werte. Das Item trägt somit ebenfalls nicht zur Unterstützung der Hypothese bei. Hinsichtlich des Maximalwertes verhält es sich ähnlich wie beim vorherigen Item.

Analyse des Items Nr. 25 PW Grundprinzipien
An dieser Stelle der Erhebung werden die Probandinnen und Probanden gebeten, anzugeben, nach welchen Grundprinzipien sie ihren Unterricht strukturieren. Es handelt sich um ein offenes Antwortformat, das Item ist der Subfacette „Wissen über theoretische Konzepte und Lernprozesse" zuzuordnen. Der t-Test für dieses Item ergibt folgendes Ergebnis (vgl. Tab. 53).

Tab. 53 | Ergebnisse des t-Tests für das Item Nr. 25

Akteursgruppe	M	SD
Lehrkräfte	1.90	.953
Außerschulische BNE-Kräfte	2.17	.810
p-Wert	p = .122	
df-Wert	df = 100	
t-Wert	t = -1.562	

Die außerschulischen BNE-Akteurinnen und -Akteure weisen hier ebenfalls einen höheren Mittelwert als die Lehrkräfte auf, sodass dieses Item die Hypothese ebenfalls nicht stützt. Bei diesem Item wird auch über den Abgleich der Mittelwerte mit dem Maximum 3 der deutliche Unterschied transparent. Zudem ist ersichtlich, dass die außerschulischen Multiplikatorinnen und Multiplikatoren noch Lücken aufweisen.

Zwischenfazit
Die Hypothese 3 kann ebenso nicht bestätigt werden: Die Annahme, dass Lehrkräfte über mehr pädagogisches Wissen verfügen, ist falsch. Bei der Betrachtung des p-Wertes p = .000 bei der Berechnung über die Gesamtskala wird deutlich, dass der Unterschied bei einer Richtung der Hypothese in die andere Richtung sogar signifikant wäre.

4.5 Ergebnisse der Facette Motivation

Neben den kognitiven Elementen im Modell der professionellen Handlungskompetenz von BNE-Akteurinnen und -Akteuren bilden die nicht-kognitiven Facetten den zweiten zentralen Bestandteil. In diesem Teilabschnitt werden zunächst die

Ergebnisse für die Facette „Motivation" dargestellt. Die Items wurden zum Teil aus den theoretischen Grundlagen zur Motivation abgeleitet und zum Teil aus vorhandenen Skalen adaptiert, ebenso erfolgte die Konstruktion von zwei Subfacetten. Diese decken nicht das ganze Konzept der Motivation ab, sondern fokussieren sich auf die für den Bildungsbereich und diese Arbeit besonders relevanten Aspekte:

1) **Motivation 1 ENEKW:** Enthusiasmus für Nachhaltige Entwicklung und das Thema Klimawandel
2) **Motivation 2 EBA:** Enthusiasmus für Bildungsarbeit

Auch für diese nicht-kognitive Facette wurden zwei Hypothesen hergeleitet, welche anhand der Ergebnisse geprüft werden sollen. Sie beziehen sich auf jeweils eine der Subfacetten.

> **Hypothese 4a:** Die non-formalen Kräfte haben mehr Motivation für (B)NE und für das Thema Klimawandel.
> **Hypothese 4b:** Die Motivation für Bildungsarbeit ist bei beiden Testgruppen gleich.

Anders als bei den kognitiven Wissensfacetten wurden für die nicht-kognitiven Facetten Items entwickelt, welche eine Beantwortung anhand einer Likert-Skala mit vier Antwortoptionen vorsehen. Bei der Ergebnisdarstellung ist der Fokus auf die beiden Subskalen und weniger auf einzelne Items gerichtet, da sich an dieser Stelle das Gesamtbild als besonders aussagekräftig erweist.
Inwiefern die Hypothesen bestätigt oder verworfen werden können, soll im Folgenden anhand der Ergebnisse aufgezeigt werden.

Ergebnisse der Subfacette Enthusiasmus für (B)NE und das Thema Klimawandel
Für die erste Skala zur Motivation wurde eine Gesamtskala mit neun Items entwickelt, welche in die Berechnung eingeflossen sind. Die zugehörigen Einzelitems beziehen sich auf das Interesse an den Themen Klimawandel und (B)NE sowie Einschätzungen zur Wichtigkeit dieser Themen.

Tab. 54 | Skala zur Subfacette „Enthusiasmus für Nachhaltige Entwicklung und Klimawandel"

Skala Subfacette 1: Enthusiasmus für (B)NE und das Thema Klimawandel $\alpha = .703$		
Item	**M**	**SD**
Motivation 1a: Interesse am Thema Klimawandel	3.67	.626
Motivation 1b: Bedeutung von NE	3.88	.434
Motivation 1c: Vorliebe für Inhalte mit NE	3.65	.560

Skala Subfacette 1: Enthusiasmus für (B)NE und das Thema Klimawandel α = .703		
Item	**M**	**SD**
Motivation 1d: Der NE wird zu viel Gewicht beigemessen	3.75	.525
Motivation 1e: BNE ist mir ein wichtiges Anliegen	3.24	.676
Motivation 1f: Jugendliche langweilen sich bei BNE	3.43	.668
Motivation 1g: Überzeugung Bewegung durch BNE	3.50	.550
Motivation 1h: Multiplikatorenbeitrag	3.63	.669
Motivation 1i: Verhaltensänderung durch Denkanstöße	3.16	.733

Der maximal zu erreichende Punktwert liegt hier jeweils bei 4, die arithmetischen Mittel zeigen insgesamt gute Ergebnisse.

Diese Unterschiede wurden auch hier mit dem t-Test ermittelt Es wurden folgende Ergebnisse erzielt (vgl. Tab. 55).

Tab. 55 | Ergebnisse des t-Tests zur Subfacette „Enthusiasmus für Nachhaltige Entwicklung und Klimawandel"

t-Test Subskala 1: Enthusiasmus für (B)NE und das Thema Klimawandel		
Akteursgruppe	**M** **(Skalensummen-** **mittelwert)**	**SD**
Lehrkräfte	31.40	2.811
Außerschulische BNE-Kräfte	32.45	3.112
p-Wert	p = .044	
df-Wert	df = 91.624	
t-Wert	t = -1.726	

Die außerschulischen Akteurinnen und Akteure zeigen höhere Mittelwerte als die Lehrkräfte. Der Unterschied erwies sich im t-Test als signifikant (p = .044), sodass die Hypothese bestätigt wird. Es wurde angenommen, dass die außerschulischen Akteurinnen und Akteure eine höhere Motivation für die Themen aufweisen als die Lehrkräfte. Die Hypothese 4b kann folglich verifiziert werden. Bei der Betrachtung der Gesamtskala kann herausgestellt werden, dass beide Gruppen über eine recht hohe Motivation für (B)NE und das Thema Klimawandel verfügen.

Ergebnisse der Subfacette Enthusiasmus für Bildungsarbeit
Die Skala für diese Subfacette umfasst insgesamt acht Items, welche sich mit dem Enthusiasmus für die Bildungsarbeit allgemein beschäftigen. Hierbei wurde angenommen, dass die Motivation bei beiden Gruppen gleich ausgeprägt ist, somit handelt es sich um eine Nullhypothese. Bei den Lehrkräften beruht dies auf der theoretischen Grundlage und den pädagogischen Kenntnissen, welche sie im Studium erworben haben. Ferner entschließen sie sich bereits mit dem Lehramtstudium dazu, später im Bildungsbereich zu arbeiten. Im Hinblick auf die außerschulischen Kräfte wird angenommen, dass sie zwar nicht von Beginn an unbedingt davon ausgingen, im Bildungsbereich zu arbeiten, sich dann aber bewusst dafür entschieden haben, obwohl Tätigkeiten in einem anderen Berufsfeld möglich wären. Die Gesamtskala, welche zur Berechnung genutzt wurde, umfasst sieben Items.

Tab. 56 | Skala zur Subfacette „Enthusiasmus für Bildungsarbeit"

Skala Subfacette 2: Enthusiasmus für Bildungsarbeit α = .651		
Item	**M**	**SD**
Motivation 2a: Bildungsbereich	3.86	.380
Motivation 2b: Freude an der Vermittlung von Inhalten	3.88	.358
Motivation 2c: Beruf außerhalb des Bildungsbereiches besser	3.56	.623
Motivation 2d: Freude an neuen Methoden	3.43	.622
Motivation 2e: Kein Spaß an Bildungsarbeit	3.54	.600
Motivation 2f: Freude am Umgang mit Kindern und Jugendlichen	3.09	.829
Motivation 2g: Vor allem Themen machen Spaß	3.76	.652

Um die Unterschiede hinsichtlich der Ausprägung dieser nicht-kognitiven Facette der professionellen Handlungskompetenz zu ermitteln, wird auch hier der p-Wert berechnet, sodass im Anschluss eine Aussage zur Bestätigung oder zum Verwerfen der Hypothese getätigt werden kann (vgl. Tab. 57). Bei beiden Facetten war der zu erreichende Wert bei jedem Item 4. So wird deutlich, dass sowohl die Lehrkräfte als auch die außerschulischen Multiplikatorinnen und Multiplikatoren über eine hohe Motivation verfügen und hier gute Werte erzielen.

Tab. 57 | Ergebnisse des t-Tests zur Subfacette „Enthusiasmus für Bildungsarbeit"

t-Test Subskala 2: Enthusiasmus für Bildungsarbeit		
Akteursgruppe	**M (Skalensummenmittelwert)**	**SD**
Lehrkräfte	25.65	2.082
Außerschulische BNE-Kräfte	24.59	2.579
p-Wert	p = .032	
df-Wert	df = 90	
t-Wert	t = 2.174	

Entgegen der Hypothese wird hier ein signifikanter Unterschied von p = .032 gemessen. Die Hypothese 4b zu der Subfacette „Die Motivation für Bildungsarbeit ist bei beiden Testgruppen gleich" kann folglich nicht bestätigt werden, da es einen signifikanten Unterschied gibt. Die Lehrkräfte haben eine höhere Motivation für Bildungsarbeit insgesamt.

4.6 Ergebnisse der Facette Selbstwirksamkeit

Die zweite zentrale Komponente der nicht-kognitiven Bestandteile des Modells zur professionellen Handlungskompetenz von BNE-Akteurinnen und -Akteuren ist die Selbstwirksamkeit. In dieser Arbeit wurde für diese Facette eine Skala mit zwölf Items gebildet. Diese ermitteln, inwiefern beispielsweise frustrierende Situationen im Bildungskontext die Akteurinnen und Akteure beeinflussen und sie Kraft aus positiven Erlebnissen schöpfen.
Auch für diese Facette wurde eine Hypothese hergeleitet, welche im Zuge der Berechnungen bestätigt oder widerlegt werden soll.

Hypothese 5: Die Selbstwirksamkeit im Hinblick auf die Realisierung von BNE ist bei non-formalen Kräften höher als bei den Lehrkräften.

Tab. 58 | Skala zur Selbstwirksamkeit

Skala zur Selbstwirksamkeit α = .748		
Item	**M**	**SD**
Sewi a: Vermittlung von problematischem Stoff schaffen	3.28	.588
Sewi b: Umgang mit problematischen SuS möglich	3.18	.620
Sewi c: Trotz Störung gut auf SuS eingehen	3.07	.622
Sewi d: Auch bei mangelndem Wohlbefinden arbeitsfähig	2.92	.720
Sewi e: Trotz Engagement kann ich nicht viel ausrichten	3.16	.683
Sewi f: Kreative Ideen entwickeln	3.42	.616
Sewi g: Begeisterungsfähigkeit	3.06	.614
Sewi h: Durchsetzen neuer Konzepte	3.30	.622
Sewi i: Einbindung kooperativer Methoden	3.30	.645
Sewi j: Themenunabhängig Lernerinnen und Lerner einbeziehen	3.79	.517
Sewi k: Wohlempfinden bei positiver Evaluation	3.50	.565
Sewi l: Überzeugung der kollektiven Wirksamkeit	3.11	.733

Wie bei der Motivation wurde der t-Test hier über die Gesamtskala gerechnet, um die Hypothese 5 zu bestätigen oder zu verwerfen (vgl. Tabelle 59). Das Maximum bei den einzelnen Items lag jeweils bei 4, sodass deutlich wird, dass beide Gruppen hier gute Werte erzielt haben und die Selbstwirksamkeit bei beiden hoch ist.

Tab. 59 | Ergebnisse des t-Tests für die Skala zur Selbstwirksamkeit

t-Test Skala zur Selbstwirksamkeit		
Akteursgruppe	**M (Skalensummen-mittelwert)**	**SD**
Lehrkräfte	39.06	3.269
Außerschulische BNE-Kräfte	39.15	4.473
p-Wert	p = .907	
df-Wert	df = 89	
t-Wert	t = -.117	

Bei der Selbstwirksamkeit besteht nur ein verschwindend geringer Unterscheid zwischen den Mittelwerten. Der t-Test ergibt keinen signifikanten Unterscheid zwischen den beiden Akteursgruppen (p = .454). Die Selbstwirksamkeit insgesamt ist bei beiden Akteursgruppen gleich, die Hypothese wird nicht gestützt.

4.7 Zusammenfassung der Ergebnisse mit Blick auf die Hypothesen

An dieser Stelle erfolgt ein kurzer Gesamtüberblick über die Ergebnisse unter Bezug auf die Hypothesen in komprimierter Form, um die grundlegenden Erkenntnisse für die im Anschluss folgende Interpretation zu resümieren. Dies erfolgt aufgrund der Übersicht tabellarisch und ohne zusätzliche Ausführungen.

Tab. 60 | Übersicht über die Hypothesen mit dem Ergebnis

Facette	Hypothese	Unterstützt	Nicht unterstützt
FW	**1a)** Die Lehrkräfte verfügen über besseres BNE-relevantes Fachwissen zum Klimawandel, weil sie während des Studiums Fachwissen in der Domäne dazu erworben haben.		x
FW	**1b)** Die non-formalen Kräfte verfügen über mehr Konzeptwissen zu (B)NE.	x	

Facette	Hypothese	Unterstützt	Nicht unterstützt
FDW	**2)** Die Lehrkräfte verfügen über besseres fachdidaktisches Wissen, weil sie im Studium darin ausgebildet wurden und unterrichten müssen.		x
PäW	**3)** Die Lehrkräfte verfügen über besseres pädagogisches Wissen, weil sie darin ausgebildet wurden.		x
Mot	**4a)** Die non-formalen Kräfte haben mehr Motivation für BNE.	x	
Mot	**4b)** Die Motivation für Bildungsarbeit ist bei beiden Testgruppen gleich.		x
SeWi	**5)** Die Selbstwirksamkeit im Hinblick auf die Realisierung von BNE ist bei non-formalen Kräften höher als bei den Lehrkräften.		x

Das Testinstrument hat sich bewährt und hilfreiche Ergebnisse geliefert[3]. Diese zu interpretieren, wird der nächste Schritt dieser Arbeit im Hinblick auf die Beantwortung der Forschungsfrage sein.

---

[3] Bei der Interpretation der Ergebnisse wurde bedacht, dass die Erhebung in dem Zeitraum von 2014-2016 stattgefunden hat. In der Zwischenzeit fand sowohl in der Bildungslandschaft als auch in der Gesellschaft eine intensive Auseinandersetzung mit dem Thema „Klimawandel" statt, sodass einzelne Unterthemen möglicherweise präsenter geworden sind. Inwiefern jedoch dadurch vertiefteres Wissen generiert wurde, ist noch unklar.

5 Diskussion der Ergebnisse

Die Ergebnisse der vorliegenden Studie zeigen zum Teil überraschende Erkenntnisse, da nicht wenige Hypothesen nicht verifiziert werden konnten. Wie lassen sich diese Ergebnisse über die professionelle Handlungskompetenz von BNE-Akteurinnen und –Akteuren aus Schulen und außerschulischen Bereichen vor dem Hintergrund bisheriger Forschungen erklären? Unter Einbezug der theoretischen Grundlagen sowie des Forschungsstandes und bisheriger Erkenntnisse aus den Themenbereichen (B)NE und Professionswissen werden in diesem Kapitel die Ergebnisse nach den Facetten der professionellen Handlungskompetenz gegliedert diskutiert. Dabei ist auch der Zeitpunkt der Erhebung einzubeziehen.

5.1 Kognitive Facetten der professionellen Handlungskompetenz

Fachwissen

Für die kognitive Facette des Fachwissens wurden im Vorfeld zwei Hypothesen formuliert, die es empirisch zu prüfen galt. Zunächst soll das Ergebnis der ersten Hypothese diskutiert werden: *„Die Lehrkräfte verfügen über kein besseres BNE-relevantes Fachwissen zum Klimawandel als die außerschulischen Akteure."*
Klimageographie ist schon immer ein fester Bestandteil in der fachlichen Ausbildung der Geographielehrkräfte gewesen, weswegen ein Grundwissen in diesem Themenbereich vorauszusetzen ist. Der Klimawandel müsste im Regelfall Bestandteil dieses Ausbildungsbereiches sein. Wie lässt sich erklären, dass die Geographielehrkräfte über kein besseres Wissen darüber verfügen als die außerschulischen Multiplikatoren, bei denen in der Regel keine entsprechende Ausbildung vorliegt?

> **These 1:** Die Lehrkräftebildung ist hinsichtlich der Komplexität des Themas „Klimawandel" nicht optimal.

Die Items wurden orientiert am Beispielthema „Klimawandel" operationalisiert. Dieses Thema ist an sich ein sehr komplexes Phänomen, das aus verschiedenen Fachdisziplinen beleuchtet wird und in welchem vielfältige Kenntnisse notwendig sind. Das Geographiestudium für Lehramtsstudierende vermittelt Grundwissen über Klimageographie im Rahmen des Grundstudiums bzw. Fachbachelors (vgl. KMK 2019, 29). Der Klimawandel wird dabei sicher thematisiert, doch als ein Teil der physiogeographischen Grundausbildung wird das Thema sicherlich eher relativ kurz und überwiegend hinsichtlich der naturwissenschaftlichen Aspekte (Phänomen, Ursachen, Folgen auf die biotischen und abiotischen Bereiche) bearbeitet. Die Komplexität erfordert eine vertiefte Auseinandersetzung, diese benötigt aber gleichzeitig auch viel Zeit. Eine vertiefende Auseinandersetzung kann anschließend im Rahmen von (physiogeographischen) Hauptseminaren erfolgen, dies ist aber nicht die Regel. Obwohl häufig postuliert, werden Mensch-Umwelt-Beziehungen wie der Klimawandel, in der Geographieausbildung nicht unbedingt mit allen Aspekten und aus allen Perspektiven beleuchtet. In den letzten Jahren hat sich jedoch die Debatte um den Klimawandel auch in der Öffentlichkeit wieder intensiviert, sodass ggf. davon auszugehen ist, dass eine Messung zum aktuellen Zeitpunkt nochmals andere Ergebnisse bringen würde.

Zwei Ergebnisse der Messung seien in diesem Kontext beispielhaft herausgegriffen. Das Item Nr. 9, welches auf die zunehmende Intensität von Dürren abzielt, zeigt einen deutlich höheren Mittelwert bei den außerschulischen Akteurinnen und Akteuren. Wäre die Hypothese in die andere Richtung gerichtet gewesen, so wäre die Hypothese bestätigt, da der Unterschied hier sogar signifikant gewesen wäre. Das Wissen über Dürren und zunehmende Auswirkungen ist offenbar ein auch im außerschulischen Bereich häufig einbezogenes Thema, zumindest beschäftigen sich die Akteurinnen und Akteure damit und verfügen über Wissen. Die Lehrkräfte wiederum sind in dem Themenbereich der Rückkopplungseffekte im Kontext von Permafrost deutlich gefestigter: Hier erzielt diese Probandengruppe einen deutlich höheren Mittelwert, der Unterschied ist signifikant. Da in der gymnasialen Oberstufe in Niedersachsen und auch in der Jahrgangsstufe 10 sowie nun in der Einführungsphase im Jahrgang 11 Klimawandel und Rückkopplungseffekte thematisiert werden, müssen die Lehrkräfte mit dieser Thematik auch vertraut sein. Die Messung bestätigt dies auch. Dennoch zeigen sich im Gesamtblick auf die Skala zum Fachwissen über Klimawandel insgesamt keine großen Unterschiede, der erwartete Wissensvorsprung der Lehrkräfte konnte nicht gemessen werden, was darauf hindeutet, dass das Thema in seiner Komplexität noch nicht optimal in der Aus- und Fortbildung thematisiert wird. Insbesondere der Aspekt „Maßnahmen gegen den Klimawandel" dürfte weniger Gegenstand der fachwissenschaftlichen Ausbildung sein. Da die Probandinnen und Probanden zudem in vielen unterschiedlichen Bundesländern zu unterschiedlichen Zeiten und zum Teil an unterschiedlichen Universitäten studiert haben, kann ein konkreter Beleg, der die These stützt, im Rahmen dieser Studie nicht erfolgen.

REINFRIED und KÜNZLE (2019) analysieren in einer Studie die Deutungsmuster des Klimawandels in den Aussagen von Lehrkräften und Konsequenzen für die Klimakommunikation im Unterricht. Demnach werden die Zusammenhänge von vielen nicht sofort in Gänze verstanden, was die Akzeptanz hemmt. „Um die Komplexität des Themas zu reduzieren, werden bestimmte Fakten herausgefiltert und Narrative gebildet mit denen, je nach vermittelnder Akteurin oder vermittelndem Akteur, nur bestimmte Perspektiven und Informationen kommuniziert werden" (REINFRIED & KÜNZLE 2019, 46). REINFRIED und KÜNZLE (2019) zeigen in ihrem Beitrag auf, wie das Thema mit Deutungsrahmen aus unterschiedlichen Perspektiven und verschieden konnotiert wird. Lehrkräfte kommunizieren den Klimawandel im Unterricht folglich auch unterschiedlich. BUSCH (2016) widmete sich ebenso dem Framing des Klimawandels in der Schule und konnte in ihrer Studie herausfinden, dass sich zum einen Frames überlappen und zum anderen zwei wissenschaftliche Diskurse gesehen werden können: Ein eher naturwissenschaftlich ausgerichteter Diskurs sowie ein sozialwissenschaftlicher. REINFRIED & KÜNZLE (2019) orientieren sich in ihrer Untersuchung an der Studie von Busch.

REINFRIED und KÜNZLE (2019) zeigen mit auf, wie wichtig Sprache bei der Kommunikation über den Klimawandel ist. Dies ist jedoch ebenso auf die außerschulischen Akteurinnen und Akteure zu übertragen, jedoch agieren diese in ihren Bildungsveranstaltungen mit offeneren Methoden und dem klaren Ziel der Handlungsorientierung, sodass es zu weniger Zeit an reinem „Input" durch Kommunikation seitens der Akteurinnen und Akteure kommt. So ist anzunehmen, dass es weniger frontalen Input und damit weniger verbalisierte Wissensvermittlung von den Multiplikatorinnen und Multiplikatoren gibt, da die Lernenden sich der Thematik in offeneren Lernarrangements nähern und sich diese erschließen. Über neue Lehrpläne und Studienordnungen erfolgte nach der Erhebung aber auch eine erneute Auseinandersetzung mit dem Thema „Klimawandel". Als Beispiel sei hier das Kerncurriculum der Sekundarstufe II aus Niedersachsen herangezogen, da die damals befragten Lehrkräfte in diesem Bundesland unterrichteten. Hier ist zu nennen, dass mit der Rückkehr zu G9 die 11. Jahrgangsstufe (Einführungsphase) Nachhaltigkeit in den Vordergrund stellt und viele Beispiele zum Klimawandel beinhaltet (Niedersächsisches Kultusministerium 2017).

Möglich ist auch, dass die außerschulischen BNE-Akteurinnen und Akteure durch die Anbindung an verschiedene Schulfächer im fachübergreifenden Unterrichten geübter sind und dadurch in einem interdisziplinären Rahmen unterrichten können und zwar in einem ganzheitlichen Prozess, weniger als formales Thema im Curriculum (vgl. KAGAWA & SELBY 2010, 241-243). In diesem Kontext ist auf die Delphi-Studie von RICHTER-BEUSCHEL ET AL. (2018) zu verweisen, welche sich mit der Messung prozeduralen Wissens im Themenbereich Biodiversität und Klimawandel befasst hat.

Hinzu kommt: *„It is thus a hybrid theme essentially founded on uncertainty"* (GONZÁLES-GAUDINO & MEIRA-CARTEA 2010, 13). Im Hinblick auf den Umgang mit Unsicherheiten bei dem Beispielthema ist dies ein nicht zu vernachlässigender Aspekt, auf die die Lehramtsausbildung bisher nicht unbedingt vorbereitet ist.

> **These 2:** Die Lehrkräftefortbildung und das informelle Lernen sind hinsichtlich der Dynamik des Themas „Klimawandel" nicht optimal.

Das Thema „Klimawandel" ist ein dynamisches, welches von Aktualisierungen und auch Unsicherheiten geprägt ist. Ständige Erweiterung der Kenntnisse ist daher unerlässlich. Dies wäre für Lehrkräfte sowohl für (B)NE als auch für einzelne Themen wie „Klimawandel" über Fortbildungen möglich, ebenso auch über informelles Lernen. Die Ergebnisse zeigen, dass es bei vertieferem Wissen noch Aufholbedarf gibt, da beide Gruppen zum Beispiel bei den Items 9, 29 und 30 jeweils mit den Mittelwerten recht weit entfernt vom Maximalwert lagen.

Hinsichtlich der formellen Fortbildung im Sinne von zentral über die Landesschulbehörde oder Schulbuchverlage angebotene Fortbildungen sind bundesweit sehr unterschiedlich organisiert (vgl. ROPOHL, SCHÖNAU & PARCHMANN 2016). Befragt wurden in der hier vorliegenden Studie niedersächsische Lehrkräfte. In Niedersachsen gibt es im Fach Geographie regelmäßige Fortbildungsangebote, beispielsweise zu den aktuell relevanten Oberstufenmodulen oder neuen Prüfungsformaten sowie Implementierungsfortbildungen der Kerncurricula. Diese werden über den niedersächsischen Bildungsserver kommuniziert. Ferner erleben die regional angebotenen Schulgeographentage der Landesverbände großen Zulauf. Auch diese sind thematisch ausgerichtet. Die Ergebnisse dieser Arbeit befürworten auch die von FÖGELE und MEHREN (2015) vorgeschlagenen Konsequenzen für die geographiedidaktische Fortbildungspraxis und -forschung.

ROPOHL ET AL. (2016) stellen heraus, dass sowohl methodisch-strukturelle als auch inhaltliche Merkmale der Fortbildung Einflüsse auf das Lernen der Lehrkräfte haben und erfragten Wünsche von Lehrkräften an Forschung als Gegenstand von Lehrerfortbildungen. Es wird deutlich, dass unterschiedliche Wünsche und Erwartungen an Fortbildungen gestellt werden (ausführlicher s. ROPOHL ET AL. 2016). Hinzu kommt, dass die Wahrnehmung von Fortbildungsangeboten sehr unterschiedlich sein kann, was wiederum die Unterschiede zwischen den Lehrkräften begründen kann. Dennoch ist darauf zu verweisen, dass Lehrkräfte in Niedersachsen eine Fortbildungsverpflichtung haben. Für das Thema „Klimawandel" gibt oder gab es jedoch vermutlich eher weniger Angebote, da es bereits seit längerer Zeit Thema im Kerncurriculum ist und Lehrkräfte sich eher in vermeintlich weniger bekannten Themenbereichen fortbilden.

HEISE (2009) befasste sich in ihrer Studie mit dem informellen Lernen von Lehrkräften und untersucht, wie oft und in welchem Format Lehrkräfte informelle Lerngelegenheiten nutzen, um sich beruflich weiterzubilden. Ein Ergebnis war hierbei, „dass Lehrkräfte insgesamt im Vergleich mit anderen akademischen Berufsgruppen überdurchschnittlich aktiv im Bereich der Nutzung informeller Lernformen (…) sind" (HEISE 2009, 201). Allerdings erhebt sich die Frage angesichts der vielfältigen Anforderungen, welche an Lehrinnen und Lehrer gestellt werden, in welchen Bereichen die Lehrkräfte von sich aus informelles Lernen anstreben. Auch die Ergebnisse von REINFRIED und KÜNZLE (2019) zum Framing im Bereich des Klimawandels machen den Bedarf an konsequenter Fortbildung zu diesem Thema deutlich. Das Phänomen, dass bestimmte Fakten aufgrund der Komplexität herausgefiltert werden (vgl. REINFRIED & KÜNZLE 2019, 46), deutet darauf hin, dass das vorhandene Wissen vermutlich auch nicht sukzessive erweitert wird, sondern eher in einem bestehenden Zustand verharrt. Mit Blick auf die Stichprobe ist zu erwähnen, dass am Ende des Erhebungsinstruments über eine unabhängige Variable erfragt wurde, ob die Lehrkräfte bereits über Fortbildungen Input zu BNE erhalten hätten. Von den 50 befragten Lehrkräften haben 33 Personen die Frage mit „nein" beantwortet. Nur zehn Lehrkräfte bejahten die Frage, diese waren zwischen einem und bis zu über 25 Jahren (als Beauftragte für die UNESCO-Schulangelegenheiten) im Dienst, sodass die Bestätigung nicht auf eine bestimmte Unterrichtserfahrung und ein Fortbildungsangebot in einem Zeitrahmen reduziert werden kann. Ferner gaben fünf Personen weder eine klare Bestätigung noch eine Verneinung ab, sondern äußerten, dass sie sich im Eigenstudium oder über die Masterarbeit mit BNE beschäftigt haben. Weiterhin äußerten Personen hier, dass sie bestimmt davon gehört hätten, es aber nicht mehr präsent sei. Zwei Personen ließen die Frage unbeantwortet. Die Ergebnisse hier zeigen, dass offenbar noch ein dringender Bedarf an Fortbildungen zu BNE besteht.

These 3: (B)NE ist noch nicht bei allen Lehrkräften angekommen.

Die Hypothese 1b bezieht sich auf das Konzeptwissen zu BNE und NE, welches bei den außerschulischen Akteurinnen und Akteuren deutlich höher ist. Der Unterschied ist signifikant. Damit ist diese Hypothese verifiziert. Dabei darf der Zusammenhang zwischen Konzeptwissen zu BNE nicht außer Acht gelassen werden, da in den Schulen nach wie vor Optimierungsbedarf hinsichtlich der Einbindung von BNE in den Unterricht und in das Schulleben besteht. Studien zur Implementierung von BNE belegen dies.

BUDDENBERG (2014, 161) befragte in Nordrhein-Westfalen Lehrkräfte zum Bekanntheitsgrad von BNE, von knapp 500 befragten Lehrkräften gaben 95,7 % an, den Begriff nachhaltige Entwicklung bereits gehört zu haben, knapp die Hälfte konnte Ziele oder Konzeptinhalte nennen, den Bildungsauftrag BNE kannte dagegen nur knapp die Hälfte der Befragten. Dieses Ergebnis stützt die Hypothese auch für die Erhebung dieser Arbeit in Niedersachsen, da offenbar auch hier bei den Lehrkräften deutlich weniger Konzeptwissen zu BNE vorhanden ist. Brock stellt auf der Grundlage ihrer Desk Research-Studie zur Verankerung von BNE im Bildungsbereich Schule in ganz Deutschland heraus, dass der Fortschritt hier bundesweit unterschiedlich ist. Sie betont dabei, dass Berlin und Baden-Württemberg hier bei den Ländern vorne liegen, hinsichtlich der Fächer schneiden die Geographie, Biologie und Sachkunde zum Beispiel gut ab. In Niedersachsen, woher die Probandinnen und Probanden der Stichprobe dieser vorliegenden Studie kamen, seien bereits Ansätze von BNE-Bezügen in rechtlichen Rahmendokumenten zu finden. Bezüglich der Studien- und Prüfungsordnungen zeigt Brock auf, dass BNE zum Beispiel in Studien- und Prüfungsordnungen in Osnabrück gefunden wurde, Begriffe aus dem Bereich der Nachhaltigkeit sowohl in Hannover, als auch in Oldenburg und Osnabrück (BROCK 2018, 110). In Lehr- und Bildungsplänen von Niedersachsen zeigt Brock insgesamt 163 Fundstellen zu (B)NE und verwandten Bildungskonzepten auf. Diese Ergebnisse bieten positive Aussichten für die Zukunft.

Auch GRUNDMANN (2017) befasste sich mit der Verankerung von BNE in Schulen. Je stärker BNE in das Schulkonzept einbezogen ist, desto höher könnte auch das Konzeptwissen der dort tätigen Lehrkräfte sein. GRUNDMANN (2017) macht jedoch auch deutlich:

> *„Schulen verorten das Thema Nachhaltigkeit in unterschiedlicher Weise in ihrem pädagogischen Konzept. Ob eine Schule Nachhaltigkeit im Leitbild obenan stellt, BNE als einen Schwerpunkt der Arbeit beschreibt oder andere Begriffe in den Mittelpunkt rückt, mag einen ersten Eindruck vom Stellenwert des Themas Nachhaltigkeit vermitteln – mehr aber nicht."*
> (GRUNDMANN 2017, 100)

Ferner zeigt GRUNDMANN (2017) auf, dass zuvor das Konzeptverständnis von Nachhaltigkeit geklärt werden müsse. Ein eindeutiger Rückschluss auf den Zusammenhang von Nachhaltigkeit und/oder Nachhaltiger Entwicklung zwischen Schulprogramm und Konzeptwissen der Lehrkräfte ist folglich auch nicht zu ziehen.

Befragt wurden in der vorliegenden Studie Geographielehrkräfte in Niedersachsen. Aufgrund der zuvor in dieser Arbeit schon herausgestellten Konzeptaffinität von BNE und der Geographie lässt sich BNE sehr gut in den Fachunterricht integrieren. Da die Geographie auch zu den Trägerfächern der BNE gehört und an einigen Universitäten in die Ausbildung integriert ist, lag von Beginn an die Annahme vor, dass Lehrkräfte mit dem Fach Geographie über Wissen verfügen. BNE in der didaktischen und pädagogischen Ausbildung ist jedoch noch sehr selten.

Außerschulische Akteurinnen und Akteure der BNE hingegen beschäftigen sich dagegen von Grund auf mit dem Konzept, da dies fest zu ihrer Stelle gehört. Zwar sind oft unterschiedliche Ausbildungsberufe oder Studiengänge in den Biographien, doch mit der Stelle in den außerschulischen Bildungseinrichtungen gehört BNE zu diesem Jobprofil, sodass gute Kenntnisse vorausgesetzt werden können. An dieser Stelle muss jedoch angemerkt werden, dass in der hier vorliegenden Studie primär die individuelle Perspektive und der Bezug der einzelnen Probandinnen und Probanden zu BNE abgebildet werden kann, nicht der Blick auf die Lernorte, an denen sie tätig sind. MICHELSEN, RODE, WENDLER und BITTNER (2013) befassen sich in ihren Studien mit den außerschulischen Bildungseinrichtungen an sich und bescheinigen diesen, auf einem guten Wege der Umsetzung des BNE-Konzeptes zu sein und schlagen weitere Schritte vor. FISCHBACH, KOLLECK und DE HAAN (2015, 16) beziehen sich im Hinblick auf die außerschulische Bildung auf dem Weg zu einer nachhaltigen Bildungslandschaft auf MICHELSEN ET AL. (2013) und verweisen auch auf eine weitere Konkretisierung der Ziele. DE HAAN (2018, 16) stellt auch fest, dass Kooperationen zwischen Firmen oder Dachorganisationen noch intensiviert werden können. MICHELSEN ET AL. (2013) beschäftigten sich bereits 2013 intensiv mit BNE in der außerschulischen Bildung und stellten heraus, dass zehn Prozent der im Rahmen der Studien befragten Bildungsorte BNE bereits konkret umsetzt, zwanzig Prozent auf einem guten Weg seien (MICHELSEN ET AL. 2013, 14). Genannte Autoren geben in diesem Kontext auch wichtige Empfehlungen für die unterschiedlichen Ebenen, welche an der Multiplikation und Implementierung von BNE mitwirken (MICHELSEN ET AL. 2013, 179-190).

Das Item Nr. 22 fragt nach BNE-Themen. Die Antworten waren hier recht diffus, insbesondere bei der Gruppe der Lehrkräfte. Dennoch erreichen beide Gruppen einen Mittelwert, welcher dem Maximum von 4 nahekommt. Die Themen wurden hier sehr allgemein ausgedrückt, beispielsweise wurden andere große Themenbereiche wie „Globalisierung" genannt. Das Item ist der Facette „Fachwissen, Konzept Nachhaltigkeit" zugeordnet, da es sich konkret auf die Inhalte bezieht, welche die Probanden mit BNE verbinden. Hinsichtlich der Auswertung der Antworten wurden im Auswertungsleitfaden in Anlehnung an die Studie von BAGOLY-SIMÓ (2014) Kriterien für BNE-Themen angegeben, ebenso aber vermerkt, dass ausführliche Antworten zur Einschätzung der Frage ebenso bepunktet werden, sofern die Begründung richtig ist. Die Ergebnisse dieser Arbeit bestätigen und erweitern die bisherigen Erkenntnisse der Forschungen zur Implementierung in Schulen und Lehrplänen (z. B. BAGOLY-SIMÓ 2014; GRUNDMANN 2017; BUDDENBERG 2014) und/oder zum Stellenwert von BNE und Globalem Lernen in der Lehrkräftebildung in Hochschulen (z. B. RIECKMANN & HOLZ 2017; KOHLMANN & OVERWIEN 2017; BAGOLY-SIMÓ & HEMMER 2017) oder in der zweiten Ausbildungsphase.

Die Daten zur Stichprobe zeigen auch, dass sich bis auf eine Person alle außerschulischen Probanden zuvor bereits mit (B)NE beschäftigt haben, die Dauer der Beschäftigung mit (B)NE wird hier am häufigsten mit 0-5 Jahren angegeben, dicht aber gefolgt von 6-10 Jahren. Immerhin neun Personen geben aber auch an, sich seit mehr als 20 Jahren mit (B)NE zu beschäftigen.

Es wird auch durch die Ergebnisse dieser Studie deutlich, dass die Verankerung von BNE in der Bildungslandschaft noch „auf dem Weg" (FISCHBACH ET AL. 2015) ist. Mit Blick auf die unabhängigen Variablen fiel auf, dass insbesondere die jüngeren Probandinnen und Probanden von BNE schon zuvor in Seminaren in der Universität gehört hatten. Auch ETZKORN und SINGER-BRODOWSKI (2018) bescheinigen in diesem Bereich der „Verankerung von (B)NE und verwandten Bildungskonzepten langsam Aufwind" (ETZKORN & SINGER-BRODOWSKI 2018, 228). Dies ist ein positives Zeichen und daraus wird ersichtlich, dass die Einbindung von BNE in den Studienverlauf unerlässlich ist und an einigen Universitäten auch zum Studienverlauf gehört und in unterschiedlichen Fachdisziplinen Forschungsgegenstand ist (s. hierzu KEIL ET AL. 2020). Nach wie vor ist hier aber eher noch von „Leuchtturm-Hochschulen" (ETZKORN & SINGER-BRODOWSKI 2018, 230) zu sprechen. Eine Analyse der Hochschulentwicklungspläne zeigt BNE als Bildungskonzept nur in Nordrhein-Westfalen, Hinweise auf Nachhaltigkeit und NE jedoch sind auch in anderen Bundesländern, u. a. Niedersachsen auszumachen (vgl. ETZKORN & SINGER-BRODOWSKI 2018, 229).

Lehrkräfte benötigen für die Integration und Umsetzung von BNE im Unterricht konkrete Kenntnisse (vgl. HELLBERG-RODE & SCHRÜFER 2020). Genannte Autorinnen haben diese beispielsweise faktorenanalytisch differenziert und kommen zu dem Schluss, dass es einer domänenübergreifenden Professionalisierung der Lehrkräfte im Bereich der BNE bedarf. Dies unterstützen auch die Ergebnisse dieser Arbeit. Konkrete Möglichkeiten und Wege, die Implementierung in der Lehrkräftebildung voranzutreiben sind z. B. nachzulesen in Hemmer et al. (2020), ebenso bei Keil (2020) zum Fachlichkeitskonzept.

Die deskriptive Statistik zeigt neben der Frage nach bereits absolvierten Fortbildungen auch danach, ob die Lehrkräfte bereits im Studium von BNE gehört hätten. Hier ist die Bilanz relativ positiv, 27 der Lehrkräfte haben bereits im Studium von BNE gehört, drei im Rahmen ihrer Masterarbeit, zwei durch Seminare in der Geographie oder Biologie. Die Unterrichtserfahrung liegt hier zwischen wenigen Monaten und bei über 25 Jahren, die meisten Lehrkräfte unterrichten seit vier bis 15 Jahren. Von den befragten Lehrkräften gaben aber auch 19 Personen an, zuvor noch nicht im Studium von BNE gehört zu haben, vier Personen machten hier keine Angabe. Diese Werte machen deutlich, dass im Rahmen der Lehramtsausbildung in allen Phasen, unbedingt aber auch in der ersten Phase BNE schon präsent sein sollte. Ebenso ist davon auszugehen, dass eine zunehmende Kooperation zwischen Schulen und außerschulischen Bildungsorten das Wissen von BNE anwachsen lässt. Auch hier zeigt die Beschreibung der Stichprobe, dass von den 50 Lehrkräften nur acht angeben, eine feste Kooperation mit einem außerschulischen Bildungsort zu haben.

Fachdidaktisches Wissen

In der Wissensfacette „fachdidaktisches Wissen" zeigen die Ergebnisse, dass die außerschulischen Akteure höhere Werte erzielen und sie damit über mehr Wissen als die befragten Geographielehrkräfte verfügen. Die Hypothese hierzu wurde folglich ebenso verworfen. Im Rahmen der Analyse der Ergebnisse wurde sogar deutlich, dass der Unterschied im Falle einer anders gerichteten Hypothese, welche bei den außerschulischen Akteurinnen und Akteuren mehr fachdidaktisches Wissen vermutet, sogar signifikant gewesen wäre. Diese Ergebnisse führen zu weiteren Thesen.

> **These 4:** Nicht hinreichendes Fachwissen hängt mit nicht hinreichendem fachdidaktischen Wissen zusammen.

Zum Professionswissen wird auch das sogenannte Umsetzungswissen gezählt (vgl. Dewe et al 1992). Demzufolge wird Wissen auch in der Praxis erworben und gefestigt (vgl. Hashweh 2005; Hiebert, Gallimore & Stiegler 2002). Um effektiv zu unterrichten sind Fachwissen und fachdidaktisches Wissen erforderlich, da es einen unmittelbaren Zusammenhang zwischen vorhandenem Fachwissen und der fachdidaktischen Kompetenz gibt (z. B. Shulman 1986; 1987; Kunter et al. 2011; Kleickmann et al. 2012). Man muss also folgern, dass auch um (B)NE in den Unterricht zu integrieren, sowohl Fachwissen als auch fachdidaktisches Wissen essentiell sind. Im Theoriekapitel dieser Arbeit wurde bereits auf die Konzeptualisierung der Facetten der Professionellen Handlungskompetenz eingegangen und deutlich gemacht, dass hier Zusammenhänge bestehen. Im Hinblick auf die Ergebnisse ist nun abzuleiten, dass das fachwissenschaftliche Wissen der Lehrkräfte über Klimawandel nicht optimal ist und daher auch das fachdidaktische Wissen optimierbar ist, denn nur Lehrkräfte, welche den Inhalt vertieft durchdrungen haben, sind in der Lage, ihn zu didaktisieren und in Unterrichtskonzeptionen zu überführen. Inwiefern in der fachdidaktischen Ausbildung Fachinhalte zum Klimawandel enthalten waren, ist möglichweise auch Zufall, dies trifft auch auf die zweite Phase der Ausbildung zu. Das erklärt allerdings noch nicht, warum die außerschulischen Akteure in diesem fachdidaktischen Bereich signifikant besser abschneiden. Vermutlich hängt dies mit einer gezielten vertieften Beschäftigung mit dem Thema zusammen und damit, dass sich außerschulische Akteurinnen und Akteure nicht mit zahlreichen Themen gleichzeitig auseinandersetzen, da sie fokussierter Lehrveranstaltungen anbieten können und in diesen Bereichen Expertenwissen generieren. Die Lehramtsausbildung in Niedersachsen weist sowohl im Fachwissen Inhalte der Klimageographie aus, auch NE ist hier aufgeführt. In den Inhalten der Fachdidaktik wird ebenfalls BNE genannt, explizit Wissen zum Klimawandel ist hier nicht aufgeführt (vgl. KMK 2019, 30-31). Die Stichprobe umfasste Lehrkräfte mit unterschiedlich langer Berufserfahrung und unterschiedlichen Zeitpunkten des Studiums. Hier kann einerseits bedacht werden, dass durch die Erfahrung möglicherweise auch mehr fachdidaktisches Wissen abrufbar ist. Gleichwohl sind die Personen zu unterschiedlichen Zeitpunkten mit verschiedenen Schwerpunkten in der fachdidaktischen Ausbildung tätig. Die Ergebnisse der Studie führten daher auch zur folgenden These.

> **These 5 neu:** Mehr Berufserfahrung bedeutet nicht automatisch mehr oder weniger fachdidaktisches Wissen.

Die konkreten Zielsetzungen des Geographieunterrichts haben sich in den vergangenen Jahrzehnten immer wieder verändert (z. B. REINFRIED & HAUBRICH 2015; RINSCHEDE & SIEGMUND 2020), was die Inhalte des Studiums ebenso beeinflusst hat, so können durchaus Rückschlüsse auf die Studienzeit und die Frage, inwiefern BNE dort bereits ein Thema war, gezogen werden. In diesem Kontext ist jedoch auch darauf zu verweisen, dass in Studien zum Zusammenhang des Professionswissens und der Studiendauer beispielsweise eine Steigerung des Professionswissens mit zunehmender Berufserfahrung ausbleibt (vgl. KRAUSS ET AL. 2017b). Weitere Ausführungen dazu sind in dem Sammelband des FALKO-Projektes zu rezipieren (vgl. KRAUSS ET AL. 2017b). Das Professionswissen von Lehrkräften ist insgesamt ein aktuelles Forschungsfeld in unterschiedlichen Fachdisziplinen, auch in der geographiedidaktischen Forschung (z. B. HEMMER ET AL. 2020; LINDAU 2020). So bietet die Studie einen großen Mehrwert und einen zusätzlichen Erkenntnisgewinn, da erstmalig empirische Daten zum Professionswissen von Geographielehrkräften mit einem BNE-Schwerpunkt vorliegen, was zuvor nicht der Fall war. Wie im vorherigen Kapitel 4.1 in der Darstellung der Stichprobe zu sehen ist, befanden sich in dieser überwiegend jüngere Lehrkräfte. In dieser Arbeit ist jedoch nicht erhoben worden, inwiefern die jüngeren Lehrkräfte über mehr Wissen verfügen, sodass obige These als Vermutung anzusehen ist, da BNE in den letzten Jahren erst stärker in die Ausbildung Einzug gehalten hat.

Ebenfalls im Kontext von Kompetenz von BNE-Akteurinnen und -akteuren arbeitet BEDEHÄSING (2020) die Rolle von Lehrkräften als *„Change Agents"* in der Nachhaltigkeit heraus, hierbei liegt der Fokus jedoch auf der schulischen Bildung, sodass der Erkenntnisgewinn der vorliegenden Arbeit auch hier bei den Ergebnissen im außerschulischen Bereich gesehen wird.

> **These 6:** Eine Didaktik des Globalen Lernens ist bisher vor allem in der außerschulischen Bildung vertreten und an den Schulen sehr unterschiedlich implementiert.

Außerschulische Akteurinnen und Akteure, welche sich in entwicklungspolitischen Bildungsinitiativen engagieren, sind mit einer Didaktik des Globalen Lernens voraussichtlich besser vertraut als es Lehrkräfte sein können, da der Orientierungsrahmen für den Lernbereich Globale Entwicklung an den Schulen bundesweit unterschiedlich integriert ist. Im Konzeptwissen und im fachdidaktischen Wissen haben die außerschulischen Akteurinnen und Akteure bei den relevanten Items bessere Ergebnisse erzielt. Auch eine Didaktik des Globalen Lernens ist erst in den vergangenen Jahren seit 2000 verstärkt untersucht und beschrieben worden (z. B. BLUDAU 2016; SCHEUNPFLUG & SCHRÖCK 2000; PIKE & SELBY 2000a; 2000b; ADICK 2002; SCHRÜFER & SCHWARZ 2010). Globales Lernen ist ein Unterrichtsprinzip mit einer Didaktik (s. hierzu ausführlicher BLUDAU 2016), welche im normalen Lehramtsstudium nicht verbindlich war für die Teilnehmerinnen und Teilnehmer an dieser Studie zur professionellen Handlungskompetenz von BNE-Akteuren.

Da zehn der Probandinnen und Probanden bereits mehr als 21 Jahre Diensterfahrung aufweisen, ist es möglich, dass sie mit dem Konzept des Globalen Lernens in den einzelnen Ausbildungsphasen nicht konfrontiert worden sind.

Die Antworten z. B. auf die Frage im Item Nr. 13 wurden jedoch vor dem Hintergrund des „didaktischen Würfels Globalen Lernens" (SCHEUNPFLUG & SCHRÖCK 2000) gesehen, sodass diejenigen Antworten besser bepunktet wurden, welche Partizipation, Kommunikation und Argumentation der Schülerinnen und Schüler in den Vordergrund rückten. Außerschulische Akteure und Akteurinnen sind damit offenbar stärker vertraut als Lehrkräfte. Es muss aber auch bedacht werden, dass sich die Mehrzahl der Items gezielt auf das Thema „Klimawandel" bezog. Mit dem Blick auf das zu erreichende Maximum von 3 bei diesem Item ist auch zu sehen, dass die außerschulischen Multiplikatorinnen und Multiplikatoren mit einem Mittelwert von 2,15 deutlich dichter daran liegen als die Lehrkräfte mit einem Mittelwert von 1,60. Die Grundlagen des Globalen Lernens sind hier offenbar auch noch nicht so präsent.

These 7: Fachübergreifender Unterricht ist noch nicht so stark etabliert, außerschulische Bildung hat noch nicht den erwünschten Stellenwert.

Für die Strukturierung außerschulischer Lernsituationen gilt beispielsweise, dass die Anforderungen an die Lernenden zwar klar formuliert sind, aber dennoch die Autonomie der Lernenden bestmöglich fördern (WILHELM, MESSMER & REMPFLER 2011, 16). Auch wenn sich außerschulische Lernorte allgemein einer großen Beliebtheit erfreuen und insgesamt für wirksam befunden werden (vgl. z. B. WILHELM ET AL. 2011; GAEDTKE-ECKARDT 2007), so führt diese Offenheit der Lehrsituation aber auch zu der gegenteilig verbreiteten Annahme, dass außerschulische Bildung auch mit dem Vorwurf des mangelnden Wissens von Präkonzepten von Lernern zu kämpfen haben (WILHELM ET AL. 2011, 11). Im Hinblick auf diesen Forschungsstand und die überraschenden Ergebnisse in der fachdidaktischen Wissensfacette ist diese Annahme aber nicht bestätigt, da die außerschulischen Akteurinnen und Akteure über mehr fachdidaktisches Wissen verfügen. Im Vorfeld wurde angenommen, dass Geographielehrkräfte durch die Einbindung von Exkursionen in den Unterricht auch durch das Studium mit exkursionsdidaktischen Grundlagen und außerschulischen Bildungssituationen vertraut sind. Dies bestätigen die Ergebnisse aber nicht. Ebenso werden in den Antworten auf offene Fragen keine expliziten Kenntnisse zum fachübergreifenden Unterrichten evident. Jedoch muss hier bedacht werden, dass die Items teilweise auch vor dem Hintergrund einer außerschulisch orientierten Lehre konstruiert sind und ggf. Antworten hinsichtlich offener Lehrformate bereits suggerieren.
Bei der Didaktik und Methodik des außerschulischen Lernens handelt es sich um fachübergreifende Ansätze. BAAR und SCHÖNKNECHT (2018, 27-29) verweisen hier auf allgemeine Grundsätze nach KLAFKI (1991) und beleuchten die Ansätze auch im Bild sich wandelnder Sozialsituationen. Aus diesem Grunde wurde im Vorfeld der Itemkonstruktion auch angenommen, dass die Lehrkräfte über mehr Fachwissen und fachdidaktisches Wissen verfügen würden, da sie hierin ausgebildet wurden und die außerschulischen Akteurinnen und Akteure kein fachdidaktisches Wissen haben.

Pädagogisches Wissen
Nicht an das Fach Geographie, aber an die Lehramtsausbildung gebunden sind die Items zur dritten kognitiven Wissensfacette der professionellen Handlungskompetenz von BNE-Akteurinnen und -Akteuren. Auch die Hypothese zum pädagogischen Wissen wurde nicht verifiziert. Die außerschulischen Akteure verfügen über deutlich mehr pädagogisches Wissen, wäre die Hypothese anders gerichtet, wäre auch hier ein signifikanter Unterschied gemessen worden. Welche Erklärungsansätze lassen sich dafür finden?

These 8: Außerschulische Akteurinnen und Akteure profitieren von erziehungswissenschaftlicher Grundausbildung.

Im Rahmen der Vorstudie (Kapitel 3.2) wurde bereits deutlich, dass es in den Umweltzentren und auch in den entwicklungspolitischen Bildungsinitiativen häufig Akteure gibt mit erziehungswissenschaftlicher Ausbildung. Dies wurde in der Vorstudie deutlich, in der Hauptstudie befanden sich von den befragten 52 Personen 17 Probandinnen und Probanden in der Stichprobe, welche auf einen beruflichen Hintergrund im Bereich Pädagogik, Erziehungswissenschaften blicken. Darunter waren neun Personen mit einem Diplom oder Magister in Pädagogik und jeweils zwei Personen in den folgenden Ausbildungen: Religionspädagogik, Erwachsenenbildung (nicht näher spezifiziert), Umweltbildung, Museumspädagogik. Dies würde erklären, dass auch in der Probandengruppe der außerschulischen Bildungsakteurinnen und -akteure teilweise sogar tiefergehende Kenntnisse sind als unter den Lehrkräften. Erziehungswissenschaftler müssten schließlich über mehr Theoriewissen verfügen als Lehrkräfte, die im Lehramtsstudium nur eine Basis an pädagogischen Grundkenntnissen erwerben. Pädagogische und erziehungswissenschaftliche Komponenten rücken hier vermutlich eher in den Hintergrund. Auch in diesem Zusammenhang kann nochmals auf das im Theoriekapitel bereits erwähnte Experten-Paradigma (BROMME 1992; KRAUSS 2011) verwiesen werden.

> **These 9:** Die außerschulische Lernsituation stützt außerschulische Akteurinnen und Akteure.

Die Schulsituation ist eine andere als eine Workshopsituation, Jugendliche profitieren in vielfältiger Weise von außerschulischen Lernsituationen. Zwar werden die langfristigen Lernerfolge auch kontrovers diskutiert (s. hierzu z. B. BAAR & SCHÖNKNECHT 2018; WILHELM ET AL. 2011; LEUTHOLD 2014), doch es handelt sich grundsätzlich um ein anderes Lernarrangement. Dieser Gedanke ist auch für die fachdidaktischen Ergebnisse zielführend.

In diesem Kontext bietet sich ein Bezug auf die fünf Domänen der Professionalität von Lehrerinnen und Lehrern (PASEKA ET AL. 2011) an, insbesondere die Domäne „Personal Mastery", welche unter Bezug auf SENGE (1996) „eine der Kerndisziplinen für den Aufbau einer lernenden Organisation" PASEKA ET AL. 2011, 37, s. hierzu ausführlicher in SENGE 1996, 171-212) ist. Die Systemebene muss mit beachtet werden, ein gemeinsames Lernen in Bildungssituationen, in denen im strukturellen Rahmen agiert wird. Das Mitgestaltungsrecht ist den nonformellen BNE-Akteurinnen und Akteuren sehr wichtig. Die Lehrkräfte sind hingegen sehr zielorientiert und sind aufgrund der knappen Zeit für den Unterricht dazu angehalten, den vorbereiteten Unterrichtsgegenstand auch in der begrenzten Zeit bewältigen zu können. In diesem Bereich sind außerschulische BNE-Akteurinnen und Akteure stärker und sind firm, was beispielsweise die Methoden außerschulischen Lernens angeht (vgl. BAAR & SCHÖNKNECHT 2018).

These 10: Außerschulische Akteurinnen und Akteure sind freier in ihrer Gestaltung.

Dass die außerschulischen Akteurinnen und Akteure hier freier in ihrer Gestaltung sind und daher auch externe Vorlagen weniger als Strukturprinzip gesehen werden, belegen wiederum die Ergebnisse zu Item 25. Dieses ist ebenfalls sehr aussagekräftig, indem es erfragt, auf welcher Grundlage die Probanden ihren Unterricht/ihre Veranstaltungen strukturieren. Hier nannten fast alle Lehrer das Schulcurriculum bzw. das Schulbuch, was deutlich macht, wie wenig Spielraum für eigene Strukturierungsgedanken im Schulalltag bleibt bzw. sich die Lehrkräfte nehmen. Dies ist soweit nicht so überraschend, jedoch hätte es auch sein können, dass beispielsweise Grundgedanken nach KLAFKI (1991) oder bildungstheoretische Kenntnisse nach Heimann, Otto und Schulz aus den 1970er/1980er-Jahren oder auch didaktische Grundprinzipien nach WIATER (2009) einbezogen werden, diese treten bei den Lehrkräften nur vereinzelt in Erscheinung, z. B. die Exemplarität.

Bezüglich der außerschulischen Akteurinnen und Akteure ist zusätzlich anzumerken, dass sie sich dann an der Schnittstelle zwischen dem Lernort Schule als institutionellen Rahmen und der Professionalität betrieblicher Bildung befinden. Bei dieser Wissensfacette ist aber auch zu beachten, dass in der beruflichen Bildung eine Differenzierung in Domänen nach Lernorten oder Bildungsgängen vorgenommen wird (vgl. WITT 2009, 96). Demzufolge bekäme der Lernort an sich noch eine zunehmende Bedeutung, da ein außerschulischer Ort mit einer Bildungsintention anders definiert ist als die Schule als formaler Bildungsort. Die außerschulischen Bildungsakteurinnen und -akteure verfügen über mehr Gestaltungsfreiheit in ihren Veranstaltungen.

Die außerschulischen Akteurinnen und Akteure hingegen nennen als Strukturprinzipien kaum den Lehrplan, von den 52 befragten Personen gaben nur vier Personen explizit an, dass diese die Themen an den Lehrplan anbinden (Antworten zum Item 25). Um effizient mit den Schulen zusammenzuarbeiten, ist dies jedoch auch relevant und wichtig, sodass es auch möglich ist, dass die außerschulischen Probandinnen und Probanden dies als Grundvoraussetzungen bedacht haben und von dieser Ausgangssituation aus diese Frage beantwortet haben, da die Grundthemen bereits von der Einrichtung festlegt worden sind. Dies kann nicht mehr überprüft werden. Dennoch fiel stark auf, dass auf die Frage sehr häufig folgende Antworten kamen: Interesse der Schülerinnen und Schüler, Lebensweltbezug, Zukunftsbezug, Methodenvielfalt, selbstständiges Lernen, globaler Bezug, Naturschutz, gesellschaftliche Relevanz und Kompetenzförderung. Alle weiteren Antworten lassen sich diesen genannten Oberbegriffen zuordnen. In diesem Punkt unterscheiden sich die beiden befragten Gruppen stark. Bei den Lehrkräften haben fast alle das Kerncurriculum, wenige auch die Fachkompetenzen aufgeführt.

Bei dem Item Nr. 25 zu den Strukturierungsprinzipien konnte ein Maximum von 3 erreicht werden. Die Lehrkräfte erzielten hier einen Mittelwert von 1,90, während die außerschulischen Probanden einen Wert von 2,17 erreichten. Somit liegen zwar beide Gruppen in der höheren Hälfte, die Gestaltungsfreiheit zeigt sich aber in den besseren Ergebnissen der außerschulischen Gruppe. Das Item wurde vor dem Hintergrund der Gestaltungskompetenz bepunktet.

Zusammenfassung zu den kognitiven Komponenten
Zum Professionswissen und zur professionellen Handlungskompetenz von Lehrkräften gab es bereits im Vorfeld aus den unterschiedlichen Disziplinen bereits Forschungsarbeiten (SHULMAN 1986; 1987; KUNTER ET AL. 2011; KRAUSS ET AL. 2017a; 2017b; KÖNIG & SEIFERT 2012), ebenso spezifischer zum Beispiel zur pädagogischen Professionalität. Vor diesem Hintergrund sind die Ergebnisse dieser Studie zu sehen und zu interpretieren. Es zeigt sich hinsichtlich der kognitiven Wissensfacetten, dass die Lehrkräfte hier nicht wie vermutet mehr Wissen aufweisen als die außerschulischen Akteurinnen und Akteure. Neue Ergebnisse bringt diese Studie daher durch den Fokus auf BNE und den Einbezug außerschulischer Akteurinnen und Akteure.
Lehrkräfte stehen vor der Herausforderung, sehr viele unterschiedliche Themen gleichzeitig mit Schülerinnen und Schülern unterschiedlicher Jahrgangsstufen bearbeiten zu müssen. Hinzu kommt, dass Geographie nur mit wenigen Wochenstunden unterrichtet wird, was einen BNE-konformen Unterricht erschwert. Die Auswertung der Variable zur bisherigen Beschäftigung mit BNE ergibt auch eine hohe Anzahl an Personen, welche sich bisher noch nicht mit BNE beschäftigt haben. Da dies in der Akquise bewusst nicht als Kriterium galt, kann das Ergebnis durchaus zu der pauschalisierenden Aussage führen, dass sich viele Lehrkräfte tatsächlich mit dem Konzept noch nicht beschäftigt haben, sondern nur von der Existenz von BNE wissen, aber weniger bis gar nicht, worum es sich wirklich handelt und dass es kein zusätzliches „add-on" im Unterricht darstellt (vgl. BAGOLY-SIMÓ 2014, BAGOLY-SIMÓ & HEMMER 2017).
Im Rahmen einer Sekundäranalyse wurden u. a. auch die Korrelationen zwischen den Skalen berechnet, weshalb an dieser Stelle knapp auf die drei relevanten signifikanten Korrelationsergebnisse nach Pearson verwiesen wird. Erstens zeigte sich ein signifikanter Zusammenhang zwischen dem Konzeptwissen sowie dem pädagogischen Wissen. Hinsichtlich der praktischen Umsetzung von BNE lässt sich darauf schließen, dass die außerschulischen Kräfte aufgrund ihres hohen Konzeptwissens zu BNE und NE auch über Kompetenzen in der Lehre und der pädagogischen Umsetzung dieser haben. Zweitens korrelieren auch die Skalen zum fachdidaktischen sowie zum pädagogischen Wissen miteinander sowie drittens auch das fachdidaktische Wissen mit dem Konzeptwissen. Die signifikanten Ergebnisse beziehen sich jedoch auf die Gesamtstichprobe, sodass hier nur die Vermutung hinsichtlich der Zusammenhänge im Hinblick auf die einzelnen Gruppen gegeben werden kann. Weitere Korrelationen sind in den Berechnungen nicht empirisch evident geworden. Da die Zusammenhänge nicht im primären Zentrum der Arbeit stehen und

lediglich im Rahmen der Sekundäranalyse erfolgt sind, wird an dieser Stelle auf zusätzliche Ausführungen zu den einzelnen Items und den Korrelationen untereinander verzichtet.

5.2 Nicht-kognitive Facetten der professionellen Handlungskompetenz

Motivation

Auch bei den nicht-kognitiven Facetten fielen die Ergebnisse bei der Facette „Enthusiasmus für Nachhaltige Entwicklung und Klimawandel" positiv zugunsten der außerschulischen Akteurinnen und Akteure aus. Bei beiden Skalen lag der maximal zu erreichende absolute Punktwert bei den Items bei 4. Wie im Kapitel 4 bereits deutlich gemacht, erzielen beide Gruppen hier insgesamt gute Werte, auch die Streuung ist bei beiden Gruppen nicht hoch. Die Hypothese 4a kann bestätigt werden, die außerschulischen Akteurinnen und Akteure verfügen über eine höhere Motivation. Der gemessene Unterschied ist sogar signifikant.

Das Kerncurriculum bestimmt im Schulalltag weitestgehend die Themenwahl, die flächendeckende Implementierung in den Schulen (z. B. GRUNDMANN 2017; BUDDENBERG 2014), in den Lehrplänen (s. z. B. BAGOLY-SIMÓ 2014; BAGOLY-SIMÓ & HEMMER 2017) und der Lehramtsausbildung (s. z. B. RIECKMANN & HOLZ 2017; KOHLMANN & OVERWIEN 2017) schreitet zwar voran, ist jedoch noch lange nicht vollzogen.

Die Unterschiede bei den Ergebnissen zeigen die sehr unterschiedliche Orientierung an den Rahmen: Während die Lehrkräfte sich auf die Rahmenlehrpläne bzw. Curricula beziehen, argumentieren die außerschulischen Lehrkräfte hier anders. Zwar stellen sie vereinzelt Bezüge zu den Lehrplänen her, zeigen in ihrer Argumentation aber eine deutlichere Orientierung beispielsweise an den Kernelementen der Gestaltungskompetenz. Dies wiederum deutet auf einen Zusammenhang mit der hohen Motivation für BNE hin. Als Forschungsdesiderata wurde im Kapitel 2.8 auch auf bisher wenige Arbeiten (s. hierzu z. B. KÖNIG & ROTHLAND 2013; GRATT & HECHT 2014; KÖNIG 2017), zu den Zusammenhängen zwischen kognitiven und nicht-kognitiven Facetten der Handlungskompetenz verwiesen. Im Rahmen einer Sekundäranalyse in dieser hier vorliegenden Studie sind die Korrelationen hinsichtlich der kognitiven Facetten und der nicht-kognitiven Facetten geprüft worden, jedoch ergaben die r-Werte keine signifikante Korrelation, sodass die Vermutung für diese Arbeit nicht statistisch erhärtet werden kann.

Ferner spielt hier die These 10 hinein, da die außerschulischen Akteurinnen und Akteure mehr Gestaltungsfreiheit haben und sich die Themen entsprechend auch nach Interessenslage aufbereiten können, was im Item Nr. 25 ja auch so bestätigt wurde. Daraus ergibt sich auch eine weitere These:

> **These 11:** Die außerschulischen Akteurinnen und Akteure sind enthusiastischer, da sie freier in der der Themenwahl sind und vertieftere Kenntnisse über (B)NE haben.

In Bezug auf die Subfacette „Enthusiasmus für Bildungsarbeit allgemein" zeigen sich keine großen Unterschiede zwischen den Gruppen, hier erzielen die Lehrkräfte aber leicht höhere Werte. Diese haben sich im Vorhinein bei der Wahl des Studiums auch bereits für eine Tätigkeit im Bildungsbereich entschieden, was bei den außerschulischen Kräften vermutlich nicht der Fall ist. Da einzelne Items auch danach fragen, ob die Probandin/der Proband sich auch eine Tätigkeit außerhalb des Bildungsbereichs vorstellen könne, ist es logisch, dass dies bei den außerschulischen Akteurinnen und Akteuren öfter bejaht wird und von den Lehrkräften weniger.

SCHREIBER, DARGE, KÖNIG und SEIFERT (2012) befassten sich ausführlich mit individuellen Voraussetzungen von zukünftigen Lehrkräften und der Berufswahlmotivation und zeigten u. a. an der Stichprobe auf, dass pädagogische Vorerfahrungen der Studentinnen und Studenten an den unterschiedlichen Standorten variieren. Die vorliegende Arbeit beinhaltet ebenfalls sehr unterschiedliche Voraussetzungen in der Vorerfahrung bei den außerschulischen Akteurinnen und Akteuren. KÖNIG, TACHTSOGLOU und SEIFERT (2012) untersuchten dann weiter den Einfluss von individuellen Voraussetzungen und Lerngelegenheiten auf den Erwerb von pädagogischem Professionswissen und verweisen darauf, dass die Forschung dahingehend erweitert werden müsse, auch institutionsübergreifend Messungen zu betreiben. KÖNIG und ROTHLAND (2013) befassen sich ausführlich mit dem Verhältnis von kognitiven und nicht-kognitiven Eingangsmerkmalen von Lehramtsstudierenden im Hinblick auf das pädagogische Wissen. Die hier vorliegende Arbeit kann sich nicht in aller Ausführlichkeit mit den Zusammenhängen befassen, wohl aber an die Ergebnisse von KÖNIG und ROTHLAND (2013) anknüpfen, da die Ergebnisse ebenfalls eine hoch eingeschätzte Lehrbefähigung und intrinsische Motivation aufweisen. Dies trifft sowohl auf die Lehrkräfte als auch auf die außerschulischen Bildungsakteurinnen und -akteure zu. Es kann jedoch hier kein Zusammenhang zum Aufbau von pädagogischem Wissen nachgewiesen werden, jedoch kann ausgehend von KÖNIG und ROTHLAND (2013) angenommen werden, dass die intrinsische Motivation generell zu einer höheren Leistungsmotivation führt. Dies wiederum begründet dann aber nicht, dass die Lehrkräfte einen besseren Wert erzielen bei dem Enthusiasmus für Bildungsarbeit und die außerschulischen Akteure im pädagogischen Wissen höhere Werte erzielen. An dieser Stelle ist die Fachmotivation bzw. das Interesse an BNE höher und bewirkt hier eine höhere intrinsische Motivation zur Wissensaneignung. Eine solche Korrelation ist in dieser Studie jedoch nicht sichtbar geworden.

Selbstwirksamkeit
Die Ergebnisse in dieser Facette zeigten keinen signifikanten Unterschied, beide Gruppen verfügen über eine ähnlich hohe Selbstwirksamkeit, welche insgesamt auch bei beiden Gruppen hoch ausfällt. Bei fast allen Items wurden Mittelwerte berechnet, welche höher als 3 und somit nah am Maximum von 4 lagen. Lediglich das Item, welches danach fragt, ob die Person noch gut auf die Schülerinnen und

Schüler eingehen kann, wenn das eigene Wohlbefinden nicht so hoch ist, ergab einen Mittelwert von 2,91. Dies ist aber nicht zwangsläufig mit (B)NE oder „Klimawandel" oder der Tätigkeit im Bildungsbereich zu verbinden.

Rückblickend auf die Operationalisierung der Items zur Selbstwirksamkeit ist auf das Konzept der kollektiven Selbstwirksamkeit (vgl. SCHMITZ & SCHWARZER 2002) einzugehen. Dieses harmoniert sehr gut mit dem Gedanken an die Gestaltungskompetenz und Arbeiten im Team. Es ist denkbar, dass die Items der Skala zur Selbstwirksamkeit durch die Fokussierung auf die individuelle Selbstwirksamkeit zu sehr bezogen war auf die Einzelperson. KOCHER (2014) fokussierte in ihrer Studie den Zusammenhang von Selbstwirksamkeit und Unterrichtsqualität bei Berufseinsteigern im Lehramt. In dieser Studie zur professionellen Handlungskompetenz von BNE-Akteuren kann jedoch keine Aussage getroffen werden zur Qualität des jeweiligen Unterrichts bzw. der Workshops, jedoch ist die Grundlage guten Unterrichts auch in einem hohen Maß an Fachwissen erkennbar. Bei Berufsanfängerinnen und -anfängern würden zudem auch die impliziten Handlungsstrategien und Routinen fehlen (s. hierzu z. B. SOLÍS & PORLÁN 2017). Sowohl Motivation als auch Selbstwirksamkeit sind mit den fachlichen Kompetenzen verwoben, was sich auch in den Ergebnissen dieser Arbeit zeigt, aber nicht empirisch erhärtet wurde. Beide Gruppen zeigen insgesamt recht hohe Werte bei der Selbstwirksamkeit und geben an, zufrieden zu sein in der Bildungsarbeit. Dass der Bildungsbereich nicht bei allen außerschulischen Akteurinnen und -Akteuren der angestrebte Tätigkeitsbereich war, ist aufgrund der vielfältigen beruflichen Hintergründe gut nachvollziehbar. Diese Tatsache wirkt sich aber nicht auf die Zufriedenheit aus.

Eine abschließende These hinsichtlich der nicht-kognitiven Facetten kann folglich lauten:

> **These 12:** Beide Akteursgruppen sind in der Bildungsarbeit und mit der Vermittlung von (B)NE zufrieden, die persönlichen Beweggründe für die Tätigkeiten unterscheiden sich jedoch.

Diese These gibt einen positiven Ausblick, welcher im Kapitel 7 nochmals vertieft wird. Es sind insgesamt gute Grundlagen vorhanden, da beide Gruppen insgesamt über recht hohe Kenntnisse verfügen.

6 Reflexion

Die zuvor geschilderten Ergebnisse sind teilweise überraschend und entsprechen nur zum Teil den im Vorfeld erwarteten Annahmen. Die Hypothesen konnten in den meisten Fällen nicht bestätigt werden, der zuvor angenommene „Wissensvorsprung" aufseiten der Lehrkräfte wurde empirisch in dieser Studie nicht bestätigt. Inwiefern die Resultate auch mit der Anlage der Studie oder der Konstruktion des Erhebungsinstruments in Verbindung stehen könnten, wird in diesem Kapitel reflektiert. Dies wird in zwei Blöcken vorgenommen:

<table>
<tr><td>I Theoretische Grundlagen
und Hypothesenformulierung</td><td>II Methodik</td></tr>
<tr><td>

- Grundlagen für die Modellentwicklung
- Eignung des Modells
- Modifizierung des Modells
- Abgleich mit dem Forschungsstand
- Herleitung der Hypothesen

</td><td>

- Quantitativer Ansatz
- Stichprobe
- Erhebungsinstrument
- Wahl des Ankerthemas
- Konstruktion der Items
- Auswertung des Leitfadens
- Klassische Testtheorie

</td></tr>
</table>

Abb. 11 | Thematische Strukturierung der Reflexion (eigene Darstellung)

I. Theoretische Grundlagen und Hypothesenformulierung

Theoretische Grundlagen

Im Hinblick auf **die theoretischen Grundlagen** ist festzuhalten, dass sich die einschlägigen Studien zum Professionswissen als sehr geeignet für die Konstruktion des Erhebungsinstruments erwiesen haben. Es war möglich, vor dem Hintergrund der Differenzierung in die einzelnen kognitiven sowie nicht-kognitiven Facetten der professionellen Handlungskompetenz zu differenzieren und ein eigenes Modell der professionellen Handlungskompetenz für BNE-Akteurinnen und -Akteure zu entwickeln, das sich als Grundlage der Kompetenzmessung eignet. Es erwies sich als zielführend, das Modell bei der Adaption zu reduzieren, da die Erhebung auch so schon sehr umfassend war. Alternativ wäre es denkbar gewesen, nur eine einzelne Facette des kognitiven Wissens zum Beispiel zu erheben, dies hätte möglicherweise mehr tiefer gehende und präzisere Erkenntnisse zu der einzelnen Facette erbracht. Aufgrund der schon hohen Befragungszeit von meist mehr als 45 Minuten war es nicht möglich, den Probanden einen noch längeren Bogen zuzumuten. Ziel dieser Studie war auch, einen Kenntnisstand über die gesamte professionelle Handlungskompetenz der beiden Probandengruppen zu bekommen, weswegen an dem Vorhaben der Erhebung aller Facetten festgehalten wurde. So ist nun ein Grundstein gelegt, der erste wichtige Erkenntnisse für jede Facette bringt.

Das Modell, welches auf der Grundlage von Shulmans Differenzierung in die Wissensfacetten und der Erweiterung dieser Basis in der COACTIV-Studie beruht, ist für Lehrkräfte entworfen und stammt aus der Fachdidaktik. So lässt sich natürlich auch die Frage formulieren, inwiefern es sich auch für Probanden eignet, die nicht Lehramt studiert haben und im außerschulischen Bereich arbeiten.

In der Bildungsarbeit ist der Umgang mit Lernerinnen und Lernern ein Teil der alltäglichen Arbeitswelt, ebenso das Vorbereiten von Bildungsveranstaltungen. Dabei macht es zunächst keinen Unterschied, ob die agierenden Personen sich für den schulischen Unterricht oder einen außerschulischen Workshop vorbereiten, da sie in beiden Fällen mit Kindern oder Jugendlichen arbeiten und daher Kenntnisse über die Arbeit mit diesen Altersgruppen haben oder entwickeln sollten. BNE-Fachwissen, fachdidaktisches Wissen für BNE sowie pädagogisches Wissen benötigen jedoch in jedem Fall beide Probandengruppen. Ausgehend von der Fragestellung war das genutzte Modell in der modifizierten Form also sehr hilfreich. Bei der Formulierung der Items wurde entsprechend darauf geachtet, dass das Testmodell sowohl zur Messung bei den formalen als auch bei den non-formalen Akteurinnen und -Akteuren genutzt wird. Die Multiplikatorin sowie der Multiplikator sind von besonderer Bedeutung (HATTIE 2014). Somit ist es zunächst nicht entscheidend gewesen, ob es sich um eine Lehrkraft oder eine außerschulische Multiplikatorin oder einen Multiplikator handelt.

Insbesondere hinsichtlich der außerschulischen Bildung waren bisher keine derartigen Messungen zum Professionswissen erfolgt, sodass hier eine große Chance durch die nun vorliegenden Ergebnisse gesehen wird.

Hypothesenformulierung

Die Ergebnisse der Studie zeigten, dass die zuvor formulierten Hypothesen zum Teil verworfen werden mussten. Die Resultate überraschten, konnten aber im Rahmen der Interpretation erläutert werden. Die Hypothesen wurden zuvor aus der Theorie heraus abgeleitet und im Rahmen einer Vorstudie gefestigt, sodass ihre Formulierung in dieser Form berechtigt war. Sie waren jedoch nicht evidenzbasiert, weil noch keine hinreichenden empirischen Kenntnisse vorlagen. Ihre Falsifizierung kann dazu beitragen, in nachfolgenden Studien empiriegestützte Hypothesen zu formulieren. Die Aussagekraft der Ergebnisse leidet damit auch nicht darunter, dass die Ergebnisse zum Teil anders ausfallen als vermutet.

II. Methodik

Quantitativer Ansatz

Die Methodik hat sich als insgesamt zielführend herausgestellt. Die quantitative Auswertung wurde gewählt, weil das Anliegen in erster Linie darin lag, einen vollständigeren Überblick über die Kompetenzen in der BNE-Multiplikation zu erhalten. Jedoch sind auf Kolloquien bzw. im Rahmen von wissenschaftlichen Vorträgen immer auch Nachfragen gekommen, ob eine qualitative Befragung nicht tiefer gehende Erkenntnisse erbringen würde. Wären jedoch nur ausgewählte und vermutlich für BNE sehr motivierte und gut informierte Personen befragt worden, so wäre dies einerseits nur ein kleiner Eindruck von wenigen Spezialistinnen und Spezialisten gewesen, andererseits auch mit der Einschränkung, dass die dann ausgewählten Probandinnen und Probanden BNE-affin sind. Letzteres ist auch für die Probanden dieser Studie, die sich bereit erklärt haben, nicht ganz auszuschließen, jedoch nicht in einem so hohen Maße relevant. Durch das Vorgehen der quantitativen Befragung von 102 Personen, die allesamt im Beisein der Autorin erfolgten und somit eine hohe Durchführungsvalidität aufweisen, ist für den niedersächsischen bzw. norddeutschen Raum nun ein gutes und umfassendes Bild entstanden, an welchen Stellen noch gearbeitet werden muss.

Hinzu kommt, dass vor der Hauptstudie eine qualitative **Vorstudie** durchgeführt wurde, in welcher sechs Probanden aus dem außerschulischen Bereich mit einem Leitfaden-Interview befragt wurden. Dieser Entschluss erwies sich als sehr zielführend, da in diesem Zusammenhang neue Erkenntnisse entstanden, welche Sicherheit bei der Formulierung der Hypothesen ergeben haben.

Stichprobe

Befragt wurden Geographielehrkräfte aus Niedersachsen und außerschulische Akteurinnen und Akteure aus regionalen Umweltbildungszentren sowie entwicklungspolitischen Bildungsinitiativen, da beide Gruppen im Rahmen einer BNE agieren. Die Lehrkräfte haben alle das Fach Geographie auf Lehramt studiert.

Da die Geographie als Trägerfach für die BNE bedeutend ist aufgrund der hohen Konzeptaffinität und der Eignung des Faches für die BNE-Implementierung (vgl. BAGOLY-SIMÓ 2014; HEMMER, BAGOLY-SIMÓ & FISCHER 2013; HELLBERG-RODE ET AL. 2014) dominiert hier sicherlich die Perspektive dieser Fachrichtung. Zwar verfügen die Lehrkräfte über mindestens noch ein weiteres Fach, was auch erfragt wurde, die Studie misst aber nicht das BNE-relevante Wissen zum Klimawandel bei anderen Fachgruppen. BNE ist jedoch ein fachübergreifendes Anliegen, sodass an dieser Stelle nochmals betont werden sollten, dass die Studie einen Einblick für die geographiedidaktische Perspektive gibt und eine Bestandsaufnahme unter Geographie-Lehrkräften ist. Es wurde aber nicht ausgewertet, ob eine Lehrkraft mit der Fächerkombination Geographie/Biologie zum Beispiel besser abschneidet als eine Lehrkraft mit der Kombination Geographie/Spanisch oder Mathematik.

Da die außerschulischen Multiplikatorinnen und -Multiplikatoren häufig als Einzelpersonen befragt wurden und nicht mehrere aus einem Umweltbildungszentrum zum Beispiel, kann wiederum auch angenommen werden, dass flächendeckend in Niedersachsen überall sehr kompetente Personen agieren, welche sich im Bereich des Konzeptwissens von BNE und zum Thema Klimawandel sehr gut auskennen. Im Umkehrschluss kann jedoch nicht entsprechend postuliert werden, dass die Gruppe der Lehrkräfte über generell wenig Kompetenzen verfüge. Zwar schneidet diese Probandengruppe hier in vielen Bereichen weniger gut ab, doch die Gründe dafür sind in der Diskussion angeführt. Ebenso muss bei den Lehrkräften bedacht werden, dass sie im Verhältnis zur Gruppe der außerschulischen Akteurinnen und Akteure einen wesentlich kleineren Anteil an ihrer eigenen Gruppe darstellen. In Niedersachsen gibt es schließlich eine hohe Zahl an Geographie-Lehrkräften an Gymnasien, von denen die 50 Lehrkräfte in dieser Studie nur einen Bruchteil darstellen.

Konstruktion des Erhebungsinstruments
Unter Betrachtung der **Konstruktion des Erhebungsinstruments** kann darauf verwiesen werden, dass das **gewählte Ankerthema** kontrovers wahrgenommen wurde und einen Kritikpunkt aus Sicht einiger Probandinnen und Probanden darstellt. Bei vielen außerschulischen Akteurinnen und -Akteuren kam diesbezüglich eine negative Anmerkung, obwohl sie insgesamt ja höhere Werte erzielten. Es sei jedoch Glück oder eben Pech, ob sich jemand in dem Bereich „Klimawandel" sicher fühle. Der Kritikpunkt ist sicher berechtigt, jedoch musste eine Reduzierung auf ein Themengebiet erfolgen, um zumindest vertiefende Fragen zu stellen und keinen Querschnitt durch das Allgemeinwissen zu erzielen. Die Wahl des Themas an sich erwies sich jedoch schon als zielführend, sie wurde auch vor dem Hintergrund der Überlegung getroffen, dass sich Lehrkräfte mit dem Thema beschäftigen müssen und dass auch außerschulische Bildungseinrichtungen zum Zeitpunkt der Forschungsdesignkonzeption sehr viel in diesem Bereich gearbeitet haben. Schließlich zeigen auch die gerade hochaktuellen Entwicklungen mit den *Fridays for Future*-Demonstrationen die Brisanz und Aktualität des Themas.
Weiterhin merkten außerschulische Probandinnen und Probanden an, dass die fiktiven Unterrichtssituationen im Fragebogen noch immer sehr schulisch orientiert seien und viele zum Beispiel gerne draußen arbeiten oder in einem anderen Rahmen als in einem geschlossenen Raum (z.B. mehrere Räume zur Verfügung etc.). Dieser Kritikpunkt ist nachvollziehbar, jedoch ist der Vergleichbarkeit halber ein identischer Bogen entworfen worden, der sich nur hinsichtlich des Vokabulars etwas unterscheidet. Bei der Überlegung, alternativ offenere Unterrichtssituationen zu gestalten, ergibt sich jedoch die Problematik, dass viele Lehrkräfte diese Situationen als unrealistisch einstufen würden, was wiederum die Ergebnisse des Bogens hätte verfälschen können.

Auswertungsleitfaden

Für die Auswertung der Ergebnisse wurde eine Handreichung entwickelt, welche sowohl für die Expertinnen und Experten, welche sich das Testinstrument zuvor angeschaut haben, als auch in erster Linie für die zweite Raterin für die Einordnung der Antworten konstruiert wurde. Die Arbeit mit diesem Leitfaden funktionierte insgesamt gut, sodass zum Beispiel der Auswertungsleitfaden für hilfreich und aussagekräftig befunden wurde. Der Leitfaden wurde im Vorfeld vor der ersten Auswertung durch die Autorin entwickelt und auch durch Experten validiert. So wurde dieser mit dem statistischen Berater sowie einem weiteren BNE-kundigen Experten diskutiert.

Insgesamt hat sich der Leitfaden als pragmatisch und zielführend erwiesen; er machte auch deutlich, welche **Items** auch einer Präzisierung bedurft hätten. Das Item Nr. 1 beispielsweise gibt an, dass eine Einfachnennung vorgenommen werden solle. In der Auswertung wurde bewusst, dass auch zwei Antwortoptionen hätten richtig sein können. Item Nr. 2 machte auch im Abgleich mit der zweiten Raterin deutlich, dass es zu unpräzise formuliert war. Es kamen häufig unpräzise Aussagen wie „Film" oder „Karikatur" als geeignete Einstiege in die Thematik. Diese Antworten waren nicht aufschlussreich, sodass dieses Item letztlich zwar ausgewertet wurde, aber keine aufschlussreichen Ergebnisse brachte und somit nicht in die Skala einbezogen wurde. Das Item Nr. 6 fragt, was wissenschaftlich als wichtigste Ursache des Klimawandels gilt und fordert eine Einfachnennung in geschlossener Aufgabenstellung. Hier gab es häufiger Verwirrungen, da sich die Probandinnen und Probanden nicht zwischen „Verbrennung fossiler Energieträger" und „Industrieemissionen" entscheiden konnten, da die zuletzt genannten auch unter die fossilen Energieträger fallen können. Das Item mit der Nr. 12 hätte besser eine Zweifachnennung bekommen können, da die dritte und vierte Antwort richtig sind. Dies hat bei der Auswertung aber nicht zu weiteren Problemen geführt. Item Nr. 17 war auch in der Auswertung missverständlich, die Formulierung „Arbeitsweisen" ist hier unglücklich gewählt und führte auch während der Erhebung zu Nachfragen.

Klassische Testtheorie

Die statistischen Berechnungen wurden mit der klassischen Testtheorie berechnet, primär wurde sich auf den t-Test bezogen, welcher sich eignet, um die Mittelwerte zweier Gruppen zu vergleichen. Die klassische Testtheorie (KTT) wurde nicht weiter mit der Item-Response-Theorie (IRT) zum Beispiel vertieft. Letztere geht davon aus, dass es sich bei den Testergebnissen um Indikatoren latenter Dimensionen handelt, die Testitems wären also als Indikatoren einer latenten Dimension zu sehen. In der KTT hingegen sind Resultate gegeben, welche den Ausprägungsgraden des untersuchten Merkmals entsprechen. Auch wenn die Ergebnisse in der KTT messfehlerbehaftet sind, was ein häufiger Kritikpunkt ist, so wurde der Test für diese Studie nach der KTT entworfen, da mit der Berechnung über den t-Test und die multivariate Varianzanalyse zwei geeignete Berechnungsverfahren gewählt werden konnten, die dem primären Ziel, messbare Ergebnisse zu erhalten, gerecht wurden.

Für hypothesenprüfende Studien, zu denen auch die vorliegende Arbeit zählt, werden Signifikanztests genutzt. In diesem Falle war der einseitige t-Test geeignet, um die Ereignisse zu ermitteln. Auch wenn die Signifikanztests Probleme mit sich bringen, wie zum Beispiel mögliche Fehler bei statistischen Entscheidungen, so ermöglichte der t-Test dennoch eine Verifizierung bzw. Falsifizierung der Annahmen. Ferner sagt ein signifikantes Ergebnis aus, dass die gemessenen Unterschiede der beiden Akteursgruppen mit hoher Wahrscheinlichkeit nicht zufällig sind, sodass diese Testvariante sich als zielführend für die Messung der Unterschiede zwischen den Akteursgruppen erweist. Die Ergebnisse können genutzt werden und es können Schlussfolgerungen für die zukünftige Ausbildung von BNE-Multiplikatorinnen und -Multiplikatoren gezogen werden. So sind die Ergebnisse auch praktisch bedeutsam sind. „Hypothesenprüfende Untersuchungen sollten so angelegt werden, dass statistisch signifikante Ergebnisse auch praktisch bedeutsam sind und dass praktisch bedeutsame Ergebnisse auch statistisch signifikant werden können" (BORTZ & DÖRING 2006, 501). Die Größe der Stichprobe war zudem ausreichend für einen klassischen t-Test. Insgesamt sprachen im Rahmen dieser Arbeit die pragmatische Handhabung und die Zeitökonomie für die KTT.

Hinsichtlich der Skalierung wird der KTT eine Schwäche nachgesagt, da diese zum Beispiel nicht prüfen kann, ob die Testwerte Intervallskalenniveau aufweisen. Ferner ist es bezüglich der Konstruktvalidität kritisch anzumerken, dass nicht prüfbar ist, ob Testitems des untersuchten Merkmals homogen sind. Dies gilt aber eigentlich als eine Voraussetzung. Als Ersatz schlagen MOOSBRUGGER und KELAVA (2012, 115) die Beurteilung der Homogenität über die Itemtrennschärfe vor oder den Bezug auf die interne Konsistenz. Somit ist nur eine operationale Definition möglich (vgl. MOOSBRUGGER & KELAVA 2012, 115). Zentrale Werte der KTT sind die Itemschwierigkeit, die Trennschärfe und auch die Reliabilität zum Beispiel. Diese Kennwerte sind in der KTT stichprobenabhängig, sodass dies hinsichtlich der Interpretation der Ergebnisse bedacht werden sollte. Verallgemeinerungen sind daher nur schwer möglich.

Bezogen auf die Probandengruppe der Lehrerinnen und Lehrer ist hier anzumerken, dass die Dauer des Unterrichtens sowie die vorherige Beschäftigung mit BNE beispielsweise ebenfalls ausgewertet und in Beziehung gesetzt wurden. Damit ist der Punkt der Verallgemeinerung nicht gänzlich ausgeschaltet, jedoch wird dieser Gefahr entgegengewirkt.

Die Aussagekraft der Ergebnisse leidet nicht darunter, dass die Ergebnisse zum Teil anders ausfallen als vermutet. Sie werfen zunächst ein besseres Bild auf die außerschulischen Multiplikatorinnen und -Multiplikatoren, bei welchen zuvor weniger Wissen vermutet wurde. Dies ist gerade im Hinblick auf diese Gruppe der Probanden sehr wichtig und ein schönes Ergebnis, was das hohe Maß an Kompetenz zeigt.

7 Ausblick auf weitere Forschung und Konsequenzen für die Praxis

Inwiefern können die gewonnenen Ergebnisse nun sinnvoll in die Praxis überführt werden? Mit dem Handlungsfeld 3 des WAP (UNESCO 2015b) wird das Ziel, kompetente Multiplikatorinnen und Multiplikatoren für BNE auszubilden, explizit gemacht. Aus den Resultaten dieser Arbeit lassen sich einige Handlungsfelder für die künftige Ausbildung von Multiplikatorinnen und Multiplikatoren ableiten, welche in diesem Kapitel dargestellt werden. Neben den eher praktisch orientierten Handlungsfeldern ergeben sich jedoch auch neue Ansätze für die Forschung, die teilweise auch aus bisher nicht belegbaren Vermutungen zur Interpretation der Ergebnisse und aus den Forschungsdesiderata resultieren. Anknüpfend an die Ergebnisse und daraus entstandenen Vermutungen, wird nun zunächst auf weitere Ansätze zur vertieften Forschung Bezug genommen.

Die Ergebnisse dieser Studie waren zum Teil überraschend, in erster Linie, weil die Lehrkräfte in den kognitiven Wissensfacetten nicht besser abgeschnitten haben als die außerschulischen Akteurinnen und Akteure. Aufgrund der Heterogenität der Stichprobe konnte nicht festgestellt werden, wie viele Inhalte zum Thema „Klimawandel" die jeweiligen Probandinnen und Probanden während des Studiums rezipiert haben. Auch wurde nicht erhoben, woher die Probandinnen und Probanden ihr Wissen zum Klimawandel und zur (B)NE ziehen und ob dieses wirklich auf vorherige Ausbildungen oder auf das Studium zurückzuführen ist. Somit wäre ein lohnenswerter Forschungsansatz, die Wissensgenerierung im Themenbereich (B)NE bei Lehrkräften und außerschulischen Akteurinnen und Akteuren zu untersuchen. Dies ist insbesondere bei letztgenannter Gruppe interessant, da es hierzu noch keine empirischen Daten gibt.

Zwar wurde in der deskriptiven Statistik erhoben, in welchen Altersgruppen sich die Probandinnen und Probanden befanden, doch intensiver wurde die Variable Alter nicht mit in den Zusammenhang zur Kompetenz gebracht. In diesem Kontext ist auf die theoretischen Hintergründe zum Expertenparadigma (Bromme 1992) zu verweisen. Intensiver zu untersuchen wäre, inwiefern das Alter der Multiplikatorinnen und Multiplikatoren mit deren professioneller Handlungskompetenz im Zusammenhang steht. Dies ist auch perspektivisch ein lohnenswertes Forschungsfeld, wenn beispielsweise die Implementierung einer BNE bereits weiter fortgeschritten ist und BNE-Akteurinnen und Akteure in der eigenen Schulbildung BNE-Kompetenzen aufgebaut haben. Diese dann wiederum zu messen, wäre ein interessantes Vorhaben.

Die Implementierungsdebatte sowie der Beitrag der Fachdidaktiken zur BNE sind bereits Forschungsthemen (z. B. Bagoly-Simó 2014; Hemmer 2016; Bludau 2016; Buddenberg 2014; Grundmann 2017). Kombiniert mit der professionellen Handlungskompetenz von BNE-Akteurinnen und -Akteuren wäre es reizvoll zu untersuchen, inwiefern sich die Kompetenzen mit fortschreitender Implementierung tatsächlich nachmessbar verbessern. Dies gilt sowohl für die Lehrenden als auch für die Lernenden. Ebenso wäre denkbar, Schulen mit gutem BNE-Profil empirisch zu begleiten und die Umsetzungskonzepte in Verbindung mit der tatsächlichen professionellen Handlungskompetenz zu vernetzen.

In dieser Studie wurde erfragt, inwiefern die Probanden bereits Fortbildungen zu BNE absolviert haben, jedoch wurde keine Häufigkeit ermittelt. Die Effizienz und die nachhaltigen Folgen von Fortbildungen zu (B)NE könnten in diesem Bereich ebenfalls intensiver untersucht werden. Dies gilt auch für das Thema „Klimawandel", welches an Aktualität nicht verlieren wird. Hierzu könnte zudem der Umgang mit Unsicherheiten und komplexen Themen weiter beleuchtet werden.

Die Ergebnisse dieser Studie wiesen für die Lehrkräfte überwiegend negativere Resultate auf. Eine Vermutung geht dahin, dass Lehrkräfte mit dem Eintritt in den Schuldienst zunächst durch die hohe Arbeitsbelastung sehr stark eingebunden sind und über keine Kapazitäten verfügen, sich tiefer in einzelne Themen einzuarbeiten. Inwiefern diese Vermutung jedoch zutrifft, könnte über Studien erhoben werden und für unterschiedliche Fachdidaktiken fruchtbar sein. In diesem Zusammenhang wäre auch der Verlauf der Tätigkeit als Lehrkraft in Kombination mit den individuellen Lebensbiographien und Bezügen zu BNE im privaten Bereich interessant.

Zwar wurde auch in dieser Studie nach der Fachkombination gefragt, dieser Frage wurde jedoch nicht vertiefter nachgegangen. Es ist daher ebenso nur eine Vermutung, dass zum Beispiel Lehrkräfte mit einem weiteren BNE-affinen Fach wie z. B. Biologie über eine höhere professionelle Handlungskompetenz als BNE-Akteurin oder -Akteur verfügen. Lohnenswert wäre darum eine Untersuchung der Bedeutung der Fachkombination.

Im Hinblick auf die außerschulischen Probanden wäre eine interessante Frage, inwiefern Zertifizierungen durch Umweltzentren oder entwicklungspolitische Bildungseinrichtungen das Fortbildungsverhalten der Akteurinnen und Akteure beeinflussen und so möglicherweise die permanente Wissensvertiefung vorantreiben.

Bezüglich des pädagogischen Wissens war es erstaunlich, dass auch hier die außerschulischen Akteurinnen und Akteure besser abgeschnitten haben. Der Zusammenhang zu vorherigen Ausbildungen oder womöglich Studienabschlüssen im Bereich der Pädagogik oder den Erziehungswissenschaften könnte eine reizvolle Fragestellung sein.

Letztlich lassen sich die aufgekommenen Forschungsfragen auch nach den verschiedenen Phasen der Lehramtsausbildung gliedern. Sowohl bereits im Studium als auch im Referendariat und im Schuldienst wäre es wichtig, den obigen Fragen zu verschiedenen Zeitpunkten der Ausbildung nachzugehen.

Diese Studie deckt nur einen sehr kleinen Bereich des Professionswissens von Lehrkräften ab. In diesem Themenfeld ist noch viel Spielraum für weitere Forschungen und die vertiefte Untersuchung einzelner Facetten, um das Professionswissen von Lehrkräften noch tiefer betrachten zu können.

Interesse an Erkenntnisgewinnung besteht weiterhin bei dem Zusammenhang der einzelnen Facetten der professionellen Handlungskompetenz, zum Beispiel zwischen den kognitiven und nicht-kognitiven Aspekten. In diesem Bereich bieten sich folglich viele mögliche konkrete Beispielthemen an.

Während des Arbeitsprozesses ergaben sich noch einige weitere Chancen, welche dieses Dissertationsprojekt mit sich gebracht hat, die sich in zukünftige Forschungsfragen transferieren lassen. Es könnten zum Beispiel einzelne Facetten der professionellen Handlungskompetenz noch vertiefter betrachtet und weiter ausdifferenziert werden und das Erhebungsinstrument an dieser Stelle erweitert werden, um in eine zusätzliche quantitative Erhebung zur Vertiefung zu gehen. Es lassen sich Forschungsfragen zum fachdidaktischen Wissen beispielsweise präzisieren, die hinterfragen, warum die Lehrkräfte hier schlechter abschneiden. Weiterhin ist eine qualitative Vertiefung einzelner Facetten denkbar. So ist eine ähnliche Erhebung mit einem anderen Beispielthema möglich, da in dieser Studie fokussiert zum Thema „Klimawandel" gemessen wurde.

Der Schwerpunkt könnte auch auf die nicht-kognitiven Wissensfacetten gelegt werden, welche in dieser Studie ebenfalls erhoben wurden, jedoch vertiefter noch empirisch untersucht werden könnten. Das Konzeptwissen auf der kognitiven Seite würde ebenfalls sicherlich weiterführende Erkenntnisse bringen.

Diese Studie war auf das Bundesland Niedersachsen begrenzt. Eine Vergleichsstudie mit Lehrkräften und außerschulischen Akteurinnen und Akteuren in einem anderen Bundesland wäre eine interessante Forschungsarbeit. Ergebnisse können auch für Fortbildungen gut genutzt werden, sodass sie in die Praxis transferiert werden.

Konsequenzen für die Praxis

Aus den nun aufgeworfenen Forschungsideen sowie den Ergebnissen der Arbeit lassen sich bereits Ansätze für eine pragmatische Umsetzung der Erkenntnisse in der Ausbildung zukünftiger Multiplikatorinnen und Multiplikatoren ableiten, welche im Folgenden kurz dargestellt werden.

In jeder Phase der Lehramtsausbildung sollte BNE einen fest verankerten Platz haben, damit sich bereits Studentinnen und Studenten in der universitären Lehre mit dem Konzept auseinandersetzen und Konzeptwissen hierzu entwickeln. Dies bedeutet, dass BNE ein unverzichtbarer Bestandteil und ein Pflichtinhalt im Geographiestudium sein muss. Dies gilt auch für andere Fächer, der Fokus dieser Arbeit liegt jedoch auf der Geographie. Auch dem Stand bzgl. der Integration von BNE im Studium sollte künftig weiterhin empirisch nachgegangen werden.

Ebenso verpflichtend sollten BNE-Bezüge im Referendariat sein, um theoretisches Wissen in die Praxis zu transferieren. Daher sollten auch in der zweiten Phase der

Ausbildung BNE-Inhalte verpflichtend sein. Dies ist denkbar über Reflexionsgespräche zum Unterricht oder den Entwurf von Unterrichtseinheiten mit konsequentem BNE-Bezug, wobei die Fachlichkeit den Vorrang behält, BNE aber bei der konzeptionellen Gestaltung essentiell ist. Alternativ existieren bereits vereinzelt Studienseminare, an denen ein Zusatzzertifikat für eine BNE-Kursbelegung vergeben wird, was jedoch optional ist. Das fachverbindende und fachübergreifende Unterrichten sollte zudem ebenfalls einen Stellenwert in der Ausbildung erhalten, um BNE bestmöglich in den Unterrichtsalltag integrieren zu können, ohne aber die Fachstrukturen zu vernachlässigen.

Im Schuldienst angekommen, bedarf es einer guten Strukturierung und Priorisierung der Inhalte im Schulprogramm, womit auch administrative Ebenen zum Thema werden. In der Landesschulbehörde gibt es bereits Fachberaterinnen und Fachberater für BNE und Globales Lernen. Auch in den Schulen sollten zuständige Personen und damit Ansprechpartnerinnen und -partner eingesetzt werden, um BNE dauerhaft in den Schulalltag zu integrieren und weg von den punktuellen Veranstaltungen einer Projektwoche o. Ä. zu kommen. Auch Fortbildungen und Weiterbildungen können sicher ein wichtiger Schlüssel sein, wie sich aus dem oben genannten Forschungsinteresse schon ergibt. Aber auch die jungen Lehrkräfte, welche dann bereits spezifische BNE-Kenntnisse mitbringen, sollten einbezogen werden in die Gestaltung der Schule, um als eine Art „Change Agent" (BEDEHÄSING 2020) zu agieren.

Da sich die Lehrkräfte überwiegend an den Rahmenlehrplänen bzw. dem niedersächsischen Kerncurriculum orientieren, ist auch hier immer auf den Stellenwert der BNE zu achten. Im Rahmen der Kompetenzorientierung und Leistungsmessung kam zudem immer wieder die Frage auf, inwiefern Lösungswege für beurteilende und bewertende Aufgaben als Leistung gemessen werden können, sodass dies offenbar noch immer eine Schwierigkeit darstellt. Dies trifft auch auf viele BNE-Themen zu, sodass in diesem Bereich ebenfalls Fortbildungsbedarf bestehen könnte. Dies gilt genauso für ein umfangreicheres Methodenrepertoire. Aufgrund der geringen Anzahl an Geographiestunden in der Stundentafel scheitert es vermutlich bei vielen Lehrkräften an der Erprobung neuer Methoden wegen des engen Zeitrahmens.

Im Sinne einer Bildungslandschaft ist die konsequente Einbindung außerschulischer Lernorte gerade im Fach Geographie ein unverzichtbarer Bestandteil des Unterrichtsalltags. Viele der in dieser Studie befragten Lehrkräfte hatten jedoch bisher noch keine feste Kooperation mit einem außerschulischen Lernort, sondern eher personengebundene Kontakte, die sich aus Erfahrung etabliert haben. Um die Öffnung des Klassenzimmers weiter zu stärken, bedarf es daher seitens der Schulleitung auch Unterstützung.

Resümierend können basierend auf den Ergebnissen und der Diskussion drei konkrete Konsequenzen aus der Studie abgeleitet werden.

1) **Kernaussage und Konsequenz:** Nach dieser Messung haben die außerschulischen Akteurinnen und Akteure mehr BNE-Kompetenz. Diese Kompetenz gilt es zu nutzen, so etwa durch intensivere Kooperationen und eine verbindliche Einbindung in den Schulalltag.
2) **Kernaussage und Konsequenz:** Lehrkräfte verfügen noch über zu wenig Konzeptwissen. Darum muss BNE-Konzeptwissen in jede Phase der Lehramtsausbildung integriert werden – vom Studium an, dann weiterführend im Referendariat und später berufsbegleitend in Fortbildungen.
3) **Kernaussage und Konsequenz:** Das Fachwissen zum Klimawandel ist in beiden Probandengruppen noch optimierbar, insbesondere aber bei den Lehrkräften. Daraus folgt, dass das Thema ebenso in allen drei Phasen der Lehramtsausbildung präsent sein und bleiben muss und auch auf den Umgang mit Unsicherheiten in diesem Themenbereich eingegangen werden muss. Insbesondere aus fachdidaktischer Perspektive ist dies hochrelevant. Ansätze zu fachübergreifenden Konzepten müssen ebenfalls aufgegriffen werden, jedoch sollten die Themen konsequent auch in den Fächern aus der eigenen Fachperspektive beleuchtet werden.

Aus den Ergebnissen dieser Studie sind nun bereits einige Forschungsideen und mögliche Umsetzungsoptionen in der Praxis aufgelistet, sodass sich im Nachgang die Vertiefung einiger Punkte in anderen Studien lohnen würde.

8   Zusammenfassung

Wie setzt sich die professionelle Handlungskompetenz von BNE-Akteurinnen und -Akteuren zusammen? Wie unterscheiden sich die Kompetenzen von schulischen und non-formalen Bildungsakteurinnen und -akteuren im Bereich der BNE? Die vorliegende Studie hatte zum Ziel, zur Beantwortung dieser Fragen beizutragen. Um Erkenntnisse über die Zusammensetzung von BNE-Kompetenzen im Rahmen eines Kompetenzmodells für BNE-Akteurinnen und -Akteure zu erhalten, wurden bei der theoretischen Grundlegung der Arbeit zwei Stränge verknüpft. Zum einen wurden das Analytische Modell der Nachhaltigkeit von TREMMEL (2004) sowie im Hinblick auf BNE das Modell der Gestaltungskompetenz (DE HAAN 2008) als zielführende Bezugsmodelle für die vorliegende Arbeit gewählt. Zum anderen wurde das Modell der professionellen Handlungskompetenz (KUNTER ET AL. 2011) mit seinen kognitiven Facetten des Professionswissen (Fachwissen, Fachdidaktik, pädagogisches Wissen) sowie nicht-kognitiven Facetten (z.B. Motivation, Selbstwirksamkeit) als geeignetes Grundmodell genommen. Die Entwicklung eines BNE-Kompetenzmodells ergab sich durch die Vernetzung dieser beiden theoretischen Stränge. Zur Adaption des Modells mussten jeweils BNE-Facetten des Modells der professionellen Handlungskompetenz entwickelt werden. Der Einsatz dieses Modells hat sich bewährt und ermöglicht, die oben aufgeführten Fragen zu beantworten, was im Folgenden komprimiert dargelegt wird.

Auf der Grundlage dieses BNE-Kompetenzmodells wurde ein Fragebogen als Messinstrument entworfen. Für jede Skala des BNE-Professionswissens (Fachwissen, Fachdidaktik, pädagogisches Wissen) wurden BNE-spezifische Testitems entwickelt. Als Anwendungsbeispiel wurde dabei der Themenbereich Klimawandel genommen. Beim Fachwissen wurde darüber hinaus zwischen Konzeptwissen zu (B)NE und dem Fachwissen zum Klimawandel unterschieden. Für die nicht kognitiven Facetten wurden bereits vorhandene Skalen zur Motivation und Selbstwirksamkeit adaptiert. Die Befragung erfolgte zwischen Oktober 2014 und März 2016 im Rahmen von Interviews mit der Autorin im paper-pencil Format und dauerte zwischen ein und zwei Stunden. Befragt wurden 50 Geographielehrkräfte sowie 52 außerschulische Akteurinnen und Akteure aus Niedersachsen. Somit ist erstmalig ein Vergleich dieser Akteursgruppen zur professionellen Handlungskompetenz im Themenbereich „Klimawandel" gezogen worden und es liegen empirische Daten dazu vor, welche auch eine Grundlage für weitere Studien bilden können. Zu den vermuteten Kompetenzunterschieden zwischen den beiden Akteursgruppen wurden sieben Hypothesen formuliert und ausführlich begründet.

Die Hypothese 1a, dass die Lehrkräfte aufgrund ihrer Ausbildung über mehr Fachwissen zum Bereich Klimawandel verfügen, konnte empirisch nicht bestätigt werden. Dabei ist jedoch zu erwähnen, dass beide Gruppen generell keine sehr schlechten Werte erzielten, aber es keinen signifikanten Unterschied zwischen den

Gruppen. Dies wurde wegen des Geographiestudiums der Lehrkräfte zuvor nicht vermutet. Die Hypothese 1b besagte, dass die nonformalen Kräfte über mehr Konzeptwissen zu NE und BNE verfügen. Diese Hypothese konnte empirisch gestützt werden, da die außerschulischen Multiplikatorinnen und Multiplikatoren über deutlich mehr Konzeptwissen verfügen. Sie zeigen klare Kenntnisse zu NE und BNE, die Geographielehrkräfte weisen teilweise eher vages Wissen zu den Zusammenhängen z.B. zwischen den Konzepten des Globalen Lernens und BNE auf. Die Hypothese 2 zielte auf das fachdidaktische Wissen ab. Hier wurde im Vorfeld angenommen, dass die Lehrkräfte aufgrund ihrer fachdidaktischen Ausbildung über mehr Wissen verfügen. Diese Hypothese konnte nicht empirisch unterstützt werden. Im Hinblick auf das pädagogische Wissen wurde ebenfalls angenommen, dass die Lehrkräfte über mehr Wissen verfügen, dies hat sich jedoch ebenfalls empirisch nicht bestätigt. Die Hypothese 4a, dass die nonformalen Kräfte über mehr Motivation für das Thema Klimawandel und für BNE verfügen, konnte bestätigt werden, weil sie deutlich höhere Werte erzielten. Im Gegensatz dazu konnte die Hypothese, dass die Motivation für die Bildungsarbeit bei beiden Gruppen gleich ist, nicht untermauert werden. Die Lehrkräfte haben eine höhere Motivation für Bildungsarbeit insgesamt, was durch das gewählte Studium mit klarer Perspektive im Bildungsbereich nachvollziehbar ist. Die Hypothese 5, dass die nonformalen Akteurinnen und Akteure über mehr Selbstwirksamkeit im Hinblick auf die Realisierung von BNE verfügen als die Lehrkräfte, wurde verworfen. Die Werte beider Gruppen unterschieden sich nicht signifikant.

In folgenden Facetten der BNE-Handlungskompetenz ergab sich also eine nahezu gleich hohe Kompetenz zwischen den Gruppen: fachwissenschaftliches und fachdidaktisches Wissen zu Klimawandel sowie pädagogisches Wissen. Dies trifft auch auf die nichtkognitive Kompetenz Selbstwirksamkeit zu.

Signifikante Unterschiede zwischen den beiden Gruppen zeigten sich in der Facette zum Konzeptwissen über NE und BNE sowie in der Motivation für das Thema Klimawandel und BNE. Hier erzielten jeweils die nonformalen Kräfte signifikant höhere Werte. Die Lehrkräfte zeigten dagegen eine höhere Motivation für die Bildungsarbeit allgemein.

Diese Ergebnisse wurden anschließend vor dem theoretischen Hintergrund beleuchtet und interpretiert. Aufgrund der Tatsache, dass Lehrkräfte nicht nur ein zweites Fach haben, sondern auch viele Lerngruppen, stehen sie vor diversen Herausforderungen und sind weniger auf ein Thema fokussiert. Zwar wurde das zweite Fach auch erfragt, in die Auswertung und Interpretation hinsichtlich der BNE-Affinität des zweiten Faches wurde dies aber nicht einbezogen. Auch waren sowohl das Thema Klimawandel als auch das Konzeptwissen zu BNE zur Studienzeit der Probandinnen und Probanden vermutlich noch nicht so stark in die Ausbildung integriert. Bei den außerschulischen Kräften ist davon auszugehen, dass sie sich gezielter auf die gerade aktuellen Themen vorbereiten können und sich vom Stellenprofil her auch sehr intensiv mit BNE beschäftigen.

Für diese Gruppe sind die empirischen Belege über die professionelle Handlungskompetenz ein großer Mehrwert, da für diesen Bereich der nonformalen Bildungsarbeit bisher kaum empirische Befunde vorliegen. Die belegte Kompetenz sollte künftig auch in den Phasen der Lehrkräfteausbildung in der Geographie bedacht werden, da das Fach auch durch die Einbindung außerschulischer Lernorte profitieren kann.

Bei den Lehrkräften könnte man vermuten, dass begrenzte Zeitressourcen, aber auch die Komplexität und die Dynamik des Gegenstandsbereiches BNE und Klimawandel die Motivation hemmen, sich intensiver und fortlaufend damit auseinanderzusetzen.

Gerade deshalb bedarf es in allen Phasen der Lehramtsbildung einer konsequenten Einbindung des Themas Klimawandel im Speziellen und einer Bildung für nachhaltige Entwicklung im Allgemeinen. Diese sollte ebenfalls nach dem Studium in der zweiten Phase erfolgen und später im Rahmen von Fortbildungen weiter vertieft werden, um theoretische Kenntnisse auch in die Praxis zu transferieren. Eine stabile Vernetzung von Schule und außerschulischen Lernorten kann ferner dazu beitragen, auch gegenseitig voneinander zu profitieren und vor allem die Expertise der außerschulischen Akteurinnen und Akteure auch für die schulische Arbeit nutzen zu können. Gerade im Fach Geographie stellt der Besuch eines außerschulischen Lernortes vor dem Hintergrund einer BNE eine wichtige Bereicherung dar.

Ein wesentlicher Beitrag dieses Dissertationsprojektes zur Forschung wurde darin gesehen, ein BNE-Kompetenzmodell unter Einbezug von kognitiven Facetten zu entwickeln und eine Analyse der professionellen Handlungskompetenz von außerschulischen und schulischen BNE-Akteurinnen und -Akteuren im Vergleich durchzuführen. Dies ist gelungen. Der umfangreiche Datensatz von 50 Geographielehrkräften sowie 52 außerschulischen Kräften kann Grundlage weiterführender Studien z.B. zum Zusammenhang der Facetten sein. So ist es ein erfreuliches Ergebnis dieser Arbeit, dass sowohl eine Bestandsaufnahme über die derzeitige professionelle Handlungskompetenz erfolgt ist als auch zusätzliche Anreize für weitere Forschung in diesem Bereich erbracht worden sind. Darüber hinaus erbrachte die vorliegende Arbeit wichtige Hinweise für die Lehramtsbildung, in der wir Verantwortung für eine Ausbildung tragen, die (B)NE integriert, um verantwortungsbewusste Lehrkräfte auszubilden, welche die künftigen Multiplikatorinnen und Multiplikatoren einer BNE sind. Damit ist zu hoffen, dass diese Arbeit zu Fortschritten bei der weiteren Arbeit im Bereich der BNE beiträgt, sodass positiv auf die weiteren Jahre im Zeitraum der Agenda 2030 und sicherlich auch die weitere Zukunft geblickt werden kann.

Literaturverzeichnis

Adick, C. (2002). Ein Modell zur didaktischen Strukturierung des globalen Lernens. *Bildung und Erziehung, 55* (4), 397-416.

Alisch, L.-M., Hermkes, R. & Möbius, K. (2009). Messen von Lehrprofessionalität II: Metrologie. In O. Zlatkin-Troitschanskaia, K. Beck, D. Sembill, R. Nickolaus & R. Mulder (Hrsg.), *Lehrprofessionalität. Bedingungen, Genese, Wirkungen und ihre Messung* (S. 263-274). Weinheim und Basel: Beltz.

Applis, S. (2012). *Wertorientierter Geographieunterricht im Kontext Globales Lernen. Theoretische Fundierung und empirische Untersuchung mit Hilfe der dokumentarischen Methode* (Geographiedidaktische Forschungen; Bd. 51). Weingarten: Hochschulverband für Geographie und ihre Didaktik.

Applis, S., Höhnle, S. & Uphues, R. (2012). Globales Lernen – Eine Ideencollage für den Geographieunterricht. In N. Scharfenort (Hrsg.), *„Lokal verankert, weltweit vernetzt“ – Geographien der Globalisierung* (Mainzer Kontaktstudium Geographie; Bd. 13) (S. 3-16). Mainz: Selbstverlag.

Argyris, C. & Schön, D.A. (1978). *Organizational Learning: A Theory of Action Perspective.* Reading, MA: Addison Wesley.

Argyris, C. & Schön, D.A. (1996). *Organizational Learning II: Theory, Method and Practice.* Reading, MA: Addison Wesley.

Baar, R. & Schönknecht, G. (2018). *Außerschulische Lernorte: didaktische und methodische Grundlagen.* Weinheim & Basel: Beltz.

Bagoly-Simó, P. (2013). Education for Sustainable Development and School Geography. Theoretical Considerations. *Romanian Review of Geographical Education, 11*(1), 4-25. doi:10.23741/RRGE120131

Bagoly-Simó, P. (2014). Implementierung von BNE am Ende der UN-Dekade. Eine internationale Vergleichsstudie am Beispiel des Fachunterrichts. *Zeitschrift für Geographiedidaktik, 42*(4), 221-256.

Bagoly-Simó, P. (2018). Bildung für nachhaltige Entwicklung und geographische Bildung. *Geographische Rundschau, 70*(10), 10-15.

Bagoly-Simó, P. & Hemmer, I. (2016). Geographiedidaktische Forschung – quo vadis? Ergebnisse einer Expertendiskussion. *Zeitschrift für Geographiedidaktik, 44*(3), 55-64.

BAGOLY-SIMÓ, P. & HEMMER, I. (2017). *Bildung für nachhaltige Entwicklung in den Se-kundarschulen – Ziele, Einblicke in die Realität, Perspektiven.* [Manuskript]. Verfügbar unter https://www.ku.de/fileadmin/150305/Professur_fuer_Di-daktik_der_Geographie/Forschung/Literatur/Bildung_f&c3%bcr_nachhal-tige_Entwicklung_in_den_Sekundarschulen_%e2%80%93_Ziele_Einbli-cke_in_die_Realit%c3%a4t_Perspektiven_-_Bagoly-Simo_Hemmer.pdf (2.10.19).

BAGOLY-SIMÓ, P., HEMMER, I. & FISCHER, C. (2013). Koexistenz oder Kooperation? Bildung für nachhaltige Entwicklung an Hochschulen und Umweltbildungsein-richtungen. *Geographie und ihre Didaktik, 13*(1), 1-17.

BAGOLY-SIMÓ, P., HEMMER, I. & REINKE, V. (2017). Training ESD Change Agents Through Geography: Designing the Curriculum of a Master's Program with Emphasis on Education for Sustainable Development (ESD). *Journal of Geography in Higher Education, 42*, 174–191. doi:10.1080/03098265.2017.1339265

BAHR, M. (2013). Bildung für nachhaltige Entwicklung (BNE). In M. ROLFES & A. UHLEN-WINKEL (Hrsg.), *Metzler Handbuch 2.0. Geographieunterricht. Ein Leitfaden für Praxis und Ausbildung* (S. 17-23). Braunschweig: Bildungshaus Schulbuchver-lage.

BALL, D.L., HILL, H.H. & BASS, H. (2005). Knowing Mathematics for Teaching. Who Knows Mathematics Well Enough to Teach Third Grade, and How Can We De-cide? *American Educator, 29*(1), 14-46.

BANDURA, A. (1977). Self-efficacy: Toward a Unifying Theory of Behavioral Change. *Psychological Review, 84*(2), 191-215.

BANDURA, A. (1997*). Self-efficacy: The Exercise of Control.* New York: Freeman.

BARTH, M. (2016). Bildung für nachhaltige Entwicklung in der Lehramtsausbildung: Erfolgreiche Ansätze und notwendige Schritte. In M.K.W. SCHWEER (Hrsg.), *Bildung für nachhaltige Entwicklung in pädagogischen Handlungsfeldern. Grundlagen, Verankerung und Methodik in ausgewählten Lehr-Lern-Kontex-ten* (Psychologie und Gesellschaft; Bd. 15) (S. 49-60). Wiesbaden: Peter Lang GmbH.

BATESON, G. (1972). *Steps to an Ecology of Mind.* San Francisco: Chandler.

BAUER, K.O. (2005). *Pädagogische Basiskompetenzen. Theorie und Training.* Wein-heim und München: Juventa.

BAUMERT, J. & KUNTER, M. (2006). Stichwort professionelle Kompetenz von Lehrkräf-ten. *Zeitschrift für Erziehungswissenschaften, 9*(4), 469-520.

BECKER, G. (2000). Lokale Umweltbildung: Kooperation zwischen der Universität Osnabrück und dem Verein für Ökologie und Umweltbildung Osnabrück e.V.. In G. BECKER, D. KUCZIA & G. TERHALLE (Hrsg.), *Umweltbildung in Osnabrück. Entwicklung und Perspektiven* (S. 7-19). Osnabrück: Rasch Universitätsverlag.

BEDEHÄSING, J. (2020). Lehrerinnen und Lehrer als Change Agents der Nachhaltigkeit in Theorie und Praxis. In M. HEMMER, A.-K. LINDAU, C. PETER, M. RAWOHL & G. SCHRÜFER (Hrsg.), *Lehrerprofessionalität und Lehrerbildung im Fach Geographie im Fokus von Theorie, Empirie und Praxis. Ausgewählte Tagungsbeiträge zum HGD-Symposium 2018 in Münster* (Geographiedidaktische Forschungen; Bd. 72) (S. 251-262). Münster: Münsterscher Verlag für Wissenschaft.

BEDNARZ, R. (2009). Environmental Research and Education in US Geography. In B. CHALKLEY, M. HAIGH & D. HIGITT (Hrsg.), *Education for Sustainable Development. Papers in Honour of the United Nations Decade of Education for Sustainable Development (2005-2014)* (S. 85-98). New York: Routledge.

BIRDSALL, S. (2014). Measuring Student Teachers' Understandings and Self-awareness of Sustainability. *Environmental Education Research, 20*(6), 814-835. doi:10.1080/13504622.2013.833594

BLUDAU, M. (2016). *Globale Entwicklung als Lernbereich an Schulen? Kooperation zwischen Lehrkräften und Nichtregierungsorganisationen.* Opladen, Berlin & Toronto: Budrich UniPress.

BLÖMEKE, S. (2011). Forschung zur Lehrerbildung im internationalen Vergleich. In E. TERHART, H. BENNEWITZ & M. ROTHLAND (Hrsg.), *Handbuch zur Forschung zum Lehrerberuf* (S. 345-361). Münster u.a.: Waxmann.

BLÖMEKE, S., BREMERICH-VOS, A., KAISER, G., NOLD, G., HAUDECK, H., KEßLER, J.-U. & SCHWIPPERT, K. (Hrsg.). (2013). *Professionelle Kompetenzen im Studienverlauf. Weitere Ergebnisse zur Deutsch-, Englisch- und Mathematiklehrerausbildung aus TEDS-LT.* Münster u.a.: Waxmann.

BÖHN, D. & HAMANN, B. (2011). Approaches to Sustainability. Examples from Geography Textbook Analysis in Germany. *European Journal of Geography, 2*(1), 1-10.

BOLSCHO, D., EULEFELD, G. & SEYBOLD, H. (1980). *Umwelterziehung. Neue Aufgaben für die Schule.* München: Urban & Schwarzenberg.

BOLSCHO, D. & SEYBOLD, H. (1996). *Umweltbildung und ökologisches Lernen. Ein Studien- und Praxisbuch.* Berlin: Cornelsen Scriptor.

BORTZ, J. & DÖRING, N. (2006). *Forschungsmethoden und Evaluation* (4. Aufl.). Heidelberg: Springer.

BOURDIEU, P. (1996). Die Praxis der reflexiven Anthropologie. In P. BOURDIEU & L. WAC-QUANT (Hrsg.), *Reflexive Anthropologie* (S. 251-294). Frankfurt a. M.: Suhrkamp.

BOWERS, C.A. (2002). Toward a Cultural and Ecological Understanding of Curriculum. In W.E. DOLL & N. GOUGH (Hrsg.), *Curriculum Visions* (S. 75-85). New York: Peter Lang.

BRANDT, J.-O., BÜRGENER, L., BARTH, M. & REDMAN, A. (2019). Becoming a Competent Teacher in Education for Sustainable Development. Learning Outcomes and Processes in Teacher Education. *International Journal of Sustainability in Higher Education, 20*(4), 630-653. doi:10.1108/IJSHE-10-2018-0183

BRANSFORD, J., DARLING-HAMMOND, L. & LEPAGE, P. (2005). Introduction. In L. DARLING-HAMMOND & J. BRANSFORD (Hrsg.), *Preparing Teachers for a Changing World. What Teachers Should Learn and be Able to Do* (S. 1-39). San Francisco, CA: Jossey-Bass.

BRENDEL, N., SCHRÜFER, G. & SCHWARZ, I. (Hrsg.) (2018). *Globales Lernen im digitalen Zeitalter* (Erziehungswissenschaft und Weltgesellschaft; Bd. 11). Münster & New York: Waxmann.

BROCK, A. (2018). Verankerung von Bildung für nachhaltige Entwicklung im Bildungsbereich Schule. In A. BROCK, G. DE HAAN, N. ETZKORN & M. SINGER-BRODOWSKI (Hrsg.), *Wegmarken zur Transformation. Nationales Monitoring von Bildung für nachhaltige Entwicklung in Deutschland* (Schriftenreihe Ökologie und Erziehungswissenschaft der Kommission Bildung für nachhaltige Entwicklung der DGfE) (S. 67-115). Opladen, Berlin & Toronto: Verlag Barbara Budrich.

BROCK, A., GRAPENTIN, T., DE HAAN, G., KAMMETÖNS, V., OTTE, I. & SINGER-BRODOWSKI, M. (2016). *„Was ist eine gute BNE"? Ergebnisse einer Kurzerhebung*. Verfügbar unter https://www.ewi-psy.fu-berlin.de/einrichtungen/weitere/institut-futur/aktuelles/dateien/Kurzerhebung_gute_BNE.pdf (10.09.20).

BROMME, R. (1992). *Der Lehrer als Experte: Zur Psychologie des professionellen Wissens*. Bern: Huber.

BUDDENBERG, M. (2014). *Zur Implementation des Konzepts Bildung für nachhaltige Entwicklung. Eine Studie an weiterführenden Schulen in Nordrhein-Westfalen* (Empirische Erziehungswissenschaft; Bd. 54). Münster & New York: Waxmann.

BUNDESMINISTERIUM FÜR BILDUNG UND FORSCHUNG (BMBF) (2017). *Nationaler Aktionsplan Bildung für nachhaltige Entwicklung*. Verfügbar unter https://www.bmbf.de/files/Nationaler_Aktionsplan_Bildung_f%C3%BCr_nachhaltige_Entwicklung.pdf (10.09.20).

BUNDESMINISTERIUM FÜR UMWELT, NATURSCHUTZ UND REAKTORSICHERHEIT (Hrsg.). (2004). *Umweltbewusstsein in Deutschland 2004*, Ergebnisse einer repräsentativen Bevölkerungsumfrage. Berlin.

BUSCH, K.C. (2016). Polar Bears or People? Exploring Ways of which Teachers Frame Climate Change in the Classroom. *International Journal of Science Education, Part B, 6*(29), 137–165. doi:10.1080/21548455.2015.1027320

CARLE, U. (2002): *Kernkompetenzen von Lehrerinnen und Lehrern – empirische Befunde als Basis für Lehrerbildungsstandards?* Vortrag auf der 2. Expertentagung Lehrerbildung, 08.-10. November 2002 am Landesinstitut für Lehrerbildung (LIS) in Bremen. Bremen: Universität Bremen. Verfügbar unter http://www.grundschulpaedagogik.uni-bremen.de/archiv/Kernkompetenzen+Lehrerbildungsstandards(Carle20021108).pdf (27.8.2019).

CHEVALLARD, Y. (1991). *La transposición didáctica. Del saber sabio al saber enseñado.* Verfügbar unter https://www.terras.edu.ar/biblioteca/11/11DID_Chevallard_Unidad_3.pdf (11.09.20).

CORNEY, G. (2006). Education for Sustainable Development: An Empirical Study of the Tensions and Challenges Faced by Geography Student Teachers. *International Research in Geographical and Environmental Education, 15*(3), 224-240. doi:10.2167/irgee194.0

COUNCIL OF CHIEF STATE SCHOOL OFFICERS (CCSSO) (2020). *InTasc Model Core Teaching Standards and Learning Progressions for Teachers 1.0.* Verfügbar unter https://ccsso.org/resource-library/intasc-model-core-teaching-standards-and-learning-progressions-teachers-10 (11.09.20).

DARLING-HAMMOND, L. (2004). Standard Setting in Teaching: Changes in Licensing, Certification, and Assessment. In V. RICHARDSON (Hrsg.), *Handbook of Research on Teaching* (S. 751-776). Washington DC: American Educational Research Association.

DECI, E.L. & RYAN, R.M. (1985). *Intrinsic motivation and self-determination in human behavior.* New York: Plenum.

DECI, E.L. & RYAN, R.M. (2000). The "What" and "Why" of Goal Pursuits: Human Needs and the Self-determination of Behavior. *Psychological Inquiry, 11*(4), 227-268.

DE HAAN, G. (1995). Perspektiven der Umweltbildung/Erziehung. In *DGU-Nachrichten, 12,* 19-30.

De Haan, G. (2008). *Gestaltungskompetenz als Kompetenzkonzept der Bildung für nachhaltige Entwicklung*. Verfügbar unter https://www.research-gate.net/publication/226689376_Gestaltungskompetenz_als_Kompetenz-konzept_der_Bildung_fur_nachhaltige_Entwicklung (08.09.20).

De Haan, G. (2018). Allgemeine Einführung zum Stand der Bildung für nachhaltige Entwicklung in Deutschland. In A. Brock, G. de Haan, N. Etzkorn & M. Singer-Brodowski (Hrsg.), *Wegmarken zur Transformation. Nationales Monitoring von Bildung für nachhaltige Entwicklung in Deutschland* (Schriftenreihe Ökologie und Erziehungswissenschaft der Kommission Bildung für nachhaltige Entwicklung der DGfE) (S. 13-23). Opladen, Berlin & Toronto: Verlag Barbara Budrich.

De Haan, G., Kamp, G., Lerch, A., Martignon, L., Müller-Christ, G. & Nutzinger, H.G. (2008). *Nachhaltigkeit und Gerechtigkeit. Grundlagen und schulpraktische Konsequenzen* (Ethics of Science and Technology Assessment; Bd. 33). Berlin & Heidelberg: Springer.

Deutsche Gesellschaft für Geographie (DGfG) (2020). *Bildungsstandards für den mittleren Schulabschluss mit Aufgabenbeispielen* (10. Aufl.). Verfügbar unter https://geographie.de/wp-content/uploads/2020/09/Bildungsstan-dards_Geographie_2020_Web.pdf (08.09.20).

Dewe, B., Fechhoff, W. & Radtke, F.-O. (1992). Auf dem Wege zu einer aufgaben-zentrierten Professionstheorie pädagogischen Handelns. In B. Dewe, W. Fech-hoff & F.-O. Radtke (Hrsg.), *Erziehen als Profession. Zur Logik professionellen Handelns in pädagogischen Feldern* (S. 7-20). Opladen: Leske und Budrich.

Disinger, J. F. (1985). What research says: Environmental Education's definitional problem. In *School, Science and Mathematics, 85*(1), 59–68.

Dobson, A. (1996). Environment Sustainabilities: An Analysis and a Typology. *Environmental Politics, 5*(3), 401-428. doi:10.1080/09644019608414280

Eck, V. & Weißeno, G. (2009). Political Knowledge of 14- to 15-Year-Old-Students – Results of the TEESAEC Intervention Study in Germany. In G. Weißeno & V. Eck (Hrsg.), *Teaching European Citizens. A Quasi-experimental Study in Six Countries* (S. 19-30). Münster u.a.: Waxmann.

Ekhardt, F. (2014). Theorie der Nachhaltigkeit. In M.M. Müller, I. Hemmer & M. Trappe (Hrsg.), *Nachhaltigkeit neu denken. Rio+X: Impulse für Bildung und Wissenschaft* (S. 23-34). München: Oekom.

Eneji, C.-V.O., Akpo, D. & Asuquo Mbu, E. (2017). Historical Groundwork on Environmental Education. *International Journal of Continuing Education and Development Studies (IJCEDS), 3*(1), 110-123.

ETZKORN, N. & SINGER-BRODOWSKI, M. (2018). Verankerung von Bildung für nachhaltige Entwicklung im Bereich Hochschule. In A. BROCK, G. DE HAAN, N. ETZKORN & M. SINGER-BRODOWSKI (Hrsg.), *Wegmarken zur Transformation. Nationales Monitoring von Bildung für nachhaltige Entwicklung in Deutschland* (Schriftenreihe Ökologie und Erziehungswissenschaften der Kommission Bildung für nachhaltige Entwicklung der DGfE) (S. 189-230). Opladen, Berlin & Toronto: Verlag Barbara Budrich.

FEND, H. (1998). *Qualität im Bildungswesen: Schulforschung zu Systembedingungen, Schulprofilen und Lehrerleistungen.* Weinheim: Juventa.

FEYERER, E., HIRSCHENHAUSER, K. & SOUKUP-ALTRICHTER, K. (Hrsg.) (2014). *Last oder Lust? Forschung und Lehrer_innenbildung* (Beiträge zur Bildungsforschung; Bd. 1). Münster & New York: Waxmann.

FINGERLE, K. (1981). Umwelterziehung: Empfehlungen und Unterrichtsmodelle. *Zeitschrift für Pädagogik, 27*(1), 145-158.

FIRTH, R. & SMITH, M. (2013). Introduction: As the UN Decade of Education for Sustainable Development comes to an End: what has it achieved and what are the ways forward? *The Curriculum Journal, 24*(2), 169-180.

FISCHBACH, R., KOLLECK, N. & DE HAAN, G. (2015). Auf dem Weg zu nachhaltigen Bildungslandschaften: lokale Netzwerke erforschen und gestalten. In R. FISCHBACH, N. KOLLECK & G. DE HAAN (Hrsg.), *Auf dem Weg zu nachhaltigen Bildungslandschaften: lokale Netzwerke erforschen und gestalten* (S. 11-26). Wiesbaden: Springer. doi:10.1007/978-3-658-06978-0

FISCHER, C. (2008). *Umweltpädagogische Ansätze und Bildung für* nachhaltige *Entwicklung – Ein Rückblick auf die Wurzeln, ein Einblick in die Förderpraxis und ein Ausblick in die Zukunft. Beitrag auf dem ANU-Treffen.* Verfügbar unter https://www.chiemseeagenda.de/uploads/article/download/707/707_091217_paed._ansaetze_von_caroline_fischer.pdf (08.09.20).

FÖGELE, J. & MEHREN, R. (2015). Merkmale wirksamer Lehrerfortbildungen - Empirische Evidenzen aus der Bildungs-/Unterrichtsforschung und daraus resultierende Empfehlungen für die Geographiedidaktik. *Zeitschrift für Geographiedidaktik, 43*(2), 81-106.

FOSTER, J. (2002). Sustainability, Higher Education and the Learning Society. *Environmental Education Research, 8*(1), 35-41. doi:10.1080/13504620120109637

FREY, A. (2006). Strukturierung und Methoden zur Erfassung von Kompetenz. *Bildung und Erziehung, 59*(2), 125-145.

GADOTTI, M. (2009). What We Need to Learn to Save Our Planet. *Journal of Education for Sustainable Development, 2*(1), 21-30. doi:10.1177/097340820800200108

GAEDTKE-ECKARDT, D.-B. (2007). Außerschulische Lernorte. Studenten schreiben für Studenten und Referendare. In M. BÖNSCH & L. SCHÄFFNER *(Hrsg.), Theorie und Praxis. Geistes- und Sozialwissenschaften* (Eine Schriftenreihe der Leibnizuniversität Hannover; Bd. 1). Hildesheim, Berlin: Franzbecker.

GARCÍA PÉREZ, F. & PORLÁN ARIZA, R. (2000). *El proyecto IRES. Investigación y Renovación Escolar.* Verfügbar unter https://www.researchgate.net/publication/39111053_El_Proyecto_IRES_Investigacion_y_Renovacion_Escolar (11.09.20).

GARCÍA PÉREZ, F. & PORLÁN ARIZA, R. (2017). Los Principios Didácticos y el Modelo Didáctico Personal. El conocimiento docente del profesorado. In R. PORLÁN ARIZA (Hrsg.), *Enseñanza universitaria. Cómo mejorarla* (S. 93-104). Madrid: Morata.

GARRITZ, A. & TRINIDAD-VELASCO, R. (2004). El conocimiento pedagógico del contenido. *Educación Química, 15*(2), 98-102. doi:10.22201/fq.18708404e.2004.2.66192

GESELLSCHAFT FÜR KONSUMFORSCHUNG (GFK) (2015). *Fokusthemen: Nachhaltigkeit.* Verfügbar unter https://www.nim.org/sites/default/files/medien/1288/dokumente/1512_nachhaltigkeit_download_final.pdf (08.09.20).

GIDDENS, A. (1997). *Die Konstitution der Gesellschaft. Grundzüge einer Theorie der Strukturierung.* Frankfurt & New York: Campus.

GONZÁLES-GAUDIANO, E. & MEIRA-CARTEA, P. (2010). Climate Change Education and Communication: A Critical Perspective on Obstacles and Resistances. In F. Kagawa & D. Selby (Hrsg.), *Education and Climate Change. Living and Learning in Interesting Times* (S. 13-24). New York & London: Routledge.

GÖPFERT, H. (1987). Naturbezogene Pädagogik. Wie ein Wildgarten in einer Grundschule entsteht. In *Pädagogik heute,* (4), 34-40.

GRÄSEL, C. (2020). „Bildung für nachhaltige Entwicklung" – Wie implementiert man dieses Konzept in die Lehrerbildung? In A. KEIL, M. KUCKUCK & M. FAßBENDER (Hrsg.), *BNE-Strukturen gemeinsam gestalten. Fachdidaktische Perspektiven und Forschungen zu Bildung für nachhaltige Entwicklung in der Lehrkräftebildung* (Erziehungswissenschaft und Weltgesellschaft; Bd. 13) (S. 23-31). Münster & New York: Waxmann.

GRATT, U. & HECHT, P. (2014). Warum wollen wir LehrerInnen werden? Erste Befunde aus dem Kooperationsprojekt „Entwicklung von berufsspezifischer Motivation und pädagogischem Wissen". *Pädagogische Hochschule Vorarlberg F&E Edition 21, 12*(21), 45-50.

GROBER, U. (2013). Die Entdeckung der Nachhaltigkeit. Zur Genealogie eines Leitbegriffs (The Discovery of Sustainability. Contribution to the Genealogy of a Main Term). In J.C. ENDERS & M. REMIG (Hrsg.), *Perspektiven nachhaltiger Entwicklung – Theorien am Scheideweg* (Beiträge zur sozialwissenschaftlichen Nachhaltigkeitsforschung; Bd. 3) (S. 13-26). Marburg: Metropolis-Verlag.

GROSSMAN, P.L. (1990). The making of a teacher: *Teacher knowledge and teacher education. Professional development and practice series.* New York: Teachers College Press.

GRUNDMANN, D. (2017). *Bildung für nachhaltige Entwicklung in Schulen verankern. Handlungsfelder, Strategien und Rahmenbedingungen der Schulentwicklung.* Wiesbaden: Springer VS.

GRUSCHKA, A. (2013). *Unterrichten – Eine pädagogische Theorie auf empirischer Basis.* Opladen, Berlin & Toronto: Verlag Barbara Budrich.

HAAGEN-SCHÜTZENHÖFER, C. (2014). Professionalisierung durch Lehren: Lehramtsstudierende lehren und beforschen die Lernprozesse von Schülerinnen und Schülern. In E. FEYERER, K. HIRSCHENHAUSER & K. SOUKUP-ALTRICHTER (Hrsg.), *Last oder Lust? Forschung und Lehrer_innenbildung* (Beiträge zur Bildungsforschung; Bd. 1) (S. 89-105). Münster & New York: Waxmann.

HAFENEGER, B. (2013). Was ist eine „gute Profession"? In K.-P. HUFER, T.W. LÄNGE, B. MENKE, B. OVERWIEN & L. SCHUDOMA (Hrsg.), *Wissen und Können. Wege zum professionellen Handeln in der politischen Bildung* (S. 363-367). Schwalbach: Wochenschau Verlag.

HARTIG, J., FREY, A. & JUDE, N. (2012). Validität. In H. MOOSBRUGGER & A. KELAVA (Hrsg.), Testtheorie und Fragebogenkonstruktion (S. 143-171). Berlin u.a.: Springer.

HASHWEH, M.Z. (2005). Teacher Pedagogical Constructions: a Reconfiguration of Pedagogical Content Knowledge. *Teachers and Teaching: Theory and Practice, 11*(3), 273-292.

HATTIE, J. (2014). *Lernen sichtbar machen für Lehrpersonen* (überarbeitete deutschsprachige Ausgabe von „Visible Learning for Teachers" besorgt von Wolfgang Beywl und Klaus Zierer). Baltmannsweiler: Schneider Hohengehren.

HAUBRICH, H. (2002). Guest Editorial: Sustainable Learning in Geography for the 21st Century. *International Research in Geographical and Environmental Education, 9*(4), 279-284. doi:10.1080/10382040008667660

HAUBRICH, H., REINFRIED, S. & SCHLEICHER, Y. (2007). Lucerne Declaration on Geographical Education for Sustainable Development. In S. REINFRIED, Y. SCHLEICHER & A. REMPFLER (Hrsg.), *Geographical Views on Education for Sustainable Development: Proceedings* (Geographiedidaktische Forschungen; Bd. 42) (S. 243–250). Weingarten: Hochschulverband für Geographie und ihre Didaktik

HAUENSCHILD, K. & RODE, H. (2013). Bildung für nachhaltige Entwicklung im schulischen Kontext. In N. PÜTZ, M.K.W. SCHWEER & N. LOGEMANN (Hrsg.), *Bildung für nachhaltige Entwicklung. Aktuelle theoretische Konzepte und Beispiele praktischer Umsetzung* (Psychologie und Gesellschaft; Bd. 11) (S. 61-82*).* Frankfurt a. M.: Peter Lang.

HEISE, M. (2009). *Informelles Lernen von Lehrkräften. Ein Angebots-Nutzungs-Ansatz.* Münster u.a.: Waxmann.

HELLBERG-RODE, G. & SCHRÜFER, G. (2016). Welche spezifischen professionellen Handlungskompetenzen benötigen Lehrkräfte für die Umsetzung von Bildung für nachhaltige Entwicklung (BNE)? – Ergebnisse einer explorativen Studie. *Biologie Lehren und Lernen – Zeitschrift für Didaktik der Biologie, 20*(1), 1-29. doi:10.4119/zdb-1633

HELLBERG-RODE, G. & SCHRÜFER, G. (2020). Professionalisierung für BNE in der Lehrkräftebildung. In A. KEIL, M. KUCKUCK & M. FAßBENDER (Hrsg.), *BNE-Strukturen gemeinsam gestalten. Fachdidaktische Perspektiven und Forschungen zu Bildung für nachhaltige Entwicklung in der Lehrkräftebildung* (Erziehung und Weltgesellschaft; Bd. 13) (S. 217-233). Münster & New York: Waxmann.

HELLBERG-RODE, G., SCHRÜFER, G. & HEMMER, M. (2014). Brauchen Lehrkräfte für die Umsetzung von Bildung für nachhaltige Entwicklung (BNE) spezifische professionelle Handlungskompetenzen? Theoretische Grundlagen, Forschungsdesign und erste Ergebnisse. *Zeitschrift für Geographiedidaktik, 42(4),* 257-281.

HELMKE, A. (2009). *Unterrichtsqualität und Lehrerprofessionalität: Diagnose, Evaluation und Verbesserung des Unterrichts.* Seelze-Velber: Kallmeyer.

HELSPER, W. (2011). Lehrerprofessionalität – Der strukturtheoretische Professionsansatz zum Lehrerberuf. In E. TERHARDT, H. BENNEWITZ & M. ROTHLAND (Hrsg.), *Handbuch der Forschung zum Lehrerberuf* (S. 155-170). Münster u.a.: Waxmann.

HEMMER, I. (2016). Bildung für nachhaltige Entwicklung. Der Beitrag der Fachdidaktiken. In J. METHE, D. HÖTTECKE, T. ZABKA, M. HAMMANN & M. ROTHGANGEL (Hrsg.), *Befähigung zu gesellschaftlicher Teilhabe. Beiträge der fachdidaktischen Forschung* (Fachdidaktische Forschungen; Bd. 10) (S. 25-40). Münster & New York: Waxmann.

HEMMER, I., BAGOLY-SIMÓ, P. & FISCHER, C. (2013). Koexistenz oder Kooperation? Bildung für nachhaltige Entwicklung an Hochschulen und Umwelteinrichtungen. *Geographie und ihre Didaktik, 41*(1), 1-17.

HEMMER, I., KOCH, C., BAGOLY-SIMÓ, P., DÖPKE, M., LIMMER, I., LUDE, A. & ULLRICH, M. (2020). Hochschuldidaktische Fortbildung und Indikatorenentwicklung. Zwei Ansätze zur Förderung der BNE-Implementierung in die Lehrkräfteausbildung. In A. KEIL, M. KUCKUCK & M. FAßBENDER (Hrsg.), *BNE-Strukturen gemeinsam gestalten. Fachdidaktische Perspektiven und Forschungen zu Bildung für nachhaltige Entwicklung in der Lehrkräftebildung* (Erziehung und Weltgesellschaft; Bd. 13) (S. 203-215). Münster & New York: Waxmann.

HEYNOLDT, B. (2016). *Outdoor Education als Produkt handlungsleitender Überzeugungen von Lehrpersonen. Eine qualitativ-rekonstruktive Studie* (Geographiedidaktische Forschungen; Bd. 60). Münster: Hochschulverband für Geographie und ihre Didaktik.

HIEBERT, J., GALLIMORE, R. & STIGLER, J.W. (2002). A Knowledge Base for the Teaching Profession: What Would it Look Like and How Can We Get One? *Educational Researcher, 31*(5). 3-15.

HILGER, A., STEFFEN, U., FAßBENDER, M., MEINTZ, N., SCHAARWÄCHTER, M. & KEIL, A. (2020). „Lehrkräfte gestalten Zukunft" – Auf dem Weg zu einer kohärenten Lehrkräftebildung im Geographiestudium. In A. KEIL, M. KUCKUCK & M. FAßBENDER (Hrsg.), *BNE-Strukturen gemeinsam gestalten. Fachdidaktische Perspektiven und Forschungen zu Bildung für nachhaltige Entwicklung in der Lehrkräftebildung* (Erziehung und Weltgesellschaft; Bd.13) (S. 53-69). Münster & New York: Waxmann.

HOBFOLL, S.E. (1989). Conservation of Resources: A New Attempt at Conceptualizing Stress. *American Psychologist, 44*(3), 513-524. doi:10.1037/0003-066X.44.3.513

HÖHNLE, S. (2014). *Online-gestützte Projekte im Kontext Globalen Lernens im Geographieunterricht. Empirische Rekonstruktion internationaler Schülerperspektiven* (Geographiedidaktische Forschungen; Bd. 53). Münster: Hochschulverband für Geographie und ihre Didaktik.

HOLFELDER, A.-K. (2018). *Orientierungen von Jugendlichen zu Nachhaltigkeitsthemen*. Wiesbaden: Springer VS.

HOLLOWAY, J. (2002). *Changing the World Without Taking Power: The Meaning of Revolution Today*. London & Sterling, VA: Pluto Books.

HOUTSONEN, L. (2002). Geographical Education for Environmental and Cultural Diversity. *International Research in Geographical and Environmental Education, 11*(3), 213-217. doi:10.1080/10382040208667487

JANSING, B., HAUDECK, H., KEßLER, J.-U., NOLD, G. & STANCEL-PIATAK, A. (2013). Professionelles Wissen im Studienverlauf: Lehramt Englisch. In S. BLÖMEKE, A. BREMERICH-VOS, G. KAISER, G. NOLD, H. HAUDECK, J.-U. KEßLER & K. SCHWIPPERT (Hrsg.), *Professionelle Kompetenzen im Studienverlauf. Weitere Ergebnisse zur Deutsch-, Englisch- und Mathematiklehrerausbildung aus TEDS-LT* (S. 77-106). Münster u.a.: Waxmann.

JERUSALEM, M. & SCHWARZER, R. (1992). Self-efficacy as a Resource Factor in Stress Appraisal Processes. In R. SCHWARZER (Hrsg.), *Self-efficacy: Thought Control of Action* (S. 195-213). Washington DC: Hemisphere.

JICKLING, B. (2010). Reflecting on the 5th World Environmental Education Congress, Montreal, 2009. *Journal of Education for Sustainable Development, 4*, 25-26. doi:10.1177/097340820900400110

JONSSON, G., SARRI, C. & ALERBY, E. (2012). 'Too Hot for the Reindeer' – Voicing Sámi Children's Visions of the Future. *International Research in Geographical and Environmental Education, 21*(2), 95-107. doi:10.1080/10382046.2012.672668

KAGAWA, F. & SELBY, D. (2010). Climate Change Education: A Critical Agenda for Interesting Times. In F. KAGAWA & D. SELBY (Hrsg.), *Education and Climate Change. Living and Learning in Interesting Times* (S. 241-243). New York & London: Routledge.

KAUERTZ, A., FISCHER, H.E., MAYER, J., SUMFLETH, E. & WALPULSKI, M. (2010). Standardbezogene Kompetenzmodellierung in den Naturwissenschaften der Sekundarstufe I. *Zeitschrift für Didaktik der Naturwissenschaften, 16*, 135-153.

KEIL, A. (2020). BNE und Lehrkräftebildung Geographie – ein Fachlichkeitskonzept in Wuppertal. In A. KEIL, M. KUCKUCK & M. FAßBENDER (Hrsg.), *BNE-Strukturen gemeinsam gestalten. Fachdidaktische Perspektiven und Forschungen zu Bildung für nachhaltige Entwicklung in der Lehrkräftebildung* (Erziehung und Weltgesellschaft; Bd. 13) (S. 35-51). Münster & New York: Waxmann.

KEIL, A., KUCKUCK, M. & FAßBENDER, M. (2020). BNE-Strukturen in der Lehrkräftebildung – Eine Einführung. In A. KEIL, M. KUCKUCK & M. FAßBENDER (Hrsg.), *BNE-Strukturen gemeinsam gestalten. Fachdidaktische Perspektiven und Forschungen zu Bildung für nachhaltige Entwicklung in der Lehrkräftebildung* (Erziehung und Weltgesellschaft; Bd. 13) (S. 11-22). Münster & New York: Waxmann.

KLAFKI, W. (1991). *Neue Studien zur Bildungstheorie und Didaktik.* Weinheim & Basel: Beltz.

KLEICKMANN, T., RICHTER, D., KUNTER, M., ELSNER, J., BESSNER, M., KRAUSS, S. & BAUMERT, J. (2012). Teachers' Content Knowledge and Pedagogical Content Knowledge: The Role of Structural Differences in Teacher Education. *Journal of Teacher Education, 64*(1), 90-106.

KLUSMANN, U. (2011). Allgemeine berufliche Motivation und Selbstregulation. In M. KUNTER, J. BAUMERT, W. BLUM, U. KLUSMANN, S. KRAUSS & M. NEUBRAND (Hrsg.), *Professionelle Kompetenz von Lehrkräften. Ergebnisse des Forschungsprogramms COACTIV* (S. 277-294). Münster u.a.: Waxmann.

KOBARG, M., FISCHER, C., DALEHEFTE, I.M., TREPKE, F. & MENK, M. (Hrsg.) (2012). *Lehrerprofessionalisierung wissenschaftlich begleiten – Strategien und Methoden.* Münster u.a.: Waxmann.

KOCHER, M. (2014). *Selbstwirksamkeit und Unterrichtsqualität. Unterricht und Persönlichkeitsaspekte von Lehrpersonen im Berufsübergang* (Empirische Erziehungswissenschaft; Bd. 51). Münster & New York: Waxmann.

KOHLMANN, E.-M. & OVEWIEN, B. (2017). *BNE und globale Perspektiven in der Lehrerbildung. Zeitschrift für internationale Bildungsforschung und Entwicklungspädagogik, 40*(3), 27-29.

KOMOREK, M., RUBERG, T. & NIESEL, T. (2016). Lehrerfortbildung im Feld der „Bildung für nachhaltige Entwicklung.". In J. METHE, D. HÖTTECKE, T. ZABKA, M. HAMMANN & M. ROTHGANGEL (Hrsg.), *Befähigung zu gesellschaftlicher Teilhabe. Beiträge der fachdidaktischen Forschung* (Fachdidaktische Forschungen; Bd. 10) (S. 301-305). Münster & New York: Waxmann.

KÖNIG, J. (2010). *Lehrerprofessionalität – Konzepte und Ergebnisse der internationalen und deutschen Forschung am Beispiel fachübergreifender, pädagogischer Kompetenzen.* Verfügbar unter https://www.hf.uni-koeln.de/data/eso/File/Koenig/Beitrag_Koenig_2010.pdf (12.09.20).

KÖNIG, J. (2017). Motivations for teaching and relationship to general pedagogical knowledge. In ORGANISATION FOR ECONOMIC CO-OPERATION AND DEVELOPMENT OECD (Hrsg.), *Pedagogical Knowledge and the Changing Nature of the Teaching Profession* (S. 151-169). Verfügbar unter https://www.oecd-ilibrary.org/deliver/9789264270695-en.pdf?itemId=/content/publication/9789264270695-en&mimeType=pdf (2.10.20).

KÖNIG, J. & ROTHLAND, M. (2013). Pädagogisches Wissen und berufsspezifische Motivation am Anfang der Lehrerausbildung. Zum Verhältnis von kognitiven und nicht-kognitiven Eingangsmerkmalen von Lehramtsstudierenden. *Zeitschrift für Pädagogik, 59*(1), 43-65.

KÖNIG, J. & SEIFERT, A. (2012). Der Erwerb von pädagogischem Professionswissen: Ziele, Design und zentrale Ergebnisse der LEK-Studie. In J. KÖNIG & A. SEIFERT (Hrsg.), *Lehramtsstudierende erwerben pädagogisches Professionswissen. Ergebnisse der Längsschnittstudie LEK zur Wirksamkeit der erziehungswissenschaftlichen Lehrerausbildung* (S. 7-31). Münster u.a.: Waxmann.

KÖNIG, J., TACHTSOGLOU, S. & SEIFERT, A. (2012). Individuelle Voraussetzungen, Lerngelegenheiten und der Erwerb von pädagogischem Professionswissen. In J. KÖNIG & A. SEIFERT (Hrsg.), *Lehramtsstudierende erwerben pädagogisches Professionswissen. Ergebnisse der Längsschnittstudie LEK zur Wirksamkeit der erziehungswissenschaftlichen Lehrerausbildung.* Münster u.a.: Waxmann.

KORING, B. (1989). Eine Theorie pädagogischen Handelns. Theoretische und empirisch-hermeneutische Untersuchungen zur Professionalisierung der Pädagogik. Weinheim: Deutscher Studien-Verlag.

KORING, B. (1996). Zur Professionalisierung der pädagogischen Tätigkeit. In A. COMBE & W. HELSPER (Hrsg.), *Pädagogische Professionalität. Untersuchungen zum Typus pädagogischen Handelns* (S. 303-393). Frankfurt a.M.: Suhrkamp.

KOŠINÁR, J. (2014). *Professionalisierungsverläufe in der Lehramtsausbildung. Anforderungsbearbeitung und Kompetenzentwicklung im Referendariat* (Studien zur Bildungsforschung; Bd. 38). Opladen, Berlin & Toronto: Verlag Barbara Budrich.

KRAPP, A. (2002). Structural and Dynamic Aspects of Interest Development: Theoretical Considerations from an Ontogenetic Perspective. *Learning and Instruction, 12*(4), 383-409.

KRAPP, A. & HASCHER, T. (2009). Motivationale Voraussetzungen der Entwicklung der Professionalität von Lehrenden. In O. ZLATKIN-TROITSCHANSKAIA, K. BECK, D. SEMBILL, R. NICKOLAUS & R. MULDER (Hrsg.), *Lehrprofessionalität. Bedingungen, Genese, Wirkungen und ihre Messung* (S. 377-387). Weinheim & Basel: Beltz.

KRAPP, A. & RYAN, R.M. (2002). Selbstwirksamkeit und Lernmotivation. Eine kritische Betrachtung der Theorie von Bandura aus der Sicht der Selbstbestimmungstheorie und der pädagogisch-psychologischen Interessentheorie. In M. JERUSALEM & D. HOPF (Hrsg.), *Selbstwirksamkeit und Motivationsprozesse in Bildungsinstitutionen* (S. 54-82). Weinheim und Basel: Beltz.

KRAUSS, S. (2011). Das Experten-Paradigma in der Forschung zum Lehrerberuf. In E. TERHARDT, H. BENNEWITZ & M. ROTHLAND (Hrsg.), *Handbuch zur Forschung zum Lehrerberuf* (S. 171-191). Münster u.a.: Waxmann.

KRAUSS, S., LINDL, A., SCHILCHER, A. & BLUM, W. (2017a). Fachwissen und fachdidaktisches Wissen von Lehrkräften: Welche Befunde zeigen sich auch in anderen Fächern und welche nicht? In U. KORTENKAMP & A. KUZLE (Hrsg.), *Beiträge zum Mathematikunterricht 2017* (S. 569-572). Münster: WTM-Verlag.

KRAUSS, S., LINDL, A., SCHLICHER, A., FRICKE, M., GÖHRING, A., HOFMANN, B., KIRCHHOFF, P. & MULDER, R.H. (Hrsg.). (2017b). *FALKO. Fachspezifische Lehrerkompetenzen. Konzeption von Professionswissenstest in den Fächern Deutsch, Englisch, Latein, Physik, Musik, Evangelische Religion und Pädagogik.* Münster & New York: Waxmann.

KROMNEY, J.D. & RENFROW, D.D. (1991). *Using Multiple Choice Examination Items to Measure Teacher's Content Specific Pedagogical Knowledge [Paper].* Annual Meeting of the Eastern Educational Research Association, Boston, MA, 13-16. Februar 1991. Verfügbar unter https://files.eric.ed.gov/fulltext/ED329594.pdf (26.09.2020).

KRÜGER, D., PARCHMANN, I. & SCHECKER, H. (Hrsg.). (2014). *Methoden in der naturwissenschaftsdidaktischen Forschung.* Heidelberg: Springer.

KRUSE, L. (2013). Vom Handeln zum Wissen – Ein Perspektivwechsel für eine Bildung für nachhaltige Entwicklung. In N. PÜTZ, M.K.W. SCHWEER & N. LOGEMANN (Hrsg.), *Bildung für nachhaltige Entwicklung. Aktuelle theoretische Konzepte und Beispiele praktischer Umsetzung* (Psychologie und Gesellschaft; Bd. 11) (S. 31-57). Frankfurt a. M.: Peter Lang.

KUCKARTZ, U. & RHEINGANS-HEINTZE, A. (2006). *Trends im Umweltbewusstsein. Umweltgerechtigkeit, Lebensqualität und persönliches Engagement.* Wiesbaden: VS Verlag für Sozialwissenschaften.

KULTUSMINISTERKONFERENZ (KMK) (2007). *Empfehlung der Ständigen Konferenz der Kultusminister der Länder in der Bundesrepublik Deutschland (KMK) und der Deutschen UNESCO-Kommission (DUK) vom 15.06.2007 zur „Bildung für nachhaltige Entwicklung in der Schule".* Verfügbar unter https://www.kmk.org/fileadmin/veroeffentlichungen_beschluesse/2007/2007_06_15_Bildung_f_nachh_Entwicklung.pdf (2.10.20).

KULTUSMINISTERKONFERENZ (KMK) (2017). *Zur Situation und zu Perspektiven der Bildung für nachhaltige Entwicklung.* Bericht der Kultusministerkonferenz vom 17.03.2017. Verfügbar unter https://www.kmk.org/fileadmin/Dateien/veroeffentlichungen_beschluesse/2017/2017_03_17-Bericht-BNE-2017.pdf (3.10.20).

KULTUSMINISTERKONFERENZ (KMK) (2019). *Standards für die Lehramtsausbildung.* Beschluss der Kultusministerkonferenz vom 16.10.2008, in der Fassung vom 16.05.2019. Verfügbar unter https://www.kmk.org/dokumentation-statistik/rechtsvorschriften-lehrplaene/uebersicht-lehrerpruefungen.html (11.09.20).

KULTUSMINISTERKONFERENZ (KMK) & BUNDESMINISTERIUM FÜR WIRTSCHAFTLICHE ZUSAMMENARBEIT UND ENTWICKLUNG (BMZ) (2016). *Orientierungsrahmen für den Lernbereich Globale Entwicklung.* Verfügbar unter https://www.kmk.org/fileadmin/Dateien/veroeffentlichungen_beschluesse/2015/2015_06_00-Orientierungsrahmen-Globale-Entwicklung.pdf (08.09.20).

KUNTER, M. (2008). *Motivation als Teil der professionellen Kompetenz von Lehrkräften* [Habilitationsschrift in Psychologie im Fachbereich Erziehungswissenschaft und Psychologie der FU Berlin].

KUNTER, M. (2011a). Forschung zur Lehrermotivation. In E. TERHART, H. BENNEWITZ & M. ROTHLAND (Hrsg.), *Handbuch der Forschung zum Lehrerberuf* (S. 527-539). Münster: Waxmann.

KUNTER, M. (2011b). Motivation als Teil der professionellen Handlungskompetenz – Forschungsbefunde zum Enthusiasmus von Lehrkräften. In M. KUNTER, J. BAUMERT, W. BLUM, U. KLUSMANN, S. KRAUSS & M. NEUBRAND (Hrsg.), *Professionelle Kompetenz von Lehrkräften. Ergebnisse des Forschungsprogramms COACTIV* (S. 259-275). Münster u.a.: Waxmann.

KUNTER, M., BAUMERT, J., BLUM, W., KLUSMANN, U., KRAUSS, S. & NEUBRAND, M. (Hrsg.). (2011). *Professionelle Kompetenzen von Lehrkräften. Ergebnisse des Forschungsprogramms COACTIV.* Münster u.a.: Waxmann.

KÜNZLI DAVID, C. (2007). *Zukunft mitgestalten. Bildung für nachhaltige Entwicklung – Didaktisches Konzept und Umsetzung in der Grundschule.* Bern: Haupt.

Künzli David, C. & Bertschy, F. (2013). Bildung für eine nachhaltige Entwicklung – Kompetenzen und Inhalte. In B. Overwien & H. Rode (Hrsg.), *Bildung für nachhaltige Entwicklung. Lebenslanges Lernen, Kompetenz und gesellschaftliche Teilhabe* (Schriftenreihe Ökologie und Erziehungswissenschaft der Kommission Bildung für nachhaltige Entwicklung der DGfE) (S. 35-45). Opladen, Berlin & Toronto: Verlag Barbara Budrich.

Lambert, D. & Morgan, J. (2010). *Teaching Geography 11-18. A Conceptual Approach.* Berkshire: Open University Press.

Leuthold, C. (2014). Der Bergwald – ein authentischer außerschulischer Lernort. In D. Brovelli, K. Fuchs, A. Rempfler, B. Sommer Häller (Hrsg.), *Außerschulische Lernorte – Impulse aus der Praxis. Tagunsband zur 3. Tagung Außerschulische Lernorte der PH Luzern vom 10. November 2012* (Außerschulische Lernorte; Bd. 3) (S. 41-74). Münster u.a.: LIT Verlag.

Lindau, A.-K. (2020). Subjektive Wahrnehmungen von Aspekten der professionellen Handlungskompetenz zu geographischen Exkursionen bei Lehramtsstudierenden - zwei Fallanalysen im Kontext von Gruppendiskussionen. In M. Hemmer, A.-K. Lindau, C. Peter, M. Rawohl & G. Schrüfer (Hrsg.), *Lehrerprofessionalität und Lehrerbildung im Fach Geographie im Fokus von Theorie, Empirie und Praxis. Ausgewählte Tagungsbeiträge zum HGD-Symposium 2018 in Münster* (Geographiedidaktische Forschungen; Bd. 72) (S. 123-148). Münster: Münsterscher Verlag für Wissenschaft.

Martin, S., Brannigan, J. & Hall, A. (2009). Sustainability, Systems Thinking and Professional Practice. In B. Chalkley, M. Haigh & D. Higitt (Hrsg.), *Education for Sustainable Development. Papers in Honour of the United Nations Decade for Sustainable Development (2005-2014)* (S. 73-83). London & New York: Routledge.

Mayer, J. & Wellnitz, N. (2014). Die Entwicklung von Kompetenzstrukturmodellen. In D. Krüger, I. Parchmann & H. Schecker (Hrsg), *Methoden in der naturwissenschaftsdidaktischen Forschung* (S. 19-30). Heidelberg: Springer.

McKeown, R. (2002). *Education for Sustainable Development Toolkit.* Verfügbar unter www.esdtoolkit.org (10.09.20).

McKeown, R. & Hopkins C. (2007): Moving Beyond the EE and ESD Disciplinary Debate in Formal Education. *Journal of Education for Sustainable Development, 1*(1), 17–26.

Meadows, D.H. (1982). Whole Earths Models and Systems. *The CoEvolution Quarterly,* Summer, 98-108.

MEHLMANN, M. & POMETUN, O. (2013). *ESD Dialogues. Practical Approaches to Education for Sustainable Development by and for Educators.* Schweden, ohne genaue Ortsangabe: Global Action Plan International.

MEYER, C. & EBERTH, A. (2018). Reflexive Methoden zur Bewusstseinsbildung für den Klimawandel im Geographieunterricht. In C. MEYER, A. EBERTH & B. WARNER (Hrsg.), *Diercke Klimawandel im Unterricht. Bewusstseinsbildung für eine nachhaltige Entwicklung* (S. 31-45). Braunschweig: Bildungshaus Schulbuchverlage.

MICHELSEN, G. (1998). Theoretische Diskussionsstränge in der Umweltbildung. In M. BEYERSDORF, G. MICHELSEN & H. SIEBERT (Hrsg.), *Umweltbildung: theoretische Konzepte – empirische Erkenntnisse – praktische Erfahrungen* (S. 61-65). Neuwied u.a.: Luchterhand.

MICHELSEN, G., GRUNENBERG, H., MADER, C. & BARTH, M. (2015). *Greenpeace Nachhaltigkeitsbarometer 2015 – Nachhaltigkeit bewegt die jüngere Generation. Zusammenfassung.* Verfügbar unter https://www.greenpeace.de/nachhaltigkeitsbarometer-2015 (2.10.20).

MICHELSEN, G., RODE, H., WENDLER, M. & BITTNER, A. (2013). *Außerschulische Bildung für nachhaltige Entwicklung. Methoden, Praxis, Perspektiven* (DBU-Umweltkommunikation; Bd. 1). München: Oekom.

MOOSBRUGGER, H. & KELAVA, A. (Hrsg.) (2012). *Testtheorie und Fragebogenkonstruktion.* Berlin & Heidelberg: Springer.

MORGAN, J. (2012). *Teaching Secondary Geography as if the Planet Matters.* London & New York: Routledge.

MSENGI, I., DOE, R., WILSON, T., FOWLER, D., WIGGINTON, C., OLORUNYOMI, S., BANKS, I. & MOREL, R. (2019). Assessment of Knowledge and Awareness of "Sustainability" Initiatives among College Students. *Renewable Energy and Environmental Sustainability, 4*(6), (o.S.). doi:10.1051/rees/2019003

MURPHY, K.R. & DAVIDSDORFER, C.O. (2001). *Psychological testing: Principles and applications* (5. Aufl.). Upper Saddle River, NJ: Prentice Hall.

NAIRZ-WIRTH, E. (2011). Professionalisierung nach Pierre Bourdieu. In M. SCHRATZ, A. PASEKA & I. SCHRITTESSER (Hrsg.), *Pädagogische Professionalität: Quer denken – umdenken – neu denken. Impulse für next practice im Lehrerberuf* (S. 163-186). Wien: Facultas Verlagshaus.

NATIONAL BOARD FOR PROFESSIONAL TEACHING STANDARDS (NBPTS) (2016). *What Teachers Should Know and Be Able to Do.* Verfügbar unter http://accomplishedteacher.org/wp-content/uploads/2016/12/NBPTS-What-Teachers-Should-Know-and-Be-Able-to-Do-.pdf (11.09.20).

NEUMAYER, E. (2003). *Weak versus Strong Sustainability: Exploring the Limits of Two Opposing Paradigms.* Northampton, MA: Edward Elgar Publishing.

NIEDERSÄCHSISCHES KULTUSMINISTERIUM (2017). *Erdkunde – Kerncurriculum für das Gymnasium, gymnasiale Oberstufe.* Verfügbar unter https://cuvo.nibis.de/cuvo.php?p=download&upload=124 (10.09.20).

NIEKE, W. (2012). *Kompetenz und Kultur. Beiträge zur Orientierung in der Moderne.* Wiesbaden: Springer.

OELKERS, J. (2001). Welche Zukunft hat die Lehrerbildung? In INSTITUT FÜR BILDUNGS-MEDIEN (Hrsg.), *„Mega-Themen" Bildung: Konturen neuer Wege und Modelle* (S. 63-66). Frankfurt a. M.: Institut für Bildungsmedien.

OELKERS, J. & OSER, F. (2000). *Die Wirksamkeit der Lehrerbildungssysteme in der Schweiz. Umsetzungsbericht.* Verfügbar unter http://www.skbf-csre.ch/information/nfp33/ub.oelkers.pdf (11.09.20).

OEVERMANN, U. (1996). Theoretische Skizze einer revidierten Theorie professionalisierten Handelns. In A. COMB & W. HELSPER (Hrsg.), *Pädagogische Professionalität. Analysen zum Typus pädagogischen Handelns* (S. 70-181). Frankfurt a. M.: Suhrkamp.

OHL, U. (2013). Komplexität und Kontroversität: Herausforderungen des Geographieunterrichts mit hohem Bildungswert. *Praxis Geographie, 43*(3), 4-8.

ORGANISATION FOR ECONOMIC CO-OPERATION AND DEVELOPMENT (OECD) (2005). *OECD-Referenzrahmen für Schlüsselkompetenzen.* Verfügbar unter http://www.oecd.org/pisa/35693281.pdf (08.09.20).

OSER, F. & OELKERS, J. (2001). *Die Wirksamkeit der Lehrerbildungssysteme. Von der Allrounderbildung zur Ausbildung professioneller Standards.* Chur & Zürich: Rüegger.

OTT, K. (2009) Leitlinien einer starken Nachhaltigkeit. Ein Vorschlag zur Einbettung des Dreisäulen-Modells. *Ecological Perspectives for Science and Society (GAIA), 18*(1), 25-28.

PARSONS, T. (1968). Einige theoretische Betrachtungen zum Bereich der Medizinsoziologie. In T. PARSONS (Hrsg.), *Sozialstruktur und Persönlichkeit* (S. 408-449). Frankfurt a. M.: Europäische Verlagsanstalt.

PASEKA, A. (2011). Transformation – Brüche – Entgrenzungen. Personal Mastery als Suchbewegung. In M. SCHRATZ, A. PASEKA & I. SCHRITTESSER (Hrsg.), *Pädagogische Professionalität: Quer denken – umdenken – neu denken. Impulse für next practice im Lehrerberuf* (S. 123-162). Wien: Facultas Verlagshaus.

PASEKA, A., SCHRATZ, M. & SCHRITTESSER, I. (2011). Professionstheoretische Grundlagen und thematische Annäherung. In M. SCHRATZ, A. PASEKA & I. SCHRITTESSER (Hrsg.), *Pädagogische Professionalität: Quer denken – umdenken – neu denken. Impulse für next practice im Lehrerberuf* (S. 8-45). Wien: Facultas Verlagshaus.

PEKRUN, R. (1988). *Emotion, Motivation und Persönlichkeit.* München & Weinheim: Psychologische Verlagsunion.

PIGOZZI, M.J. (2007). Quality in Education Defines ESD. *Journal of Education for Sustainable Development, 1,* 27-35.

PIKE, G. & SELBY, D. (2000a). *In the Global Classroom 1.* Toronto: Pippin Publishing Corporation.

PIKE, G. & SELBY, D. (2000b). *In the Global Classroom 2.* Toronto: Pippin Publishing Corporation.

PORST, R. (2014). *Fragebogen. Ein Arbeitsbuch* (4. Aufl.). Wiesbaden: Springer VS.

PROSPESCHILL, M. (2010). *Testtheorie, Testkonstruktion, Testevaluation.* München & Basel: Reinhardt (UTB).

RAUCH, F., STEINER, R. & STREISSLER, A. (2008). *Kompetenzen für Bildung für nachhaltige Entwicklung (KOM-BiNE). Konzepte und Anregungen für die Praxis.* Wien: Bundesministerium für Unterricht, Kunst und Kultur.

RECKNAGEL, L. (2018). Buen Vivir, ein Thema für einen BNE-orientierten Geographie- (und Wirtschaftskunde) Unterricht? Analyse von Dokumenten mit unterrichtlichen Lernsettings. *GW Unterricht, 151*(3), 34-42. doi:10.1553/gw-unterricht151s34

REINFRIED, S. & HAUBRICH, H. (Hrsg.). (2015). *Geographie unterrichten lernen. Die Didaktik der Geographie.* Berlin: Cornelsen Scriptor.

REINFRIED, S. & KÜNZLE, R. (2019). Deutungsmuster des Klimawandels in Aussagen von Lehrpersonen und Konsequenzen für die Klima-Kommunikation im Unterricht. *Zeitschrift für Geographiedidaktik, 47*(2), 45-59. doi:10.18452/20858

REINISCH, H. (2009). „Lehrprofessionalität" als theoretischer Term – Eine begriffssystematische Analyse. In O. ZLATKIN-TROITSCHANSKAIA, K. BECK, D. SEMBILL, R. NICKOLAUS & R. MULDER (Hrsg.), *Lehrprofessionalität. Bedingungen, Genese, Wirkungen und ihre Messung* (S. 33-43). Weinheim & Basel: Beltz.

REINKE, V. & HEMMER, I. (2017). Bildung für nachhaltige Entwicklung – Über welche Kompetenzen verfügen Lehrkräfte und Akteur/-innen aus den außerschulischen Einrichtungen? *Zeitschrift des Zentrums für Lehrerbildung und Bildungsforschung (ZLB.KU), 1*, 38–43.

RENKL, A. (2008). Lehrbuch pädagogische Psychologie. Bern: Huber. Verfügbar unter http://www.gbv.de/dms/hebis-darmstadt/toc/195706773.pdf (3.10.20).

RESENBERGER, C. (2017). *Was heißt hier nachhaltig konsumieren? Augenmaß gewinnen durch ökologische Bilanzierung.* Verfügbar unter https://www.researchgate.net/publication/337438698_Was_heisst_hier_nachhaltig_konsumieren_Augenmass_gewinnen_durch_okologische_Bilanzierung (10.09.20).

REUSCHENBACH, M. & SCHOCKEMÖHLE, J. (2011). Bildung für nachhaltige Entwicklung. *geographie heute, 32*(295), 2-10.

REYNOLDS, A. (1992). What Is Competent Beginning Teaching? A Review of the Literature. *Review of Educational Research, 62*(1), 1-35.

RHEINBERG, F. (2004). *Motivationsdiagnostik.* Göttingen u.a.: Hogrefe.

RHEINBERG, F. (2008). *Motivation.* Stuttgart: Kohlhammer.

RHEINBERG, F. (2010). Intrinsische Motivation und Flow-Erleben. In J. HECKHAUSEN & H. HECKHAUSEN (Hrsg.), *Motivation und Handeln* (4. Aufl., S. 365-387). Berlin & Heidelberg: Springer.

RHEINBERG, F. & VOLLMEYER, R. (2012). *Motivation* (8. aktualisierte Aufl.) (Grundriss der Psychologie; Bd. 6). Stuttgart: Kohlhammer.

RICHTER-BEUSCHEL, L., GRASS, I. & BÖGEHOLZ, S. (2018). How to Measure Procedural Knowledge for Solving Biodiversity and Climate Change Challenges. *Education Science, 8*(4), o.S. doi:10.3390/educsci8040190

RIECKMANN, M. & HOLZ, V. (2017). Verankerung von BNE und Globalem Lernen in der Lehrerbildung in Deutschland. *Zeitschrift für internationale Bildungsforschung und Entwicklungspädagogik, 40* (3), 4-10.

RIESE, J. & REINHOLD, P. (2014). Entwicklung eines Leistungstests für fachdidaktisches Wissen. In D. KRÜGER, I. PARCHMANN & H. SCHECKER (Hrsg.), *Methoden in der naturwissenschaftsdidaktischen Forschung* (S. 257-267). Heidelberg: Springer.

RIEß, W. (2010). *Bildung für nachhaltige Entwicklung. Theoretische Analysen und empirische Studien.* Münster & New York: Waxmann.

RIEß, W., MISCHO, C., REINBOLZ, A., RICHTER, K. & COBLER, C. (2007). *Bildung für nachhaltige Entwicklung an weiterführenden Schulen in Baden-Württemberg: Maßnahme Lfd. 15 im Aktionsplan Baden-Württemberg: Teil 1: Befragung der Lehrerschaft.* (Evaluationsbericht im Auftrag vom Umweltministerium Baden-Württemberg, Stiftung Naturschutzfonds beim Ministerium für Ernährung und ländlichen Raum in Kooperation mit dem Ministerium für Kultus und Unterricht Baden-Württemberg.)

RINSCHEDE, G. & SIEGMUND, A. (2020). *Geographiedidaktik* (4. überarbeitete und erweiterte Aufl.). Paderborn: Schöningh.

ROPOHL, M., SCHÖNAU, K. & PARCHMANN, I. (2016). Welche Wünsche und Erwartungen haben Lehrkräfte an aktuelle Forschung als Gegenstand von Fortbildungsveranstaltungen? *Chemie konkret: CHEMKON; Forum für Unterricht und Didaktik, 23*(1), 25-33.

ROTERS, B. (2015). Fachspezifische Kompetenzmessung. Welches professionelle Wissen haben angehende Englischlehrkräfte? In A. BRESGES, B. DILGER, T. HENNEMANN, J. KÖNIG, H. LINDNER, A. ROHDE & D. SCHMEINCK (Hrsg.), *Kompetenzen perspektivisch. Interdisziplinäre Impulse für die LehrerInnenbildung* (LehrerInnenbildung gestalten; Bd. 5) (S. 86-93). Münster & New York: Waxmann.

ROTERS, B., KÖNIG, J., TACHTSOGLU, S. & NOLD, G. (2015). Fachdidaktisches Wissen von angehenden Englischlehrkräften. In U. RIEGEL, S. SCHUBERT, G. SIEBERT-OTT & K. MACHA (Hrsg.), *Kompetenzmodellierung und Kompetenzmessung in den Fachdidaktiken* (Fachdidaktische Forschungen; Bd. 7) (S. 61-77). Münster & New York: Waxmann.

ROTH, H. (1971). Pädagogische Anthropologie (Entwicklung und Erziehung; Bd. 2). Hannover: Schroedel.

ROTHERMUND, K. & EDER, A. (2011). *Motivation und Emotion.* Wiesbaden: Verlag für Sozialwissenschaften.

ROWAN, B., CHIANG, F.S. & MILLER, R.J. (1997). Using Research on Employees' Performance to Study Effects of Teachers on Students' Achievement. *Sociology of Education, 70*(4), 256-284.

RYAN, A. & TILBURY, D. (2013). Uncharted waters: Voyages for Education for Sustainable Development in the higher education curriculum. *The Curriculum Journal, 24*(2), 272-294. doi:10.1080/09585176.2013.779287

RYAN, R.M. & DECI, E.L. (2000). Intrinsic and Extrinsic Motivations: Classic Definitions and New Directions. *Contemporary Educational Psychology, 25*, 54–67. doi:10.1006/ceps.1999.1020

SCHENZ, C. (2011). Bildung und pädagogische Professionalität: Vom Versuch, gleichzeitig über einen weißen und schwarzen Schimmel zu sprechen. In M. SCHRATZ, A. PASEKA & I. SCHRITTESSER (Hrsg.), *Pädagogische Professionalität: Quer denken – umdenken – neu denken. Impulse für next practice im Lehrerberuf* (S. 187-217). Wien: Facultas Verlagshaus.

SCHEUNPFLUG, A. & SCHRÖCK, N. (2000). *Globales Lernen: Einführung in eine pädagogische Konzeption zur entwicklungspolitischen Bildung*. Stuttgart: Brot für die Welt.

SCHIEFELE, U. (2008). Lernmotivation und Interesse. In W. SCHNEIDER & M. HASSELHORN (Hrsg.), *Handbuch der Pädagogischen Psychologie* (S. 38-49). Göttingen: Hogrefe.

SCHLEICHER, Y. (2006). Digitale Medien und E-Learning. Ein Beitrag zum Globalen Lernen im Geographieunterricht? *Zeitschrift für internationale Bildungsforschung und Entwicklungspolitik (ZEP), 29*(3), 13-17.

SCHMIEMANN, P. & LÜCKEN, M. (2014). Validität – Misst mein Test, was er soll? In D. KRÜGER, I. PARCHMANN & H. SCHECKER (Hrsg.), *Methoden der naturwissenschaftsdidaktischen Forschung* (S. 107-118). Heidelberg: Springer.

SCHMITZ, G. & SCHWARZER, R. (2002). Individuelle und kollektive Selbstwirksamkeitserwartung von Lehrern. In M. JERUSALEM & D. HOPF (Hrsg.), *Selbstwirksamkeit und Motivationsprozesse in Bildungsinstitutionen* (S. 192-214). Weinheim und Basel: Beltz.

SCHRATZ, M. (2011). Professionalität und Professionalisierung von Lehrerinnen und Lehrern in internationaler Perspektive. In M. SCHRATZ, A. PASEKA & I. SCHRITTESSER (Hrsg.), *Pädagogische Professionalität: Quer denken – umdenken – neu denken. Impulse für next practice im Lehrerberuf* (S. 46-94). Wien: Facultas Verlagshaus.

SCHREIBER, M., DARGE, K., KÖNIG, J. & SEIFERT, A. (2012). Individuelle Voraussetzungen von zukünftigen Lehrkräften. In J. KÖNIG & A. SEIFERT (Hrsg.), *Lehramtsstudierende erwerben pädagogisches Professionswissen. Ergebnisse der Längsschnittstudie LEK zur Wirksamkeit der erziehungswissenschaftlichen Lehrerausbildung* (S. 119-140). Münster: Waxmann.

SCHRITTESSER, I. (2011). Professionelle Kompetenzen: Systematische und empirische Annahmen. In M. SCHRATZ, A. PASEKA & I. SCHRITTESSER (Hrsg.), *Pädagogische Professionalität: Quer denken – umdenken – neu denken. Impulse für next practice im Lehrerberuf* (S. 95-122). Wien: Facultas Verlagshaus.

SCHRÜFER, G. & SCHOCKEMÖHLE, J. (2012). Nachhaltige Entwicklung und Geographie-unterricht. In J.-B. HAVERSATH (Hrsg.), *Geographiedidaktik* (S. 107-164). Braunschweig: Bildungshaus Schulbuchverlage.

SCHRÜFER, G. & SCHWARZ, I. (2010): *Globales Lernen – Ein geographischer Diskursbeitrag* (Erziehungswissenschaft und Weltgesellschaft; Bd. 4). Münster & New York: Waxmann.

SCHWARZER, R. & JERUSALEM, M. (2002). Das Konzept der Selbstwirksamkeit. In M. JERUSALEM & D. HOPF (Hrsg.), *Selbstwirksamkeit und Motivationsprozesse in Bildungsinstitutionen* (S. 28-53). Weinheim und Basel: Beltz.

SCHWARZER, R. & SCHMITZ, G.S. (1999). Kollektive Selbstwirksamkeitserwartungen von Lehrern. Eine Längsschnittstudie in zehn Bundesländern. *Zeitschrift für Sozialpsychologie, 30*(4), 262-274. doi:10.1024//0044-3514.30.4.262

SCOTT, W. & GOUGH, S. (2003). *Sustainable Development and Learning: Framing the Issues.* London: Routledge.

SEEBER, S. & MINNAMEIER, G. (2010). Zur Erfassung von fachlichem und fachdidaktischem Wissen von Lehrenden im Bereich der kaufmännischen Ausbildung. In K. BECK & O. ZLATKIN-TROITSCHANSKAIA (Hrsg.), *Lehrprofessionalität. Was wir wissen und was wir wissen müssen* (Lehrerbildung auf dem Prüfstand; Jg. 3) (S. 126-147). Landau: Verlag Empirische Pädagogik.

SEEL, A., OGRIS-STEINKLAUBER, R. & WOHLHART, D. (2014). Studierende in Forschung involvieren – Das Beispiel KPH Graz. In E. FEYERER, K. HIRSCHENHAUSER & K. SOUKUP-ALTRICHTER (Hrsg.), *Last oder Lust? Forschung und Lehrer_innenbildung* (Beiträge zur Bildungsforschung; Bd. 1), (107-115). Münster & New York: Waxmann.

SEIFRIED, J. & ZIEGLER, B. (2009). Domänenbezogene Professionalität. In O. ZLATKIN-TROITSCHANSKAIA, K. BECK, D. SEMBILL, R. NICKOLAUS & R. MULDER (Hrsg.), *Lehrprofessionalität. Bedingungen, Genese, Wirkungen und ihre Messung* (S. 83-92). Weinheim & Basel: Beltz.

SELBY, D. & KAGAWA, F. (2010). Runaway Climate Change as Challenge to the 'Closing Circle' of Education for Sustainable Development. *Journal of Education for Sustainable Development, 4,* 37-50. doi:10.1177/097340820900400111

SELLMANN, M. (2014). *Befragung in Vorstudie, Konzept des Studienseminars.* Verfügbar unter https://sts-lueneburg.de/pdf/bnekonzept.pdf (09.09.20).

SENGE, P.M. (1996). *Die fünfte Disziplin. Kunst und Praxis der lernenden Organisation.* Stuttgart: Klett-Cotta.

SETHA, V. & MUND, J.P. (2008). Professional Education Programme for Land Management and Land Administration in Cambodia. *International Research in Geographical and Environmental Education, 17*(4), 358-371. doi:10.1080/10382040802401664

SEYBOLD, H. (2006). Bedingungen des Engagements von Lehren für Bildung für nachhaltige Entwicklung. In W. RIEß & H. APEL (Hrsg.), *Bildung für eine nachhaltige Entwicklung. Aktuelle Forschungsfelder und -ansätze* (Schriftenreihe „Ökologie und Erziehungswissenschaft der Kommission Bildung für eine nachhaltige Entwicklung) (S. 171-183). Wiesbaden: VS Verlag für Sozialwissenschaften.

SHULMAN, L.S. (1986). Those Who Understand: Knowledge Growth in Teaching. *The Educational Researcher, 15*(2), 4-14.

SHULMAN, L.S. (1987). Knowledge and Teaching: Foundations of the New Reform. *Harvard Educational Review, 57*(1), 1-22.

SLEURS, W. (2008). *Competencies for ESD (Education for Sustainable Development) teachers. A Framework to Integrate ESD in the Curriculum of Teacher Training Institutes.* Verfügbar unter https://www.unece.org/fileadmin/DAM/env/esd/ESD_Publications/Competences_Publication.pdf (10.09.20).

SMITH, M. (2013). How Does Education for Sustainable Development Relate to Geography Education? In D. LAMBERT & M. JONES (Hrsg.), *Debates in Geography Education* (S. 257-269). London & New York: Routledge.

SOLÍS, E. & PORLÁN ARIZA, R. (2017). El conocimiento docente del profesorado. In R. PORLÁN ARIZA (Hrsg.), *Enseñanza universitaria. Cómo mejorarla* (S. 105-120). Madrid: Morata.

STAPP, W. (1969). The Concept of Environmental Education. *The Journal of Environmental Education, 1*(1), 30-31. doi:10.1080/00139254.1969.10801479

STEINER, R. (2011). *Kompetenzorientierte Lehrer/innenbildung für Bildung für Nachhaltige Entwicklung. Kompetenzmodell, Fallstudien und Empfehlungen* (Schriftenreihe Bildung & Nachhaltige Entwicklung; Bd. 6). Münster: Verlagshaus Monsenstein und Vannerdat.

STERLING, S. (2010). Living in the Earth: Towards an Education for Our Time. *Journal of Education for Sustainable Development, 4*(2), 213-218. doi:10.1177/097340821000400208

STICHWEH, R. (1994). *Wissenschaft, Universität, Profession. Soziologische Analysen.* Frankfurt a. M.: Suhrkamp.

RIECKMANN, M. & FISCHER, D. (2017). Deutschsprachiges Netzwerk „LehrerInnenbildung für eine nachhaltige Entwicklung" (LeNa). *Zeitschrift für internationale Bildungsforschung und Entwicklungspädagogik, 40*(3), 37.

TENORTH, H.E. (2006). Professionalität im Lehrberuf. Ratlosigkeit der Theorie, gelinde Praxis. *Zeitschrift für Erziehungswissenschaft, 9*(4), 580-597.

TEPNER, O., BOROWSKI, A., DOLLNY, S., FISCHER, H.E., JÜTTNER, M., KIRSCHNER, S., LEUTNER, D., NEUHAUS, B.J., SANDMANN, A., SUMFLETH, E., THILLMANN, H. & WIRTH, J. (2012). Modell zur Entwicklung von Testitems zur Erfassung des Professionswissens von Lehrkräften in den Naturwissenschaften. *Zeitschrift für Didaktik der Naturwissenschaften, 18*, 7-28.

TEPNER, O. & DOLLNY, S. (2014). Entwicklung eines Testverfahrens zur Analyse fachdidaktischen Wissens. In D. KRÜGER, I. PARCHMANN & H. SCHECKER (Hrsg.), *Methoden in der naturwissenschaftsdidaktischen Forschung* (S. 311-323). Heidelberg: Springer.

TERHART, E. (Hrsg.). (2000). *Perspektiven der Lehrerbildung in Deutschland. Abschlussbericht der von der Kultusministerkonferenz eingesetzten Kommission.* Weinheim u.a.: Beltz.

TERHART, E. (2001). *Lehrerberuf und Lehrerbildung. Forschungsbefunde, Problemanalysen, Reformkonzepte.* Weinheim und Basel: Beltz.

TERHART, E. (2002a). *Standards für die Lehrerbildung. Eine Expertise für die Kultusministerkonferenz.* Verfügbar unter https://www.sowi-online.de/book/export/html/275 (1.10.20).

TERHART, E. (2011). Lehrerberuf und Professionalität: Gewandeltes Begriffsverständnis – Neue Herausforderungen. In W. HELSPER & R. TRIPPELT (Hrsg.), *Pädagogische Professionalität, 57. Beiheft der Zeitschrift für Pädagogik* (S. 202-224). Weinheim: Beltz.

TILBURY, D. & FIEN, J. (1996). *Learning for a Sustainable Environment: An Agenda for Teacher Education in Asia and the Pacific.* Bangkok: UNESCO Principal Regional Office for Asia and the Pacific.

TREMMEL, J. (2003). *Nachhaltigkeit als politische und analytische Kategorie. Der deutsche Diskurs um nachhaltige Entwicklung im Spiegel der Interessen der Akteure.* München: Oekom.

TREMMEL, J. (2004): „Nachhaltigkeit" – Definiert nach einem kriteriengebundenen Verfahren. *Ecological Perspectives for Science and Society (GAIA), 13*(1), 26-34. doi:10.14512/gaia.13.1.6

TREMMEL, J. (2012). *Eine Theorie der Generationengerechtigkeit.* Münster: mentis.

TREMMEL, J. (Hrsg.) (2014): *Generationengerechte und nachhaltige Bildungspolitik.* Wiesbaden: Springer VS.

UNESCO-KOMMISSION (2020). *Education for Global Citizenship.* Verfügbar unter https://en.unesco.org/themes/gced (08.09.20).

UNITED NATIONS (UN) (1992): *Agenda 21.* Verfügbar unter https://www.un.org/depts/german/conf/agenda21/agenda_21.pdf (08.09.20).

UNITED NATIONS (UN) (2020): Sustainable Development Goals. Verfügbar unter https://sdgs.un.org/goals (2.10.20).

UNITED NATIONS ECONOMIC COMMISSION FOR EUROPE (UNECE) (2012). *Learning for the Future. Competences in Education for Sustainable Development.* Verfügbar unter https://www.unece.org/fileadmin/DAM/env/esd/ESD_Publications/Competences_Publication.pdf (11.09.20).

UNITED NATIONS EDUCATIONAL, SCIENTIFIC AND CULTURAL ORGANIZATION (UNESCO) (o.J.). *UN Decade of ESD.* Verfügbar unter https://en.unesco.org/themes/education-sustainable-development/what-is-esd/un-decade-of-esd (26.09.2020).

UNITED NATIONS EDUCATIONAL SCIENTIFIC AND CULTURAL ORGANIZATION (UNESCO) (1977). *Intergovernmental Conference on Environmental Education. Tbilisi.* Verfügbar unter https://unesdoc.unesco.org/ark:/48223/pf0000032763 (2.10.2020).

UNITED NATIONS EDUCATIONAL, SCIENTIFIC AND CULTURAL ORGANIZATION (UNESCO) (2015a). *Bildung für nachhaltige Entwicklung.* Verfügbar unter https://www.bne-portal.de/de/das-unesco-programm-in-deutschland-1722.html (28.09.20).

UNITED NATIONS EDUCATIONAL, SCIENTIFIC AND CULTURAL ORGANIZATION (UNESCO) (2015b). *UNESCO Roadmap zur Umsetzung des Weltaktionsprogramms.* Verfügbar https://www.bne-portal.de/files/2015_Roadmap_deutsch.pdf (10.09.20).

UNITED NATIONS EDUCATIONAL, SCIENTIFIC AND CULTURAL ORGANIZATION (UNESCO) (2015c). *Abschlussbericht zur BNE-Dekade 2005-2014.* Verfügbar unter https://www.bne-portal.de/files/UN_Dekade_BNE_2015.pdf (4.10.20).

VAN DER SCHEE, J. (2003). Geographical Education and Citizenship Education. *International Research in Geographical and Environmental Education, 12,* 49-53. doi:10.1080/10382040308667512

VARE, P. & SCOTT, P. (2007). Learning for a Change: Exploring the Relationship between Education and Sustainable Development. *Journal of Education for Sustainable development, 1*(2), 191-198. doi:10.1177/097340820700100209

WAGNER, H.J. (1998). *Eine Theorie pädagogischer Professionalität*. Weinheim: Deutscher Studien Verlag.

WALS, A.E.J. (2011). Learning our Way to Sustainability. *Journal of Education for Sustainable Development, 5*(2), 177-186. doi:10.1177/097340820900300216

WALS, A.E.J. & BLEWITT, J. (2010). Third Wave Sustainability in Higher Education: Some (Inter)National Trends and Developments. In P. JONES, D. SELBY & S. STERLING (Hrsg.), *Green Infusions: Embedding Sustainability across the Higher Education Curriculum* (S. 55-74). London: Earthscan.

WARNER, L.M. & SCHWARZER, R. (2009). Selbstwirksamkeit bei Lehrkräften. In O. ZLATKIN-TROITSCHANSKAIA, K. BECK, D. SEMBILL, R. NICKOLAUS & R. MULDER (Hrsg.), *Lehrprofessionalität. Bedingungen, Genese, Wirkungen und ihre Messung* (S. 629-640). Weinheim & Basel: Beltz.

WEINERT, F.E. (2001). A Concept of Competence: A Conceptual Clarification. In D.D. RYCHEN & L.H. SALGANIK (Hrsg.), Defining and Selecting Key Competencies (S. 45-65). Seattle, WA: Hogrefe & Huber.

WESCHENFELDER, E. (2014). *Professionelle Kompetenz von Politiklehrkräften. Eine Studie zu Wissen und Überzeugungen*. Wiesbaden: Springer.

WHITE, R.W. (1959). Motivation Reconsidered: The Concept of Competence. *Psychological Review, 66*(5), 297-333.

WIATER, W. (2009). *Unterrichtsprinzipien*. Donauwörth: Auer.

WILBER, K. (1997): *The Eye of Spirit – An Integral Vision for a World Gone Slightly Mad*. Boston: Shambhala Publications.

WILHELM, M., MESSMER, K. & REMPFLER, A. (2011). Außerschulische Lernorte – Chance und Herausforderung. In K. MESSMER, R. VON NIEDERHÄUSERN, A. REMPFLER & M. WILHELM (Hrsg.), *Außerschulische Lernorte - Positionen aus Geographie, Geschichte und Naturwissenschaften* (Außerschulische Lernorte – Beiträge zur Didaktik; Bd. 1) (S. 8-24). Münster u.a.: LIT Verlag.

WILHELMI, V. (2011). Geographische Umweltbildung weiterdenken. *Praxis Geographie, 41*(2), 4-8.

WILLIAMS, D. (2008). Sustainability education's gift: Learning Patterns and Relationships. *Journal of Education for Sustainable Development, 2*(1), 41-49. doi:10.1177/097340820800200110

WIMMER, M. (1996). Zerfall des Allgemeinen – Wiederkehr des Singulären. Pädagogische Professionalität und der Wert des Wissens. In A. COMBE & W. HELSPER (Hrsg.), Pädagogische Professionalität. Untersuchungen zum Typus pädagogischen Handelns (S. 404-447). Frankfurt a.M.: Suhrkamp.

WITT, R. (2009). Pädagogische Professionalität und die Differenzierung der Domänen in der beruflichen Bildung. In O. ZLATKIN-TROITSCHANSKAIA, K. BECK, D. SEMBILL, R. NICKOLAUS & R. MULDER (Hrsg.), *Lehrprofessionalität. Bedingungen, Genese, Wirkungen und ihre Messung* (S. 93-103). Weinheim & Basel: Beltz.

WORLD COMMISSION ON ENVIRONMENT AND DEVELOPMENT (WCED) (1987). *Report of the World Commission on Environment and Development*. Verfügbar unter https://sustainabledevelopment.un.org/content/documents/5987our-common-future.pdf (08.09.20).

ZENTRUM FÜR LEHRERBILDUNG HAMBURG (ZLH) (2016). *Projekt Lehrlabor Lehrerprofessionalisierung (L3PROF)*. Verfügbar unter https://www.zlh-hamburg.de/entwicklungsvorhaben/lehrlabore/l3prof-lehrlabor-lehrerprofessionalisierung.html (11.09.20).

Abkürzungsverzeichnis

Abkürzung	Bedeutung
Abb.	Abbildung
BMBF	Bundesministerium für Bildung und Forschung
BMU	Bundesministerium für Umwelt, Naturschutz und nukleare Sicherheit
BMZ	Bundesministerium für wirtschaftliche Zusammenarbeit und Entwicklung
BNE	Bildung für nachhaltige Entwicklung
CCSSO	Council of Chief State School Officers
DE	Development Education
DGfG	Deutsche Gesellschaft für Geographie
DeSeCo	Definition and Selection of Competencies
df	aus der Statistik für degrees of freedom
EE	Environmental Education
ENSI	Environment and School Initiatives
EPIK	Entwicklung von Professionalität im internationalen Kontext
ESD	Education for Sustainable Development
ETS	Educational Testing Service Princeton
et al.	et alii
etc.	Et cetera
evtl.	eventuell
FDW	Fachdidaktisches Wissen
FW	Fachwissen
GfK	Gesellschaft für Konsumforschung
GL	Globales Lernen
ggf.	gegebenenfalls
INTASC	Interstate Teacher Assessment and Support Consortium
IRES	Investigación y Renovación Escolar

IRT	Item-Response-Theorie
KMK	Kultusministerkonferenz
KOM-BiNE	Kompetenzen für Bildung für nachhaltige Entwicklung
KTT	Klassische Testtheorie
LeNA	LehrerInnenbildung für eine nachhaltige Entwicklung
MO	Motivation
M	aus der Statistik für M= Mittelwert
MT-21	Abkürzung für die Studie Mathematics Teaching in the 21st Century
N	aus der Statistik für N, Stichprobengröße
NE	Nachhaltige Entwicklung
o.g.	oben genannt
o.J.	ohne Jahr
ProfaLe	Professionelles Lehrerhandeln zur Förderung fachlichen Lernens unter sich verändernden gesellschaftlichen Bedingungen (ProfaLe)
ProwiN	Professionswissen in den Naturwissenschaften
PP4SD	Professional Practice for Sustainable Development
PW	Pädagogisches Wissen
p	aus der Statistik für die Signifikanz
s.	siehe
SD	aus der Statistik nur in Kapitel 4 genutzt für die Standardabweichung
SD	Sustainable Development
SDG	Sustainable Development Goals
SeWi	Selbstwirksamkeit
Tab.	Tabelle
TEDS-M	Abkürzung für die Studie Teacher Education and Development Study in Mathematics
UN	United Nations
UNESCO	United Nations Educational, Scientific and Cultural Organization
UNECE	United Nations Economic Commission for Europe

UNDESD	United Nations Decade of Education for Sustainable Development
vgl.	vergleiche
VEN	Verband Entwicklungspolitik Niedersachsen
WAP	World Action Programme
WCED	World Commission on Environment and Development
zit. nach	zitiert nach

Abbildungsverzeichnis

Tabellenverzeichnis

Anhang

Anhangsverzeichnis

Facette	Ursachen	Folgen	Maßnahmen	Summe
Fachdidaktisches Wissen				
FDW1a ERS	4	18		Insgesamt 10 im FDW
FDW1b HSB	13		17	
FDW2 LSU		27, 28[1]	10[1]	
FDW3 AML	2		11, 16[2]	
Fachwissen				
FW1 FoW	6[1], 26	9, 29, 30		Insgesamt 13 im FW
FW2 AE	3[1], 7	8, 14[2]		
FW3 KN			19, 20, 21, 22	
Pädagogisches Wissen				
PäW1 WOL			5, 15, 23[1], 24	Insgesamt 7 im PäW
PäW2 TKLP			1[1], 12[1], 25	
Motivation				
MO1 EBA				Block 31b
MO2 ENEKW				Block 31a
Selbstwirksamkeit				
SW1 SWB				Block 32
Abschließende Informationen				Block 33

Erläuterungen

[1] Die Items sind nicht in die Endberechnung eingeflossen.

[2] Die Items wurden bei der Berechnung anderer Facetten zugeordnet: Nr. 14 und 19 befinden sich in der Berechnung in der Skala zum fachdidaktischen Wissen, Nr. 16 in der Skala zum pädagogischen Wissen.

Abkürzungen

FDW – fachdidaktisches Wissen
1a ERS Erklären, Repräsentieren, Skizzieren
1b HSB Handlungsorientierung der Lerner, Schulung der Bewertungskompetenz
2 LSU Lernerkognition, Schülerfehler, Lernumgebung
3 AML Aufgaben, multiples Lösungspotenzial

FW - Fachwissen
1 FoW Forschungswissen
2 AE allgemeines Wissen eines Erwachsenen
3 KN Konzept Nachhaltigkeit

PäW - Pädagogisches Wissen
1 WOL Wissen über Organisation von Lernsituationen
2 TKLP Wissen über theoretische Konzepte und Lernprozesse
3 ME Methoden

MO - Motivation
1 EBA Enthusiasmus für Bildungsarbeit
2 ENEKW Enthusiasmus Nachhaltige Entwicklung und Klimawandel

SW - Selbstwirksamkeit
1 SWB Selbstwirksamkeit durch Bildungsarbeit

In der Berechnung sind die Skalen zur Motivation in umgekehrter Reihenfolge eingegeben: Motivation 1 entspricht hier der zweiten Subskala und umgekehrt (vgl. Kapitel 4).

Anhang 2 | Auswertungsleitfaden

Nr.	Zuordnung	Itemname	Typ	Lösungen/Hinweise zu den Antworten	Bepunktung
1	PÄW2 TKLP Ursachen *Nicht in der Berechnung.*	Assoziationen THG Reaktion	geschlossen 7 Optionen Einfachnennung	Nr. 2 und 3 sind richtig Begründung: Das Item zählt zum pädagogischen Wissen. Im Ankertext ist deutlich gemacht, dass zunächst nur Assoziationen gesammelt werden, diese werden kommentarlos angeschrieben. Eine Erklärung sollte im Anschluss folgen. Assoziationen sollten von der Lehrkraft aufgenommen werden und später kommentiert werden. Bei dem Einstieg über eine Mind-Map sollten die Schülerinnen und Schüler im Sinne der Motivation zum Melden angeregt werden.	2 oder 3 angekreuzt → 1 Punkt (P)
2	FDW3 AML Ursachen *Nicht in der Berechnung.*	Einstieg Alternativen	offen 3 Antworten gefordert	Mögliche richtige Antworten bekommen einen Punkt. Einstiege sollten die generelle Funktion von Unterrichtseinstiegen erfüllen, aber vor dem BNE-Hintergrund gesehen werden (mehrperspektivisch, Zeitdimensionen, Maßstabsebenen – bessere Bepunktung). Falsch ist die Antwort, wenn es eindeutig erkennbar ist, dass zum Beispiel Grundlagen zum Treibhauseffekt als bekannt gelten. *Schwierig:* Aussagen wie „Film" - kann nützlich sein, muss aber nicht. Fehlt eine Präzisierung wird kein Punkt vergeben.	3 sinnvolle Antworten → 3 P 2 sinnvolle → 2 P 1 sinnvolle → 1 P keine fundierten Antworten → 0 P Kombination von z.B. 1 sinnvolle, 1 schlechte → 1 P

Nr.	Zuordnung	Itemname	Typ	Lösungen/Hinweise zu den Antworten	Bepunktung
3	FW2 AE Ursachen *Nicht in der Berech- nung.*	Skizze THE	offen Kästchen müssen er- gänzt werden	Hier muss geprüft werden, ob generell alle vier Kästchen richtig ausgefüllt sind – s. Skizze im Anhang mit den richti-gen Lösungen. Ursprünglich war angedacht, dass die Probandinnen und Probanden auch einen noch fehlenden Strich ergänzen (Rückstrahlung auf die Erde). Dies haben nur wenige er-kannt, es gibt aber Kandidaten (Optimallösung).	5 P bei Optimallösung 4 sinnvoll gefüllte Kästchen → 4 P 3 gut, 1 falsch → 3 P usw.
4	FDW1a ERS Ursachen	FDW Erklärung Treib-hauseffekt	offen 3 Antworten gefordert	Richtig sind Materialien, die den Prozess unterstützend er-klären, aber genügend Spielraum für induktives Erschlie-ßen bieten und keinen langen Lehrervortrag erfordern. Dabei sollten SuS einbezogen werden können. Als nicht zielführend wird zum Beispiel ein rein erklärender Text angesehen.	3 gute Antworten → 3 P 2 gute → 2 P usw. Nur schlechte Vor-schläge: 0 P
5	PÄW1 WOL	PW Gelenkstelle	offen	Es sollte deutlich werden, dass die Person weiß, dass eine solche Situation als Gelenkstelle genutzt werden kann – im Idealfall mit Schülerbeteiligung und Beispiel. Die Probandinnen und Probanden werden auch fachlich argumentieren, daraus sollte erkennbar sein, dass die Ge-lenkstelle entsprechend auch für den Einbezug von SuS ge-nutzt wird, um zum Beispiel leistungsstarken SuS eine Chance zu geben. Beispiel für eine sehr gute Antwort: Probandin oder Proband nutzt Wissen von SuS aus dem Plenum, bindet anschlie-ßend inhaltlich an den Unterrichtsverlauf an, gibt Beispiel für Übersetzung von „anthropogen" und leitet über.	Bepunktung nach Qua-lität der Antwort. max. 3 P

Nr.	Zuordnung	Itemname	Typ	Lösungen/Hinweise zu den Antworten	Bepunktung
6	FW1FoW Ursachen *Nicht in der Berechnung.*	Wissenschaftliche Ursachen KW	geschlossen 5 Optionen eine Nennung	2 ist richtig: Verbrennung fossiler Energieträger. Möglicherweise gibt es Irritationen wegen des 4. Kästchens: Industrieemissionen, da diese die Verbrennung fossiler Energieträger beinhalten.	1 P für Kästchen 2 oder 4
7	FW2 AE Ursachen *Nicht in der Berechnung.*	Direkte Treibhausgase	geschlossen Ohne Angabe der Anzahl	Hier ist die Gefahr des Ratens recht hoch. Durchgestrichen werden müssen NOx, Lachgas und FCKW.	Gestrichen sein müssen: NOx, Lachgas und So2 dann 1 P
8	FW2 AE Folgen	FW Auswirkungen	offen	Hier werden die richtigen Antworten gezählt. Max. gibt es 5 Punkte. Bei mehr Nennungen werden trotzdem 5 Punkte vergeben. Wenn z.B. 4 richtig sind und eine falsch: 4 Punkte. Aspekte werden vermutlich unterschiedlich differenziert angegeben. Gibt eine Person sehr detailliert und kenntnisreich ganze Prozesse wieder, notiert aber nur zwei, kann dennoch eine höhere Bepunktung erfolgen im Sinne einer kategorialen Abstufung.	max. 5 P, s. links (Qualität)
9	FW1 FoW Folgen	FW Intensität Dürre	geschlossen 7 Optionen max. 3 Nennungen	Die richtigen Antworten sind 3 und 7. Wenn nur eine davon angekreuzt ist → 1 P Wenn eine richtig angekreuzt wurde und eine falsch, wird kein Punkt vergeben, da dann vermutlich geraten wurde. Dies ist anders als nur eine richtige Antwort, da diese offenbar zumindest sicher gewusst wurde.	max. 2 P

Nr.	Zuordnung	Itemname	Typ	Lösungen/Hinweise zu den Antworten	Bepunktung
10	FDW2 LSU Maßnahmen *Nicht in der Berechnung.*	Grundlagen Wissen Vulnerabilität	geschlossen 6 Optionen Mehrfachnennung möglich	Hier ist darauf zu achten, ob der Begriff Vulnerabilität als Fachbegriff bekannt zu sein scheint. Für eine möglichst umfassende Thematisierung sollten alle der aufgelisteten Aspekte angekreuzt sein. Pro Kreuz gibt es einen halben Punkt (max. 3 Punkte). Das Item ist nicht sehr schwer, Begriffe müssen jedoch klar sein. Item zählt zu FDW, daher im Sinne der Lernerkognition denkend bewerten.	Richtig sind 1,2,3,4,5 Alle oder alle außer 6 angekreuzt: → 3 P 3 von den obigen → 2 P weniger als 3:→1 P Nicht beantwortet: 0 P
11	FDW3 AML Maßnahmen	Gewinner und Verlierer	offen 3 Optionen gefordert	Vorschläge sollten genug Spielraum für freie Meinungsäußerung der SuS haben und deren Meinungsbildung schulen. Wichtig ist, darauf zu achten, ob es sich um Methoden handelt - inhaltliche Aspekte oder Raumbeispiele alleine reichen hier nicht aus (s. Subfacette „Aufgaben-multiples Lösungspotenzial).	Drei sinnvolle Vorschläge → 3 P 2 → 2 P usw.
12	PÄW2 TKLP *Nicht in der Berechnung.*	Meinung	geschlossen 5 Optionen Einfachnennung	Argumentation gemäß Beutelsbacher Konsens: Die Kästchen 3 oder 4 werden als richtig gewertet.	Richtig sind 3 und 4 → 1 P, wenn 3 oder 4 angekreuzt ist

Nr.	Zuordnung	Itemname	Typ	Lösungen/Hinweise zu den Antworten	Bepunktung
13	FDW1b HSB Ursachen	Bewertungskompe-tenz	offen	In der Regel sollte in jedem Fall weiter diskutiert werden. Nach Qualität bewerten. Ja + sehr gute Begründung-Höchstpunktzahl usw. Optimallösung ist mit einer Darstellung des Zusammenhangs im Sinne der Bewertungskompetenz verbunden. „Nein" muss nicht zwangsläufig ganz falsch sein, vermutlich werden viele Lehrkräfte im Sinne der Lernzielorientierung eher für „Nein" plädieren. Begründungen müssen sorgfältig geprüft werden und nach Güte bewertet werden.	max. 3 P Abstufung 3-2-1-0
14	FW2 AE Folgen FDW *Das Item ist aufgrund der eingeforderten Erklärung nun für die FDW-Facette in die Berechnung einbezogen worden.*	Verwundbarkeit	offen	Nach Qualität bewerten: Gutes Beispiel und gute Erklärung oder z.B. nur Beispiel und schwache Erklärung? Beispiele sollten räumlich sein, aber auch erklärend und deutlich machen, dass lokaler und globaler Bezug bedacht werden. Auf Maßstabsebenen prüfen, ebenso auf Fachbegriffe (Vulnerabilität, Resilienz). *Erklärung für die SuS schlüssig, fachlich korrekt und an passenden Raumbeispielen erklärt. Einbezug von Vorwissen der Schülerinnen und Schüler.*	max. 3 P Abstufung 3-2-1-0
15	PÄW1 WOL	Ablauf	geschlossen 6 Optionen Einfachnennung	Abstufende Punktevergabe, da mehrere Antworten in Ordnung sind. Am besten ist 3 → 3 Punkte, da die Schülerinnen und Schüler so in die Planung integriert werden.	Nr. 3 → 3 P Nr. 4, 5, 6 → 2 P Nr. 2 → 1 P

Nr.	Zuordnung	Itemname	Typ	Lösungen/Hinweise zu den Antworten	Bepunktung
				Für die Optionen 4, 5, 6 werden 2 Punkte vergeben, da sie zumindest den Einbezug der Lerner nicht gänzlich ausschließen, aber weniger Spielraum und Flexibilität ermöglichen. Nr. 2 zeigt eine Variante, in welcher die Inhalte bereits im Vorfeld festgelegt sind, die Organisation über den Ablauf jedoch nicht (s. Subfacette) - 1 Punkt. Die erste Variante mit einem ganz klaren Ablaufplan ist nicht als positiv zu werten (0 Punkte).	Nr. 1 → 0 P
16	FDW3 AML PäW *Dieses Item ist in der Facette zum PÄW berechnet, da die Antworten hier nicht fachspezifisch waren.*	Aufgabenstellung	offen	Aufgaben werden nach Qualität bewertet. Folgende Kriterien dienen der Orientierung: Klare und prägnante Aufgabenstellung Bei den Lehrkräften: Operatorenverwendung? Dies ist bei den außerschulischen Probanden aber nicht als Kriterium zu sehen. Lehrkräfte jedoch sind darin ausgebildet und können daher auch dahingehend geprüft werden. Zielorientierung: Was soll bei der Aufgabe rauskommen? Selbstständigkeit der SuS? Fachbezug Kriterien verändern sich hier nicht. Nur die Fachspezifität wird herausgenommen.	nach Qualität → max. 3 P Abstufung 3-2-1-0
17	FDW1b HSB Maßnahmen	Handlungsmotivation	offen	Nach Qualität bewerten, max. 3 Punkte möglich.	max. 3 P Abstufung 3-2-1-0

Nr.	Zuordnung	Itemname	Typ	Lösungen/Hinweise zu den Antworten	Bepunktung
				Probandin oder Proband sollte deutlich machen, Wissen über Handlungsorientierung zu haben und Methoden entsprechend in den Unterricht/Workshop integrieren zu können.	
18	FDW1a ERS Folgen	Prognosen Klimawandel	offen 3 Antworten erbeten	Zukunftsorientierung und Pragmatismus sollten sich abbilden. Auch hier wichtig, auf Methoden zu achten. Inhalte wie „IPCC-Szenarien" sind nicht richtig, es sei denn, es ist die Methodik der IPCC-Szenarien gemeint. Methodenrepertoire der Probanden muss deutlich werden: Sind Methoden bekannt, welche sich für zeitliche Skizzen anbieten? Zum Beispiel Szenario-Technik, Zukunftswerkstatt, Planspiele…	3 gute Methoden → 3 P 2 gute → 2 P 1 gute, 2 schlechte → 1 P usw.
19	FW3 KN *Auch dieses Item wurde aufgrund der gegebenen Antworten in der Facette zum FDW genutzt.*	Erklärung Nachhaltigkeit	offen	Kriterien für Richtigkeit: Zeitdimension (Vergangenheit-Gegenwart-Zukunft), Ursachen/Folgen/Maßnahmen, Modellkenntnisse, Dimensionen der Nachhaltigkeit. Erklärung für die SuS: Sind Zusammenhänge schlüssig erläutert? Inhaltlich richtig? Zusammenhänge in richtiger Abfolge? *Wird ein Konzeptwissen deutlich? Dieses sollte über die Herkunft des Begriffs hinausgehen.*	nach Qualität: max. 4 P Abstufung 4-3-2-1-0

Nr.	Zuordnung	Itemname	Typ	Lösungen/Hinweise zu den Antworten	Bepunktung
20	FW3 KN	Zusammenhang Konzepte	offen	Durch Skizze oder Text möglich – nach Qualität. Hier werden sich vermutlich deutliche Unterschiede abzeichnen. Für eine sehr gute Antwort sollte die Entstehung von BNE unter Einbezug der UB und des GL deutlich gemacht werden. Es sollte klar werden, wie die Konzepte in Zusammenhang stehen (vgl. theoretische Ausführungen in der Arbeit).	nach Qualität: max. 4 P Abstufung 4-3-2-1-0
21	FW3 KN	BNE-Kompetenzen	offen 3 Antworten gefordert	Hier werden sich Unterschiede abzeichnen zwischen Probanden und Lehrkräften, insbesondere hinsichtlich der Fachkompetenzen der Geographie und der Gestaltungskompetenzen zum Beispiel. Das Fachwissen darf in jedem Fall nicht zu kurz kommen, wenn nur Kompetenzen aufgelistet werden, welche sich ausschließlich auf die Gestaltungskompetenz beziehen, fehlen vermutlich inhaltliche Aspekte. Hinsichtlich der Ausgewogenheit prüfen und ob Wissensaspekte vertreten sind.	max. 3 P Abstufung 3-2-1-0
22	FW 3KN	BNE-Themen	offen 4 Antworten gefordert	Möglichweise problematisch, da Inhaltsdebatte hinsichtlich BNE-Themen reinspielt. Es sollten dennoch vier Themen, welche als BNE-Themen gelten, aufgelistet werden (s. Theorieteil), zum Beispiel Klima, Mobilität, Stadt, Elektrizität, Armut… SDGs.	max. 4 P
23	PÄW1 WOL	Unterrichtsstörung	geschlossen 6 Optionen	Falsch sind 2 und 5. Für alle anderen 1 Punkt. Begründung: Die direkte Konfrontation vor der Lerngruppe würde den Schüler/die Schülerin evtl. noch weiter provo-	1 P (s. links)

Nr.	Zuordnung	Itemname	Typ	Lösungen/Hinweise zu den Antworten	Bepunktung
	Nicht in der Berechnung.			zieren, der Sache mehr Aufmerksamkeit schenken. Die anderen vorgeschlagenen Optionen werden für zielführender gehalten. 5 ist keine Lösung – zudem verletzt die Lehrkraft damit die Aufsichtspflicht.	
24	Päw1 WOL	Gruppenarbeit	offen	Es sollte geguckt werden, ob sinnvolle Vorschläge dabei sind, die auch pragmatisch sind. Antworten wie „Ich würde nie eine GA machen und den SuS die Arbeitsform vorgeben" werden nicht bepunktet. Mögliche Optionen sind: Aufgabenverteilung für jeden, Aufgaben innerhalb der Gruppe benennen, differenzierte Gruppen bilden, transparente Bewertung im Vorfeld deutlich machen.	max. 3 P Abstufung 3-2-1-0
25	PÄW2 TKLP	Grundprinzipien	offen	Werden grundlegende Planungsgedanken ersichtlich? Oder startet der Proband/die Probandin eher ins Blaue hinein? Bei den Lehrkräften ist zu erwarten, dass der schulinterne Lehrplan genannt wird, ebenso aber auch die Schulbücher. Positiv zu werten wären didaktische Grundprinzipien (z.B. nach Klafki) oder Fachkompetenzen, Basiskonzepte, Maßstabsebenen. BNE-Implementierung.	max. 3 P Abstufung 3-2-1-0
26	FW1 FoW Ursachen	Tropischer Wirbelsturm	geschlossen 6 Optionen max. drei Antworten	Richtig sind hier: 1, 2, 4, 5 Diese können alle angekreuzt werden. Alle anderen sollten nicht angekreuzt sein. Bei 2 richtigen 2 Punkte.	3 P bei drei richtigen Antworten, entsprechend abgestuft bei 2 richtigen etc.

Nr.	Zuordnung	Itemname	Typ	Lösungen/Hinweise zu den Antworten	Bepunktung
				Kombination von falsch und richtig ist hier falsch. Dies würde auf ein Raten hindeuten.	
27	FDW2 LSU Folgen	Weltmeisterschaft Katar	offen	Die Schülerinnen und Schüler sollten bereits gute Grundkenntnisse haben; wichtig ist, dass sie ökonomische/ökologische/soziale Aspekte beleuchten. Thema in der Oberstufe zum Zeitpunkt der Befragung; bestmöglich zu thematisieren, wenn bereits viele Aspekte zum Raum aufgegriffen wurden und globale Zusammenhänge bekannt sind. Entwicklungsbegriff sollte kritisch hinterfragt sein.	max. 3 P, nach Qualität abgestuft
28	FDW2 LSU Folgen *Nicht in der Berechnung.*	KW-Thema-Vorkenntnisse	geschlossen 7 Optionen Mehrfachnennung möglich	Richtig sind 3, 4, 5. Diese Frage ist für außerschulische Probanden ggfs. schwieriger, ebenso aber auch für noch junge Lehrkräfte.	bei 3, 4, 5 → 2 P 1 oder 2 richtig: 1 P
29	FW1 FoW Folgen	Rückkopplungseffekte	offen	Es könnten 4 oder mehr genannt werden. Permafrost, Albedo-Rückstrahlung, Treibhauskreis, Methan, Wasserdampf-Rückkopplungen…	max. 4 P bei richtigen Antworten Abstufung 4-3-2-1-0.
30	FW1 FoW Folgen	Permafrost	geschlossen 4 Optionen Mehrfachnennung	1, 3, 4 richtig und müssen angekreuzt sein. Nr. 2 ist falsch. Sobald 2 angekreuzt ist, wird die Antwort als falsch gewertet.	1, 3, 4 → 3 P bei weniger: 2 Kombination von falscher und richtiger Antwort: 0 P

Nr.	Zuordnung	Itemname	Typ	Lösungen/Hinweise zu den Antworten	Bepunktung
31 a - q	31 a-i: EBA 31 j-q: ENEKW	Enthusiasmus für Bildungsarbeit Enthusiasmus Nachhaltige Entwicklung und Klimawandel	geschlossen	siehe rechts	Stimmt: 4 P Stimmt eher: 3 P Stimmt eher nicht: 2 P Stimmt nicht: 1 P
32 a - l	SWB	Selbstwirksamkeit durch Bildungsarbeit	geschlossen	siehe rechts	Stimmt: 4 P Stimmt eher: 3 P Stimmt eher nicht: 2 P Stimmt nicht: 1 P

Abkürzungen für die Itemzuordnungen

FDW – fachdidaktisches Wissen
1a ERS Erklären, Repräsentieren, Skizzieren
1b HSB Handlungsorientierung der Lerner, Schulung der Bewertungskompetenz
2 LSU Lernerkognition, Schülerfehler, Lernumgebung
3 AML Aufgaben, multiples Lösungspotenzial

FW - Fachwissen
1 FoW Forschungswissen
2 AE Allgemeines Wissen eines Erwachsenen
3 KN Konzept Nachhaltigkeit

PäW - Pädagogisches Wissen
1 WOL Wissen über Organisation von Lernsituationen
2 TKLP Wissen über theoretische Konzepte und Lernprozesse

MO - Motivation
1 EBA Enthusiasmus für Bildungsarbeit
2 ENEKW Enthusiasmus Nachhaltige Entwicklung und Klimawandel
In der Berechnung umgekehrt eingegeben (vgl. Kap. 4).

SW - Selbstwirksamkeit
1 SWB Selbstwirksamkeit durch Bildungsarbeit

Professionelle Handlungskompetenzen von BNE-Akteuren

Sehr geehrte Damen und Herren,

vielen Dank für Ihre Bereitschaft, an dieser Studie zur professionellen Handlungskompetenz von BNE-Akteuren teilzunehmen. Der Fragebogen beinhaltet einige Fallbeispiele, auf die sich die jeweils nachfolgenden Items beziehen. Ferner befinden sich auch Items im Bogen, die losgelöst von den Fallbeispielen sind. Die Beantwortung erfolgt anonym. Die erhobenen Daten dienen ausschließlich der Verwendung in dieser Studie. Bitte beantworten Sie die Fragen **spontan und ohne Hilfsmittel**.

Herzlichen Dank für Ihren Beitrag!

Fallbeispiel 1: „Einführung in den Klimawandel"
Sie beschäftigen sich im Unterricht mit dem Klimawandel. Das Thema soll eingeführt werden. Die Gruppe, mit der Sie arbeiten, umfasst 23 Schüler im Alter von 14 bis 16 Jahren und zeigt sich dem Thema gegenüber mehrheitlich offen und interessiert. Sie möchten zunächst Assoziationen zum Begriff „Klimawandel" in einer Mind-Map sammeln, bevor Sie die genannten Aspekte vertieft betrachten.

1) Ein Mädchen nennt im Verlauf der Ideensammlung die Assoziation „Treibhausgase". Eine andere Schülerin fragt Sie daraufhin: „Können Sie vielleicht erstmal erklären, was das für Gase sind und wie sie mit dem Klimawandel zusammenhängen?"

   Bitte kreuzen Sie an, wie Sie vermutlich reagieren würden (Einfachnennung).

   - [ ] Den Begriff kurz erklären, dann weiter Ideen sammeln.
   - [ ] Den Begriff Treibhausgase kommentarlos an die Tafel schreiben.
   - [ ] Die Erklärung zurückstellen.
   - [ ] Den Begriff separat von der Mind-Map an die Tafel schreiben.
   - [ ] Treibhausgase anhand eines Vergleichs mit einem Gewächshaus kurz erklären.
   - [ ] Treibhausgase mit einer Skizze verdeutlichen.
   - [ ] Systemisches Modell mit Folgen und Wechselwirkungen zur Erklärung anzeichnen.

2) Der Einstieg mit einer Mind-Map ist **eine** Möglichkeit, in das Thema Klimawandel einzusteigen.
   Bitte nennen Sie möglichst drei alternative Einstiege, die Sie sich vorstellen können

   1)

   2)

   3)

3) Bitte beschriften Sie die folgende Abbildung zum Treibhauseffekt.

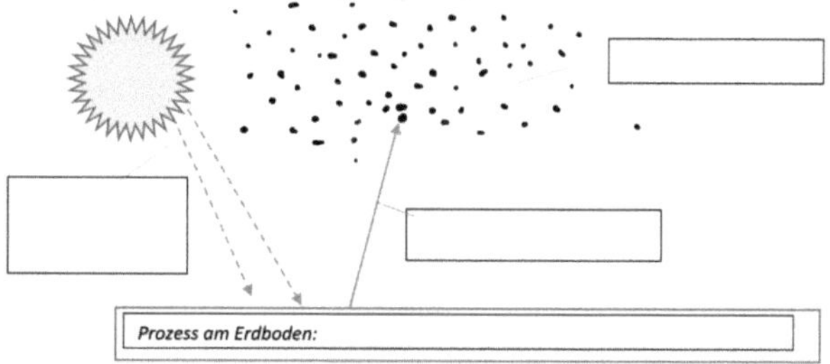

4) Sie arbeiten im Plenum und erklären den Treibhauseffekt.
   Bitte nennen Sie drei besonders geeignete Materialien, die Sie zur Unterstützung der Erklärung heranziehen würden.

1)

2)

3)

5) Eine Schülerin zeigt auf. Sie hat in einem Schulbuch den Begriff „anthropogen" gelesen und fragt, was er bedeute, viele andere Schüler wissen es auch nicht.
   Bitten geben Sie an, wie Sie den Begriff an dieser Stelle in das Unterrichtsgeschehen einbinden würden.

Bitte geben Sie an, wie Sie den Begriff an dieser Stelle in das Unterrichtsgeschehen einbinden würden.

2

257

6) Bitte kreuzen Sie an, was wissenschaftlich als wichtigste Ursache des Klimawandels gilt (Einfachnennung).

    ☐ Beschädigung der Ozonschicht
    ☐ Verbrennung fossiler Energieträger
    ☐ Verkehrsemissionen
    ☐ Industrieemissionen
    ☐ Veränderungen der Sonnenzyklen

7) Ihre Schüler zählen im Gespräch folgende Gase als wichtige und direkte Treibhausgase auf:

FCKW   CO$_2$ SO$_2$ Methan NOx Lachgas

Bitte streichen Sie die Gase durch, die **keine direkten** Treibhausgase sind.

8) Auswirkungen des Klimawandels werden seit 1950 beobachtet. Welche generellen Auswirkungen sind Ihnen bekannt?

9) Bitte kreuzen Sie hier die Antworten an, die Sie für richtig halten (max. 3 Nennungen).
Das Phänomen der Zunahme der Intensität und/oder Dauer von Dürren …

    ☐ … wird durch den Klimawandel nicht beeinflusst.
    ☐ … hat nur Auswirkungen auf aride Räumen.
    ☐ … wird mit „eher wahrscheinlich" in wissenschaftlichen Prognosen angegeben.
    ☐ … hat hauptsächlich Auswirkungen auf humide Räumen.
    ☐ … wird die Desertifikation nicht beeinflussen.
    ☐ … hat wenige Auswirkungen in Europa.
    ☐ … beeinflusst die Böden.

10) Bitte kreuzen Sie an, welches Grundlagenwissen vorher behandelt werden sollte, damit die Schüler den Themenaspekt „Maßnahmen gegen den Klimawandel" möglichst tiefgreifend bearbeiten können (Mehrfachnennung möglich).

- [ ] Auswirkungen des Klimawandels in verschiedenen Räumen der Erde
- [ ] Klima- und Vegetationszonen
- [ ] Anpassungskapazitäten bei Naturkatastrophen
- [ ] Vulnerabilitätsbegriff
- [ ] Entwicklungsstand
- [ ] Desertifikation

11) Welche Methoden bieten sich an, um über „Gewinner und Verlierer" des Klimawandels zu sprechen? Bitte notieren Sie drei Vorschläge.

-
-
-

12) Im Unterrichtsgespräch entsteht eine Diskussion. Sie haben das Gefühl, dass die Schülerinnen und Schüler sich so äußern, dass es eher Ihrer Meinung entspricht als der eigenen Schülermeinung.

Wie kann man diesem Phänomen entgegenwirken? Bitte kreuzen Sie an (Einfachnennung):

- [ ] Eigenen Standpunkt nicht preisgeben.
- [ ] Immer wieder betonen, dass die eigene Meinung wichtig ist.
- [ ] Nach Begründung von Standpunkten fragen.
- [ ] Offen thematisieren, dass es verschiedene Standpunkte gibt.
- [ ] Mich würde es nicht stören.

13) Im Unterricht wählt eine Schülergruppe als Raumbeispiel Bangladesch mit der Überschwemmungsproblematik. Die Jugendlichen erstellen dazu ein Thesenpapier und halten einen Kurzvortrag. Im Anschluss erfolgt eine Diskussion, in der die anderen Schüler über schlechtere Lebensbedingungen, die Problematik der Textilfabriken u.Ä. diskutieren, weniger über den Zusammenhang zum Klimawandel.

> Würden Sie die Diskussion weiterlaufen lassen? Begründen Sie bitte kurz.

14) Die folgende Situation spielt sich in einer Gruppe mit älteren Schülern (16-18 Jahre) ab. Ein Junge wirft zutreffend den Begriff „Verwundbarkeit" von Orten ein und argumentiert folgerichtig, dass einige Orte verwundbarer seien als andere.

> *Bitte geben Sie ein räumliches Beispiel an, mit dem Sie diesen Sachverhalt erklären könnten und skizzieren Sie kurz die Erläuterung.*

5

> **Fallbeispiel 2: Projekttage: Klimawandel**
> In der Schule findet eine Themenwoche zum Thema „Globale Herausforderungen" statt, in der Sie ein Projekt zum „Klimawandel" anbieten. Dieses ist offen für alle Jahrgangsstufen.

15) Sie möchten zunächst den Ablauf erklären:

Welche der hier vorgeschlagenen Einstiegssituationen würden Sie vermutlich wählen (Einfachnennung)?

- ☐ Folie mit Arbeitsplan auflegen (Organisation der Vormittage bereits festgelegt).
- ☐ Folie mit relevanten Inhalten auflegen (ohne Organisation).
- ☐ Ideen mit den Jugendlichen sammeln und Plan erstellen.
- ☐ Mind-Map zum Klimawandel.
- ☐ Einen Film zur Polschmelze zeigen.
- ☐ Die Jugendlichen eine Definition im Internet suchen lassen.

16) Sie lassen die Schüler eine Weile durch eine „Bücher- und Medienecke" zum Thema Klimawandel gehen. In den ausgestellten Materialien geht es primär um mögliche **Maßnahmen gegen den Klimawandel**, die getroffen werden sollen.

Bitte formulieren Sie eine Aufgabe, die Sie den Schülerinnen und Schülern hierzu stellen würden.

17) Welche Arbeitsweisen bieten Sich Ihrer Meinung nach am besten an, um Handlungsmotivation zu initiieren?

6

18) Sie möchten in erster Linie mit Prognosen zum Klimawandel arbeiten. Welche Methoden eignen sich hierfür?

Bitte nennen Sie drei.

1)

2)

3)

19) Eine Schülerin/ein Schüler fragt Sie im Unterricht, was „Nachhaltigkeit" bzw. nachhaltige Entwicklung eigentlich bedeute. Bitte nennen Sie Stichpunkte, die Sie zur Erklärung heranziehen würden und/oder skizzieren Sie eine Zeichnung, die zur Erklärung beitragen würde.

20) Lernen für globale Entwicklung - Bildung für nachhaltige Entwicklung - Umweltbildung: Wie stehen diese drei Konzepte im Zusammenhang?

7

262

21) Nennen Sie bitte drei Kompetenzen, deren Förderung Ihnen bzgl. einer Bildung für nachhaltige Entwicklung besonders wichtig sind.

1)

2)

3)

22) Nennen Sie bitte vier BNE (Bildung für nachhaltige Entwicklung)-Themen, deren Behandlung Sie für besonders wichtig halten.

1)

2)

3)

4)

Fallbeispiel 3: Unterrichtsstörungen
Die Schüler vertiefen gerade ein Thema und sind mit einer Aufgabe beschäftigt. In der Besprechung dieser wird angeregt diskutiert. Sie sind größtenteils bei der Sache. Timo jedoch nicht, er ruft öfter etwas hinein, was nicht zum Thema gehört. Er beginnt in der Tasche zu kramen, sie glauben, dass er in der Tasche auf sein Smartphone schaut.

23) Was würden Sie tun? Bitte kreuzen Sie an (Einfachnennung):

- [ ] Unauffällig nähern und beobachten.
- [ ] Vor der Klasse den Jungen ansprechen und ihn ermahnen.
- [ ] Erstmal nichts.
- [ ] Fragen, was er da mache.
- [ ] Timo nach draußen schicken.
- [ ] Der Klasse eine Aufgabe geben und Timo dann ansprechen.

8

263

24) Sie haben es geschafft, die Schülerinnen und Schüler in eine Gruppenarbeitsphase zu entlassen. Beim Einsatz von Gruppenarbeit wird häufig beobachtet, dass einzelne Personen innerhalb der Gruppe sich nicht optimal anstrengen. Nennen Sie Möglichkeiten, wie man Gruppenarbeit strukturieren kann, damit diese Problematik nicht auftritt.

25) Bitte geben Sie an, nach welchen Grundprinzipien bzw. Kriterien Sie Ihren Unterrichtsinhalt auswählen und strukturieren.

Fallbeispiel 4: Hurrikan Katrina

Im Rahmen der zuvor skizzierten Themenwoche zu globalen Herausforderungen beschäftigt sich eine Kollegin/ein Kollege mit den schwerwiegenden Folgen des Hurrikans Katrina, der 2005 in New Orleans und Umgebung viele Todesopfer forderte. Viele Schlagzeilen haben damals schon auf die Auswirkungen einer Erderwärmung abgezielt und die These aufgestellt, dass mit Zunahme der Temperatur auch die tropischen Wirbelstürme zunehmen würden.

---

26) Steht der Klimawandel in Verbindung mit tropischen Wirbelstürmen? Bitte kreuzen Sie an, was Sie für zutreffend halten (bitte max. drei Antworten auswählen).

- [ ] Erwärmung des Wassers sorgt für häufigeres Auftreten von Stürmen.
- [ ] Die tropische Zone könnte sich weiter ausdehnen und damit vergrößert sich der mögliche Raum des Auftretens.
- [ ] Der Klimawandel wird auf Wirbelstürme keine Auswirkungen haben.
- [ ] Es gibt keine klaren Erkenntnisse darüber.
- [ ] Luftströmungen werden sich verändern, dadurch kommt es häufiger zu Wirbelstürmen.
- [ ] Meeresströmungen werden durch den Klimawandel nicht beeinflusst.

Fallbeispiel 5: Nordafrika

27) Die Kollegin/der Kollege möchte als Fallbeispiel mit den Schülern prüfen, ob die „Weltmeisterschaft in Katar" zu einer nachhaltigen Entwicklung in der Region beiträgt. Welche Aspekte sollte er/sie hierbei unbedingt behandeln?

28) Welche Inhalte im Hinblick auf Folgen des Klimawandels bringen Schüler selten mit dem Klimawandel in Verbindung?
Bitte kreuzen Sie an (Mehrfachnennung):
- ☐ Überschwemmungen
- ☐ Extremwetterereignisse
- ☐ Verstärkte UV-Strahlung
- ☐ Soziale Folgen
- ☐ Ökonomische Folgen
- ☐ Temperaturanstieg
- ☐ Anstieg des Meeresspiegels

29) Nennen Sie Ihnen bekannte Rückkoppelungseffekte beim Klimawandel.

30) Bitte kreuzen Sie an, was Ihrer Ansicht nach zutrifft (Mehrfachnennung):
Das tiefgründige und dauerhafte Auftauen des Permafrostbodens …
- ☐ … setzt große Mengen an Methangasen frei.
- ☐ … hat keinen großen Einfluss auf den Treibhauseffekt.
- ☐ … setzt CO_2 frei.
- ☐ … gehört zu den relevanten Rückkopplungsprozessen.

Die folgenden Items beziehen sich inhaltlich nicht auf die zuvor beschriebenen Fallbeispiele.

31) Bitte kreuzen Sie an:

Item	Stimmt nicht	Stimmt eher nicht	Stimmt eher	Stimmt
Ich finde das Thema Klimawandel interessant.				
Eine nachhaltige Entwicklung ist mir ein wichtiges Anliegen.				
Inhalte, die mit nachhaltiger Entwicklung zu tun haben, unterrichte ich gerne.				
Der nachhaltigen Entwicklung wird zu viel Gewicht beigemessen.				
Bildung für nachhaltige Entwicklung ist für mich ein wichtiges Anliegen.				
Ich glaube, dass die Schüler/-innen sich bei Themen der nachhaltigen Entwicklung langweilen.				
Ich bin überzeugt, gemeinsam mit Schülern etwas in Richtung nachhaltigere Entwicklung bewirken zu können.				
Ich glaube, dass wir als Lehrer letztlich schon dazu beitragen können, dass Schülerinnen und Schüler ihr Verhalten überdenken.				
Ich denke, dass im Unterricht die Denkanstöße in Richtung einer nachhaltigen Entwicklung geliefert werden, die eine Verhaltensänderung initiieren können.				

Item	Stimmt nicht	Stimmt eher nicht	Stimmt eher	Stimmt
Ich bin gerne im Bildungsbereich tätig.				
Ich vermittele gerne wichtige Inhalte.				
Wenn ich eine Arbeit außerhalb des Bildungsbereiches finden würde, würde ich diese annehmen.				
Mir macht es Freude, neue Methoden und Medien auszuprobieren.				
Die Bildungsarbeit macht mir keinen Spaß.				
Ich arbeite mich gern in neue Inhalte ein und strukturiere diese.				
Es ist der Umgang mit Kindern und Jugendlichen, der mir an meinem Beruf gefällt.				
Es sind vor allem die Themen, die mir Spaß in meinem Beruf machen.				

11

32) Bitte kreuzen Sie hier in der Skala an.

Item	Stimmt nicht	Stimmt eher nicht	Stimmt eher	Stimmt
Ich weiß, dass ich es schaffe, selbst problematischen Stoff zu vermitteln.				
Ich bin mir sicher, dass ich auch mit problematischen Lernern in guten Kontakt kommen kann, wenn ich mich bemühe.				
Selbst wenn meine Bildungsveranstaltung gestört wird, bin ich mir sicher, dass ich noch gut auf meine Teilnehmer eingehen kann.				
Selbst wenn es mir mal nicht so gut geht, bin ich mir sicher, dass ich noch gut auf die Teilnehmer meiner Veranstaltungen eingehen kann.				
Auch wenn ich mich noch so sehr für die Entwicklung meiner Lerner engagiere, weiß ich, dass ich nicht viel ausrichten kann.				
Ich bin mir sicher, dass ich kreative Ideen entwickeln kann, mit denen ich ungünstige Strukturen in der Veranstaltung ändern kann.				
Ich traue mir zu, Jugendliche für ein Projekt zu begeistern.				
Ich kann Veränderungen im Rahmen neuer Konzepte auch gegenüber skeptischen Kollegen durchsetzen.				
Auch bei der Planung von Veranstaltungen kann ich Methoden kooperativen Lernens systematisch einbinden.				
Unabhängig vom Thema weiß ich, wie ich Lerner einbeziehen kann.				
Es tut mir gut, wenn ich weiß, dass Schüler gerne in meinen Unterricht kommen.				
Ich bin überzeugt, gemeinsam mit Schülern etwas bewirken zu können.				

12

33)

Haben Sie sich bereits vor Ihrer aktuellen Tätigkeit mit BNE (Bildung für nachhaltige Entwicklung) beschäftigt, z.B. im Studium?	
Sind Ihnen durch Fortbildungen o.Ä. die Leitlinien der Bildung für Nachhaltige Entwicklung vermittelt worden?	
Arbeiten Sie mit außerschulischen Bildungszentren im Rahmen des Faches Erdkunde/Geographie zusammen? Bitte markieren Sie, was zutrifft!	Nie Selten Regelmäßig: Ca. _______ X im Schuljahr Es ist fester Bestandteil unseres internen Curriculums
Besteht eine Kooperation der Schule mit einem außerschulischen Bildungszentrum, das sich mit BNE/Globalem Lernen beschäftigt?	Ja Nein
Welche Fächer haben Sie studiert? Haben Sie zuvor andere Fächer studiert oder eine Ausbildung gemacht?	
Engagieren Sie sich ehrenamtlich/nebenberuflich/durch eine Abordnung in einem Umweltzentrum oder im Bereich Globales Lernen?	
In welchem Bundesland haben Sie Ihre Ausbildung/Ihr Studium absolviert?	
Wie lange unterrichten Sie schon?	
Das Thema „Klimawandel" habe ich.... unterrichtet.	Häufig Selten Noch nie
Wenn Sie das Thema schon unterrichtet haben, in welcher Jahrgangsstufe haben Sie es unterrichtet?	5-6 7-8 9-10 Sek. II
	Männlich Weiblich

Vielen Dank für Ihre Teilnahme!

13

Professionelle Handlungskompetenzen von BNE-Akteuren

Sehr geehrte Damen und Herren,

vielen Dank für Ihre Bereitschaft, an dieser Studie zur professionellen Handlungskompetenz von BNE-Akteuren teilzunehmen. Der Fragebogen beinhaltet einige Fallbeispiele, auf die sich die jeweils nachfolgenden Items beziehen. Ferner befinden sich auch Items im Bogen, die losgelöst von den Fallbeispielen sind. Die Beantwortung erfolgt anonym. Die erhobenen Daten dienen ausschließlich der Verwendung in dieser Studie. Bitte beantworten Sie die Fragen **spontan und ohne Hilfsmittel**.

Herzlichen Dank für Ihren Beitrag!

Verena Reinke

> **Fallbeispiel 1: „Einführung in den Klimawandel"**
>
> Sie beschäftigen sich in einer Bildungsveranstaltung mit dem Klimawandel. Das Thema soll eingeführt werden. Die Gruppe, mit der Sie arbeiten, umfasst 23 Jugendliche im Alter von 14 bis 16 Jahren und zeigt sich dem Thema gegenüber mehrheitlich offen und interessiert. Sie möchten zunächst Assoziationen zum Begriff „Klimawandel" in einer Mind-Map sammeln, bevor Sie die genannten Aspekte vertieft betrachten.

1) Ein Mädchen nennt im Verlauf der Ideensammlung die Assoziation „Treibhausgase". Ein anderes fragt Sie daraufhin: „Können Sie vielleicht erstmal erklären, was das für Gase sind und wie sie mit dem Klimawandel zusammenhängen?"

   Bitte kreuzen Sie an, wie Sie vermutlich reagieren würden (Einfachnennung).

   ☐ Den Begriff kurz erklären, dann weiter Ideen sammeln.
   ☐ Den Begriff Treibhausgase kommentarlos an die Tafel/Flipchart schreiben.
   ☐ Die Erklärung zurückstellen.
   ☐ Den Begriff separat von der Mind-Map an die Tafel/Flipchart schreiben.
   ☐ Treibhausgase anhand eines Vergleichs mit einem Gewächshaus kurz erklären.
   ☐ Treibhausgase mit einer Skizze verdeutlichen.
   ☐ Systemisches Modell mit Folgen und Wechselwirkungen zur Erklärung anzeichnen.

2) Der Einstieg mit einer Mind-Map ist **eine** Möglichkeit, in das Thema Klimawandel einzusteigen.
   Bitte nennen Sie möglichst drei alternative Einstiege, die Sie sich vorstellen können

   1)

   2)

   3)

3) Bitte beschriften Sie die folgende Abbildung zum Treibhauseffekt.

4) Sie arbeiten im Plenum und erklären den Treibhauseffekt.
   Bitte nennen Sie drei besonders geeignete Materialien, die Sie zur Unterstützung der Erklärung heranziehen würden.

1)

2)

3)

5) Ein Mädchen zeigt auf. Sie hat in einem Buch den Begriff „anthropogen" gelesen und fragt, was er bedeute, viele andere Teilnehmer wissen es auch nicht.
   Bitten geben Sie an, wie Sie den Begriff an dieser Stelle in den Verlauf einbinden würden.

6) Bitte kreuzen Sie an, was wissenschaftlich als wichtigste Ursache des Klimawandels gilt (Einfachnennung).

- ☐ Beschädigung der Ozonschicht
- ☐ Verbrennung fossiler Energieträger
- ☐ Verkehrsemissionen
- ☐ Industrieemissionen
- ☐ Veränderungen der Sonnenzyklen

7) Ein Junge zählt im Gespräch folgende Gase als wichtige und direkte Treibhausgase auf:

FCKW CO_2 SO_2 Methan   NOx   Lachgas

Bitte streichen Sie die Gase durch, die **keine direkten** Treibhausgase sind.

8) Auswirkungen des Klimawandels werden seit 1950 beobachtet. Welche generellen Auswirkungen sind Ihnen bekannt?

9) Bitte kreuzen Sie hier die Antworten an, die Sie für richtig halten (max. 3 Nennungen).
Das Phänomen der Zunahme der Intensität und/oder Dauer von Dürren …

- ☐ … wird durch den Klimawandel nicht beeinflusst.
- ☐ … hat nur Auswirkungen auf aride Räumen.
- ☐ … wird mit „eher wahrscheinlich" in wissenschaftlichen Prognosen angegeben.
- ☐ … hat hauptsächlich Auswirkungen auf humide Räumen.
- ☐ … wird die Desertifikation nicht beeinflussen.
- ☐ … hat wenige Auswirkungen in Europa.
- ☐ … beeinflusst die Böden.

10) Bitte kreuzen Sie an, welches Grundlagenwissen vorher behandelt werden sollte, damit die Teilnehmer der Bildungsveranstaltung den Themenaspekt „Maßnahmen gegen den Klimawandel" möglichst tiefgreifend bearbeiten können (Mehrfachnennung möglich).

☐ Auswirkungen des Klimawandels in verschiedenen Räumen der Erde
☐ Klima- und Vegetationszonen
☐ Anpassungskapazitäten bei Naturkatastrophen
☐ Vulnerabilitätsbegriff
☐ Entwicklungsstand
☐ Desertifikation

11) Welche Methoden bieten sich an, um über „Gewinner und Verlierer" des Klimawandels zu sprechen? Bitte notieren Sie drei Vorschläge.

-
-
-

12) Im Gespräch mit den Jugendlichen entsteht eine Diskussion. Sie haben das Gefühl, dass die Teilnehmer sich so äußern, dass es eher Ihrer Meinung entspricht als der eigenen Meinung des jeweiligen Teilnehmers.

Wie kann man diesem Phänomen entgegenwirken? Bitte kreuzen Sie an (Einfachnennung):

☐ Eigenen Standpunkt nicht preisgeben.

☐ Immer wieder betonen, dass die eigene Meinung wichtig ist.

☐ Nach Begründung von Standpunkten fragen.

☐ Offen thematisieren, dass es verschiedene Standpunkte gibt.

☐ Mich würde es nicht stören.

4

13) Eine Teilnehmergruppe wählt als Raumbeispiel Bangladesch mit der Überschwemmungsproblematik. Die Jugendlichen erstellen dazu ein Thesenpapier und halten einen Kurzvortrag. Im Anschluss erfolgt eine Diskussion, in der die anderen Teilnehmer über schlechtere Lebensbedingungen, die Problematik der Textilfabriken u.Ä. diskutieren, weniger über den Zusammenhang zum Klimawandel.

> Würden Sie die Diskussion weiterlaufen lassen? Begründen Sie bitte kurz.

14) Die folgende Situation spielt sich in einer Gruppe mit älteren Teilnehmern (16-18 Jahre) ab. Ein Junge wirft zutreffend den Begriff „Verwundbarkeit" von Orten ein und argumentiert folgerichtig, dass einige Orte verwundbarer seien als andere.

> *Bitte geben Sie ein räumliches Beispiel an, mit dem Sie diesen Sachverhalt erklären könnten und skizzieren Sie kurz die Erläuterung.*

5

Fallbeispiel 2: Projekttage: Klimawandel
Es findet eine Themenwoche zum Thema „Globale Herausforderungen" statt, in der Sie ein Projekt zum „Klimawandel" anbieten. Dieses ist offen für alle Jahrgangsstufen.

15) Sie möchten zunächst den Ablauf erklären:

Welche der hier vorgeschlagenen Einstiegssituationen würden Sie vermutlich wählen (Einfachnennung)?

☐ Folie mit Arbeitsplan auflegen (Organisation der Vormittage bereits festgelegt).
☐ Folie mit relevanten Inhalten auflegen (ohne Organisation).
☐ Ideen mit den Jugendlichen sammeln und Plan erstellen.
☐ Mind-Map zum Klimawandel.
☐ Einen Film zur Polschmelze zeigen.
☐ Die Jugendlichen eine Definition im Internet suchen lassen.

16) Sie lassen die Teilnehmer eine Weile durch eine „Bücher- und Medienecke" zum Thema Klimawandel gehen. In den ausgestellten Materialien geht es primär um mögliche **Maßnahmen gegen den Klimawandel**, die getroffen werden sollen.

Bitte formulieren Sie eine Aufgabe, die Sie den Teilnehmern hierzu stellen würden.

17) Welche Arbeitsweisen bieten Sich Ihrer Meinung nach am besten an, um Handlungsmotivation zu initiieren?

6

18) Sie möchten in erster Linie mit Prognosen zum Klimawandel arbeiten. Welche Methoden eignen sich hierfür?

Bitte nennen Sie drei.
1)
2)
3)

19) Ein Junge fragt Sie, was „Nachhaltigkeit" bzw. nachhaltige Entwicklung eigentlich bedeute. Bitte nennen Sie Stichpunkte, die Sie zur Erklärung heranziehen würden und/oder skizzieren Sie eine Zeichnung, die zur Erklärung beitragen würde.

20) Lernen für globale Entwicklung - Bildung für nachhaltige Entwicklung - Umweltbildung: Wie stehen diese drei Konzepte im Zusammenhang?

7

275

21) Nennen Sie bitte drei Kompetenzen, deren Förderung Ihnen bzgl. einer Bildung für nachhaltige Entwicklung besonders wichtig sind.

> 1)
>
> 2)
>
> 3)

22) Nennen Sie bitte vier BNE (Bildung für nachhaltige Entwicklung)-Themen, deren Behandlung Sie für besonders wichtig halten.

> 1)
>
> 2)
>
> 3)
>
> 4)

Fallbeispiel 3: Störungen

Die teilnehmenden Jugendlichen vertiefen gerade ein Thema und sind mit einer Aufgabe beschäftigt. In der Besprechung dieser wird angeregt diskutiert. Sie sind größtenteils bei der Sache. Timo jedoch nicht, er ruft öfter etwas hinein, was nicht zum Thema gehört. Er beginnt in der Tasche zu kramen, sie glauben, dass er in der Tasche auf sein Smartphone schaut.

---

23) Was würden Sie tun? Bitte kreuzen Sie an (Einfachnennung):

- ☐ Unauffällig nähern und beobachten.
- ☐ Vor der Klasse den Jungen ansprechen und ihn ermahnen.
- ☐ Erstmal nichts.
- ☐ Fragen, was er da mache.
- ☐ Timo nach draußen schicken.
- ☐ Der Klasse eine Aufgabe geben und Timo dann ansprechen.

276

24) Sie haben es geschafft, die Jungen und Mädchen in eine Gruppenarbeitsphase zu entlassen. Beim Einsatz von Gruppenarbeit wird häufig beobachtet, dass einzelne Personen innerhalb der Gruppe sich nicht optimal anstrengen. Nennen Sie Möglichkeiten, wie man Gruppenarbeit strukturieren kann, damit diese Problematik nicht auftritt.

25) Bitte geben Sie an, nach welchen Grundprinzipien bzw. Kriterien Sie den Inhalt Ihrer Bildungsveranstaltungen auswählen und strukturieren.

Fallbeispiel 4: Hurrikan Katrina

Im Rahmen der zuvor skizzierten Themenwoche zu globalen Herausforderungen beschäftigt sich eine Kollegin/ein Kollege mit den schwerwiegenden Folgen des Hurrikans Katrina, der 2005 in New Orleans und Umgebung viele Todesopfer forderte. Viele Schlagzeilen haben damals schon auf die Auswirkungen einer Erderwärmung abgezielt und die These aufgestellt, dass mit Zunahme der Temperatur auch die tropischen Wirbelstürme zunehmen würden.

---

26) Steht der Klimawandel in Verbindung mit tropischen Wirbelstürmen? Bitte kreuzen Sie an, was Sie für zutreffend halten (bitte max. drei Antworten auswählen).

- ☐ Erwärmung des Wassers sorgt für häufigeres Auftreten von Stürmen.
- ☐ Die tropische Zone könnte sich weiter ausdehnen und damit vergrößert sich der mögliche Raum des Auftretens.
- ☐ Der Klimawandel wird auf Wirbelstürme keine Auswirkungen haben.
- ☐ Es gibt keine klaren Erkenntnisse darüber.
- ☐ Luftströmungen werden sich verändern, dadurch kommt es häufiger zu Wirbelstürmen.
- ☐ Meeresströmungen werden durch den Klimawandel nicht beeinflusst.

9

Fallbeispiel 5: Nordafrika

27) Die Kollegin/der Kollege möchte als Fallbeispiel prüfen, ob die „Weltmeisterschaft in Katar" zu einer nachhaltigen Entwicklung in der Region beiträgt. Welche Aspekte sollte er/sie hierbei unbedingt behandeln?

28) Welche Inhalte im Hinblick auf Folgen des Klimawandels bringen Jugendliche selten mit dem Klimawandel in Verbindung?
Bitte kreuzen Sie an (Mehrfachnennung):
- ☐ Überschwemmungen
- ☐ Extremwetterereignisse
- ☐ Verstärkte UV-Strahlung
- ☐ Soziale Folgen
- ☐ Ökonomische Folgen
- ☐ Temperaturanstieg
- ☐ Anstieg des Meeresspiegels

29) Nennen Sie Ihnen bekannte Rückkoppelungseffekte beim Klimawandel.

30) Bitte kreuzen Sie an, was Ihrer Ansicht nach zutrifft (Mehrfachnennung):
Das tiefgründige und dauerhafte Auftauen des Permafrostbodens …
- ☐ … setzt große Mengen an Methangasen frei.
- ☐ … hat keinen großen Einfluss auf den Treibhauseffekt.
- ☐ … setzt CO_2 frei.
- ☐ … gehört zu den relevanten Rückkopplungsprozessen.

Die folgenden Items beziehen sich inhaltlich nicht auf die zuvor beschriebenen Fallbeispiele.

31) Bitte kreuzen Sie an:

Item	Stimmt nicht	Stimmt eher nicht	Stimmt eher	Stimmt
Ich finde das Thema Klimawandel interessant.				
Eine nachhaltige Entwicklung ist mir ein wichtiges Anliegen.				
Inhalte, die mit nachhaltiger Entwicklung zu tun haben, unterrichte ich gerne.				
Der nachhaltigen Entwicklung wird zu viel Gewicht beigemessen.				
Bildung für nachhaltige Entwicklung ist für mich ein wichtiges Anliegen.				
Ich glaube, dass Jugendlichen sich bei Themen der nachhaltigen Entwicklung langweilen.				
Ich bin überzeugt, gemeinsam mit jungen Menschen etwas in Richtung nachhaltigere Entwicklung bewirken zu können.				
Ich glaube, dass wir als Multiplikatoren letztlich schon dazu beitragen können, dass Jugendliche ihr Verhalten überdenken.				
Ich denke, dass in außerschulischen Bildungsveranstaltungen die Denkanstöße in Richtung einer nachhaltigen Entwicklung geliefert werden, die eine Verhaltensänderung initiieren können.				

Item	Stimmt nicht	Stimmt eher nicht	Stimmt eher	Stimmt
Ich bin gerne im Bildungsbereich tätig.				
Ich vermittele gerne wichtige Inhalte.				
Wenn ich eine Arbeit außerhalb des Bildungsbereiches finden würde, würde ich diese annehmen.				
Mir macht es Freude, neue Methoden und Medien auszuprobieren.				
Die Bildungsarbeit macht mir keinen Spaß.				
Ich arbeite mich gern in neue Inhalte ein und strukturiere diese.				
Es ist der Umgang mit Kindern und Jugendlichen, der mir an meiner Tätigkeit gefällt.				
Es sind vor allem die Themen, die mir Spaß machen.				

11

32) Bitte kreuzen Sie hier in der Skala an.

Item	Stimmt nicht	Stimmt eher nicht	Stimmt e-her	Stimmt
Ich weiß, dass ich es schaffe, selbst problemati-schen Stoff zu vermitteln.				
Ich bin mir sicher, dass ich auch mit problemati-schen Lernern in guten Kontakt kommen kann, wenn ich mich bemühe.				
Selbst wenn meine Bildungsveranstaltung gestört wird, bin ich mir sicher, dass ich noch gut auf meine Teilnehmer eingehen kann.				
Selbst wenn es mir mal nicht so gut geht, bin ich mir sicher, dass ich noch gut auf die Teilnehmer meiner Veranstaltungen eingehen kann.				
Auch wenn ich mich noch so sehr für die Entwick-lung meiner Lerner engagiere, weiß ich, dass ich nicht viel ausrichten kann.				
Ich bin mir sicher, dass ich kreative Ideen entwi-ckeln kann, mit denen ich ungünstige Strukturen in der Veranstaltung ändern kann.				
Ich traue mir zu, Jugendliche für ein Projekt zu be-geistern.				
Ich kann Veränderungen im Rahmen neuer Kon-zepte auch gegenüber skeptischen Kollegen durchsetzen.				
Auch bei der Planung von Veranstaltungen kann ich Methoden kooperativen Lernens systematisch einbinden.				
Unabhängig vom Thema weiß ich, wie ich Lerner einbeziehen kann.				
Es tut mir gut, wenn ich weiß, dass Jugendliche gerne in meine Veranstaltung kommen.				
Ich bin überzeugt, gemeinsam mit Jugendlichen etwas bewirken zu können.				

12

33)

Haben Sie sich bereits vor Ihrer aktuellen Tätigkeit mit BNE (Bildung für nachhaltige Entwicklung) beschäftigt, z.B. im Studium?	
Sind Ihnen durch Fortbildungen o.Ä. die Leitlinien der Bildung für Nachhaltige Entwicklung vermittelt worden?	
Arbeiten Sie mit Schulen im Rahmen des Faches Erdkunde/Geographie zusammen? Bitte markieren Sie, was zutrifft!	Nie Selten Regelmäßig: Ca. _______ X im Schuljahr Es ist fester Bestandteil unseres internen Curriculums
Besteht eine feste Kooperation mit einer Schule?	Ja Nein
Welche Berufsausbildung haben Sie absolviert? Haben Sie studiert, wenn ja, welche Fachrichtung?	
Wie lange beschäftigen Sie sich bereits mit BNE/Fragen des globalen Lernens?	
Das Thema „Klimawandel" habe ich bisher …. in meine Tätigkeit integriert.	Häufig Selten Noch nie
Wenn Sie das Thema schon gelehrt haben, in welchen Altersgruppen?	3-5 6-9 10-12 13-15 16-18
Sind Sie …	Männlich Weiblich

Vielen Dank für Ihre Teilnahme!